Warum der Löwe eine Mähne hat

LEWIS SMITH

Warum der Löwe eine Mähne hat

Erstaunliche neue Erkenntnisse der
Wissenschaft von Astronomie bis Zoologie

Aus dem Englischen von Ute Döring, Andreas Held,
Monika Niehaus, Eva Walter, Michael Zillgitt

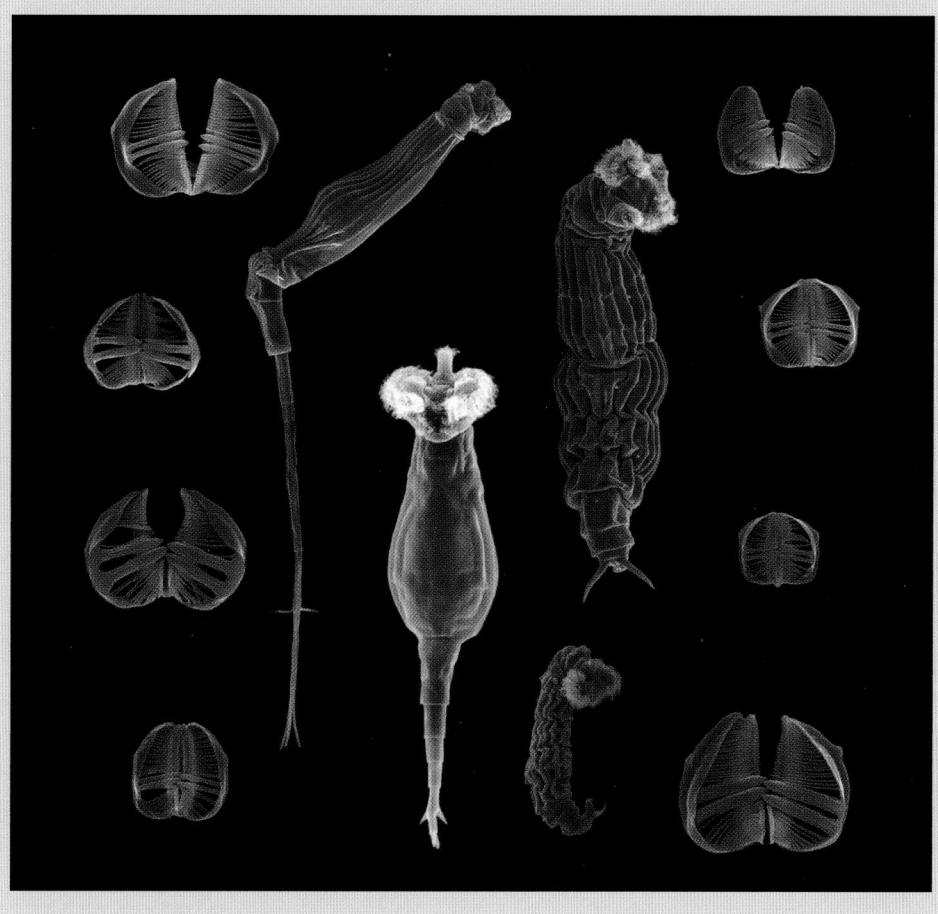

Jacoby ⬧ Stuart

Bibliografische Information der Deutschen Nationalbibliothek
Die Deutsche Nationalbibliothek verzeichnet diese Publikation
in der Deutschen Nationalbibliografie; detaillierte Daten sind
im Internet unter *http://dnb.d-nb.de* abrufbar.

Die englischsprachige Erstausgabe ist 2007 unter dem Titel
»Why the Lion Grew Its Mane« erschienen
© Lewis Smith and Papadakis Publisher, London
Für die deutsche Ausgabe:
© 2008 Verlagshaus Jacoby & Stuart, Berlin
Alle Rechte vorbehalten

Gestaltung: Alexandra Papadakis
Gestaltung Assistenz: Shirlynn Chui
Lektorat: Diana Moutsopoulos
Lektoratsassistenz: Hayley Williams

Satz: typocepta, Köln
Printed in China

ISBN 978-3-941087-15-6

www.jacobystuart.de

BILDNACHWEIS:
Seite 1: Gestikulierender Schimpanse
(Foto mit freundlicher Genehmigung von Frans de
Waal/Living Links Center), s. auch Seite 250

Seite 2: Ein älterer afrikanischer Löwe mit dicker Mähne
(Foto: James Warwick/NHPA), s. auch Seite 20

Seite 3: Die rasterelektronenmikroskopischen Aufnahmen
zeigen die Variationen der Bdelloida und ihrer Kiefer
(Bild mit freundlicher Genehmigung von Diego Fontaneto,
s. auch Seite 142

Seiten 6/7: Stromatolithen in der Shark Bay, im Westen
Australiens (Foto: Georgette Douwma/Science Photo
Library), s. auch Seite 122

Seiten 8/9: Ansicht des CMS-Detektors des CERN in
der oberirdischen Halle bei Cessy (Foto mit freundlicher
Genehmigung von Maximilien Brice; © CERN), s. auch
Seite 78

Seite 10/11: Der Abbruch des Eisbergs B15 in der Antarktis (Foto mit freundlicher Genehmigung von Jacques
Descloitres, MODIS Land Science Team. Bild mit freundlicher Genehmigung de NASA), s. auch Seite 262

Für Heather und Willow, in Liebe

Danksagung

Wie viele andere, die schon immer gern gelesen haben, trage auch ich schon lange den Wunsch in mir, ein Buch zu schreiben. Und doch glaubte ich nie, dass wirklich einmal etwas daraus werden könnte. Dass es nun doch geschehen ist, verdanke ich zum Großteil anderen, von denen ich einigen an dieser Stelle danken möchte. Erwähnt seien vor allem meine Herausgeber, Andreas und Alexandra Papadakis. Sie hatten die Idee zu diesem Buch, und ohne ihr Vertrauen und ihren Glauben an das Projekt wäre es nie zustande gekommen. Darüber hinaus ist es Alexandras gestalterischem Geschick zu verdanken, dass das Buch so ansprechend geworden ist. Unendlich dankbar bin ich außerdem Diana Moutsopoulos für Bildbearbeitung und Bildbeschaffung.

Überall auf der Welt bemühen sich Wissenschaftler, die Welt, in der wir leben, zu enträtseln. Ohne sie und ihre Neugierde und Hingabe gäbe es sehr viel weniger Antworten auf die Geheimnisse des Lebens. Ohne ihre Entdeckungen und Erkenntnisse wäre dieses Buch, und vieles andere mehr, gar nicht möglich gewesen. Viele wissenschaftliche Entdeckungen finden zuallererst in von Experten gelesenen Zeitschriften oder Fachveröffentlichungen Erwähnung. Sie dienten diesem Buch als Informationsquelle und Inspiration. Zu ihnen zählen: *Science, Nature, Proceedings of the Royal Society A, Proceedings of the Royal Society B, Proceedings of the National Academy of Sciences, The Astrophysical Journal, Journal of Clinical Investigation, Evolution and Human Behaviour, Accident Analysis & Prevention, Current Biology, Astrobiology, Journal of Zoology, Genome Research, New Journal of Physics, Nature Genetics, Nature Materials, Molecular Ecology Notes, PLoS Biology, Pediatrics, Journal of Experimental Biology, Geophysical Research Letters, Psychological Science, Astrophysical Journal Letters, Biology Letters, European Journal of Human Genetics, Neurology* und *Zootaxa*. Diverse Wissenschaftler nahmen sich die Zeit, meine Darlegungen an jenen Stellen zu überprüfen, an denen sie ihr Forschungsgebiet berührten. Für ihre wissenschaftliche Gegenkontrolle und Sorgfalt bin ich Ihnen sehr dankbar.

Die Zeitung *The Times* bot mir die wunderbare Möglichkeit, über Naturwissenschaft und Umwelt zu schreiben, wofür ich insbesondere John Wellman, Mark Henderson, Ben Preston und Robert Thomson danken möchte.

Nicht zuletzt gilt mein Dank meinen Eltern, Pat und Harvey Smith, für ihre Unterstützung und vor allem meiner Frau, Heather Chinn, für ihre unendliche Geduld, ihre Unterstützung und Hilfe beim Schreiben dieses Buches.

Lewis Smith
September 2007

Inhalt

vorige Doppelseite, im Uhrzeigersinn von oben links:
Schimpanse (Foto: John Foxx/Getty), Schnappkiefer-
ameise (Foto: Alex Wild), Komodowaran in der Natur
(Foto mit freundlicher Genehmigung von Richard Gibson,
Zoological Society of London), Magellan-Pinguine (Foto
mit freundlicher Genehmigung von Rory Wilson, Univer-
sität von Wales, Swansea), Zwei Löwenmännchen bei der
Siesta (Foto: Jonathan & Angela Scott/NHPA)

Verhalten von Tieren

Jungfräuliche Geburten, tierische Schnäppchenjäger und Winzlinge mit dem weltweit schnellsten Biss sind nur einige Beispiele für die bizarren Geheimnisse, die die Natur der Wissenschaft preisgegeben hat.

Als Naturwissenschaftler in England zum ersten Mal den Balg eines Schnabeltieres erhielten, erschien ihnen dieses Geschöpf derart absonderlich, dass sie es zunächst für einen Schabernack hielten. Schon einmal hatten skrupellose Präparatoren versucht, alle Welt mit angeblichen Meerjungfrauen zu täuschen, indem sie die Oberkörper von Affen an Fischschwänze nähten. Ein Tier mit Fell, Schwimmhäuten an den Füßen, einem biberähnlichen Schwanz und einem Entenschnabel ließ die Wissenschaftler daher zwangsläufig skeptisch die Augenbrauen runzeln.

Das Schnabeltier stellte sich als tatsächlich existent heraus, aber das Tierreich hat weiterhin für Überraschungen gesorgt. Auch viele längst offiziell klassifizierte Tiere bergen nach wie vor ihre Geheimnisse. So stellte man erst in den 1880er Jahren, also fast ein Jahrhundert, nachdem die europäischen Wissenschaftler von der Existenz des Schnabeltieres erfahren hatten, fest, dass dieses Tier Eier legt.

Der unbefleckte Drache

Nach der Erstbeschreibung der Komodowarane im Jahr 1910 dauerte es fast noch ein Jahrhundert, bis man entdeckte, dass sich die Weibchen durch Jungfernzeugung vermehren können.

Niemand hatte gewusst, dass sich diese mit bis zu 3 m Länge größten Echsen der Welt ohne Begattung fortpflanzen können. Dies kam erst ans Licht, als das Weibchen Sungai aus dem Londoner Zoo Eier legte, nachdem es schon seit ungefähr zwei Jahren keinen Kontakt mehr mit einem Männchen gehabt hatte. Anfängliche Vermutungen, Sungai habe die Spermien von ihrem letzten Partner Kimaan irgendwie im Körper gespeichert, erwiesen sich als haltlos, denn bei genetischen Tests zeigte sich, dass ihre vier Nachkommen parthenogenetisch entstanden waren.

Die Bezeichnung Parthenogenese (Jungfernzeugung) stammt von den griechischen Worten für Jungfrau und Geburt ab und wird verwendet, wenn sich unbefruchtete Eizellen wie bei einem befruchteten Embryo zu teilen beginnen. Alle Nachkommen dieser Form der ungeschlechtlichen Fortpflanzung bei Komodowaranen sind männlich. Bei Menschen besitzen Frauen zwei X-Chromosomen, Männer ein X- und ein Y-Chromosom; Komodowarane dagegen haben W- und Z-Chromosomen, und die Weibchen besitzen von jedem jeweils eines. Legt ein Komodowaran-Weibchen unbefruchtete Eier, gibt es an diese jeweils nur ein Chromosom weiter, das dann verdoppelt wird. Die Kombination WW ist nicht lebensfähig, die Kombination ZZ ergibt ein Männchen.

Wie die von Phillip Watts von der Universität Liverpool in Großbritannien durchgeführten DNA-Tests zeigten, waren Sungais Nachkommen keine Klone, aber ihre genetische Ausstattung stammte ausschließlich von dem einen Weibchen. Drei taube Eier aus dem elf Eier umfassenden Gelege eines Komodowarans im Zoo von Chester, Großbritannien, entstanden nachweislich ebenfalls durch Parthenogenese. Das Weibchen Flora hatte nie einen Geschlechtspartner.

Die Entdeckung der ungeschlechtlichen Vermehrung von Komodowaranen veranschaulicht, dass sich ein einzelner weiblicher Waran, der an eine Insel angespült wird, potenziell weiter vermehren kann – zunächst parthenogenetisch und später durch Verpaarung mit den Söhnen. Dies stellt andererseits ein Problem für Artenschützer dar, die im Zuge von Zuchtprogrammen einen großen und variablen Genpool erhalten wollen. Die Erkenntnis zeigt allerdings auch deutlich, wie wenig wir tatsächlich über viele Arten, die Komplexität und das Gleichgewicht der Natur wissen.

Sungais Nachkommen waren keine Klone, aber ihre genetische Ausstattung stammte ausschließlich von dem einen Weibchen.

linke Seite: Im Zoo von Chester schlüpft der erste parthenogenetische Waran. (Foto mit freundlicher Genehmigung von Dr. Phill Watts, Universität Liverpool)
rechts: Komodowaran in der Natur (Foto mit freundlicher Genehmigung von Richard Gibson, Zoological Society of London)
folgende Doppelseite: Komodowaran, Indonesien (Foto: Jonathan & Angela Scott/NHPA)

Kahlheit als Zeichen

von Männlichkeit

Löwen gehören zu den bekanntesten Vertretern des Tierreichs, aber erst jetzt zeigt sich allmählich, dass ihre zottelige Mähne – gemeinhin mit Kraft und Männlichkeit assoziiert – ein Merkmal alternder Männchen ist, die ihre beste Zeit schon hinter sich haben.

Professor Julian Kerbis Peterhans von der Roosevelt-Universität und dem Field Museum in Chicago, USA, war Mitglied des Forschungsteams, das die gängige Annahme, ein männlicher afrikanischer Löwe sei auf dem Höhepunkt seiner Potenz, wenn er eine imposante Mähne hat, in Frage stellte. Im Allgemeinen ist ein männlicher Löwe im Alter von fünf bis sieben Jahren körperlich am fittesten und pflanzt sich fort. Nach Erkenntnissen der Forscher sind die Tiere mit der dicksten und auffälligsten Mähne jedoch die älteren Exemplare, die weniger anziehend auf die Weibchen wirken.

Laut Professor Kerbis Peterhans ergab die siebenjährige Studie an wilden Löwen, dass deren Mähne auch nach Überschreiten des körperlichen Höhepunkts weiterhin gut wächst, sodass sie zumindest auf uns Menschen im Alter am imposantesten wirken. Den Löwinnen zeigt die dichte Mähne jedoch an, dass das Männchen seine besten Jahre wahrscheinlich schon hinter sich hat. Es verliert dadurch seine Anziehungskraft, die einen perfekten Partner ausmacht. Eine üppige Mähne demonstriert also nicht Kraft und Männlichkeit, sondern warnt die Weibchen vielmehr, sich besser anderswo nach einem Vater für ihre Jungen umzusehen.

Darüber hinaus ist ein langmähniger Löwe aufgrund seines Alters wahrscheinlich nicht mehr das dominante Männchen des Rudels – ein jüngerer, kräftigerer Löwe wird seinen Platz eingenommen haben – und daher weniger attraktiv für ein Weibchen.

Die Untersuchungen ergaben auch eine Korrelation zwischen der Dicke der Mähne und dem Klima. Je heißer und feuchter das Klima ist, desto schütterer wird die Mähne. Die Altersregel traf auf jede Klimazone zu – selbst bei den vermeintlich mähnenlosen Löwen des Tsavo-Ökosystems in Äquatornähe in Ostafrika. In 87 Prozent der Fälle hatten die Männchen auch hier bei Erreichen der Geschlechtsreife nachweislich eine Mähne, wenn auch eine vergleichsweise dünne und schüttere.

Nach Professor Kerbis Peterhans konnte sein Team den Zusammenhang von kürzeren Mähnen und fitteren Männchen bei allen afrikanischen Unterarten beobachten. Selbst bei heute ausgestorbenen Formen fanden sie diesbezügliche Belege bei Museumsexponaten.

Eine dichte Mähne demonstriert nicht Kraft und Männlichkeit, sondern zeigt, dass ein männlicher Löwe seine beste Zeit schon hinter sich hat.

links: Zwei junge Löwenmännchen bei der Siesta, Krüger-Nationalpark, Südafrika
(Foto: Jonathan & Angela Scott/NHPA)

links: Junger männlicher Löwe mit schütterer Mähne auf dem Höhepunkt seiner Potenz
rechts: Älterer Löwe mit dichter Mähne, wie sie für Männchen jenseits ihrer Fortpflanzungszeit typisch ist (Fotos: James Warwick/NHPA)

Schimpansen und der Charme von Falten

Bei einer Verhaltensstudie an den Menschenaffen im Kibale-Nationalpark in Uganda fiel auf, dass männliche Schimpansen ältere Weibchen aktiv bevorzugen. Schlaffe Haut, Falten, ausgeleierte Brustwarzen und kahle Stellen stoßen die Männchen bei einem Weibchen keinesfalls ab; diese Zeichen ehrwürdigen Alters sind vielmehr geschätzt und wirken erregend.

Schimpansenmännchen möchten ihrem Nachwuchs den besten Start ins Leben ermöglichen; deshalb gibt es für sie nichts Attraktiveres als ein älteres Weibchen mit einer jahrelangen Erfahrung in der Aufzucht von Jungtieren.

Laut einer Studie unter der Leitung von Dr. Martin Muller von der Universität Boston, USA, ist der straffe, wohlbehaarte Körper eines jungen Weibchens in den Augen eines männlichen Schimpansen lediglich ein Zeichen für Unerfahrenheit, sowohl darin, ein Junges aufzuziehen, als auch, selbst zu überleben. Eine ältere Partnerin ist für die Männchen so wichtig, dass sie um den Zugang zu den ältesten Weibchen oft sogar Kämpfe ausfechten. Körperlich perfekte junge Weibchen müssen sich im Allgemeinen mit den rangniedrigsten Männchen der Gruppe abgeben.

Dieses Verhalten und diese Vorliebe der Schimpansen ließen die Wissenschaftler zu dem Schluss kommen, dass die menschliche Tendenz, weibliche Jugend mit Schönheit gleichzusetzen, in der Abstammungslinie des Menschen unabhängig entstanden ist – nach der Abspaltung von einem gemeinsamen schimpansenähnlichen Vorfahren.

Wahrscheinlich wurde das menschliche Schönheitsideal teilweise durch die Existenz der Menopause bei Frauen gesteuert, da die Männer wussten, dass ihnen bei der Wahl einer jungen Partnerin mehr Jahre für die Fortpflanzung bleiben. Schimpansenweibchen machen keine Menopause durch, können sich also bis ans Ende ihres Lebens fortpflanzen. Zudem leben Schimpansen auch nicht monogam. Das bedeutet für die Männchen offenbar, dass sie sich lediglich darum sorgen müssen, wie wahrscheinlich ihre auserwählte Partnerin lange genug überlebt, um ein einziges Junges aufzuziehen. Um weitere Nachkommen brauchen sie sich keine Gedanken zu machen.

Auf männliche Schimpansen wirken schlaffe Haut, Falten, ausgeleierte Brustwarzen und kahle Stellen äußerst erregend.

linke Seite: Schimpanse (Foto: John Foxx/Getty)
unten: Hand eines Schimpansen (Foto: Image Source White/Getty)

Schule für Erdmännchen

Schimpansen und andere Menschenaffen, die Werkzeuge benutzen, lernen den Umgang damit vermutlich, indem sie ihre Mütter und andere Mitglieder der Gruppe dabei beobachten und es dann selbst ausprobieren. Bis sie die Kunst beherrschen, mit einem Stein Nüsse zu knacken, vergehen wahrscheinlich bis zu sieben Jahre.

Inwieweit die Jungen dabei unterrichtet werden, statt ausschließlich durch Beobachtung zu lernen, ist noch nicht klar – doch zumindest bei einer Tierart findet ein aktives Beibringen statt: bei Erdmännchen.

Erdmännchen gehören zu den Schleichkatzen und leben in der Kalahari-Wüste im Süden Afrikas. Sie waren die ersten Tiere, bei denen in einer Studie der britischen Universität Cambridge nachgewiesen wurde, dass sie die Jungen ihrer Gruppe aktiv unterrichten. Vermutlich um den Lernprozess der Jungen zu beschleunigen, wenden die älteren Erdmännchen die Technik des sogenannten beiläufigen oder Gelegenheitslernens an.

Nicht nur die Eltern, sondern auch andere ältere Mitglieder der Gruppe wenden sich gezielt den Jungen zu und bringen ihnen bei, was essbar und was gefährlich ist. Wie jeder gute Lehrer beobachten die Helfer auch weiterhin, wie das Jungtier damit fertig wird, wenn es ein Beutetier zum Fressen bekommen hat.

Zögert das Jungtier, die Beute schnell anzugreifen, wird es von dem älteren Erdmännchen durch Anschubsen mit der Schnauze oder den Pfoten dazu ermuntert. Gelingt dem Beutetier die Flucht vor dem Jungtier, bringt das ältere Tier es wieder herbei und setzt es manchmal auch außer Gefecht.

Es ist wie bei Kindern in der Schule: Haben die Jungtiere eine Aufgabe erst einmal gemeistert, fordern die Erwachsenen sie dazu auf, etwas Schwierigeres auszuprobieren. Als erste Lektion bekommen die Jungen die leichte Aufgabe, ein totes Insekt oder eine Made zu schnappen und zu fressen. Wenn sie sich dabei geschickt anstellen, beginnen die älteren Erdmännchen, sie mit lebenden, aber verletzten Beutetieren zu versorgen. Bei späteren Lektionen geht es dann um nicht in der Bewegung eingeschränkte oder sogar potenziell gefährliche Beutetiere, etwa Skorpione, denen der Stachel entfernt wurde.

oben: Wächter halten bei Sonnenuntergang Wache am Erdmännchenbau (Kalahari, Südafrika) (Foto: Martin Harvey/NHPA)
linke Seite: Erdmännchen in der Kalahari, Südafrika (Foto: Nigel J. Dennis/NHPA)

Als erste Lektion bekommen die Jungen die leichte Aufgabe, ein totes Insekt oder eine Made zu schnappen und zu fressen.

Trällernde Rapper

Die Kohlmeise hat die Aufmerksamkeit der Wissenschaftler mehr wegen ihrer Stimme als wegen der Vorgänge in ihrem Gehirn erregt. Man entdeckte, dass die in europäischen Städten lebenden Kohlmeisen wesentlich rauer singen als ihre Artgenossen in ländlichen Gegenden.

Um den Lärm von Autos, Zügen, Maschinen und sonstigen Geräuschquellen in der Stadt zu übertönen, haben die hier lebenden männlichen Kohlmeisen eine Art Vogel-Rap entwickelt. Sie haben die melodischeren Rufe, die man in ländlichen Gegenden hören kann, abgelegt und experimentieren mit Stakkato-Lauten in höherer Tonlage.

Obwohl sich die Studie auf zehn Großstädte wie London und Rotterdam beschränkte, nehmen die Wissenschaftler der niederländischen Universität Leiden an, dass sich die Rufe der Vögel in allen lauten urbanen Gebieten verändert haben, in denen die Tiere vorkommen. Ihrer Ansicht nach

sind die Gesänge mittlerweile so unterschiedlich, dass man die städtischen Kohlmeisen wohl letztlich als eigene Unterart einordnen sollte.

Insgesamt werden die Rufe durch die Veränderung des Gesangsstils kürzer und schärfer, insbesondere bei den einleitenden Tönen, und enthalten mehr Neuerungen. Herkömmliche Kohlmeisenrufe umfassen zwei, drei oder vier Töne. Die Stadtvögel erfanden dazu zahlreiche Einzelton- oder Fünfton-Rufe und sangen diese sehr viel schneller als die ländlichen. Die Fünfton-Rufe wurden in geringerer Zeit abgeschlossen als die melodiöseren Rufe. Ein Vogel in Rotterdam, der wahrscheinlich eine Blaumeise nachahmte, versuchte sich mit höchster Geschwindigkeit an einer Variation aus 16 Tönen.

Die Veränderungen der Gesangsmuster scheinen sowohl die Revierrufe als auch die Paarungsrufe zu betreffen. In Städten mit dem ständigen Geräuschpegel von künstlich erzeugtem Lärm sind lautere Paarungsrufe erforderlich, damit potenzielle Geschlechtspartner sie hören können und davon angelockt werden. Deutliche Revierrufe vermeiden Blutvergießen, weil sie verhindern, dass ein anderer Vogel ungewollt in ein fremdes Revier eindringt.

Dass städtische Kohlmeisen ihre Rufe verändern, ist für Naturschützer in vieler Hinsicht ein Zeichen der Hoffnung – zeigt es doch eine gewisse Anpassungsfähigkeit, die so nicht unbedingt zu erwarten war.

Ein Vogel in Rotterdam versuchte sich mit höchster Geschwindigkeit an einer Variation aus 16 Tönen.

linke Seite: Kohlmeise (*Parus major*) (Foto: VIREO)
oben: Kohlmeise in London (Foto mit freundlicher Genehmigung von Philip Greenspun)
rechts: In der Studie der Universität Leiden verwendetes Sonagramm zum Vergleich der Gesangsmuster von städtischen und ländlichen Kohlmeisen (mit freundlicher Genehmigung von Hans Slabbekoorn)

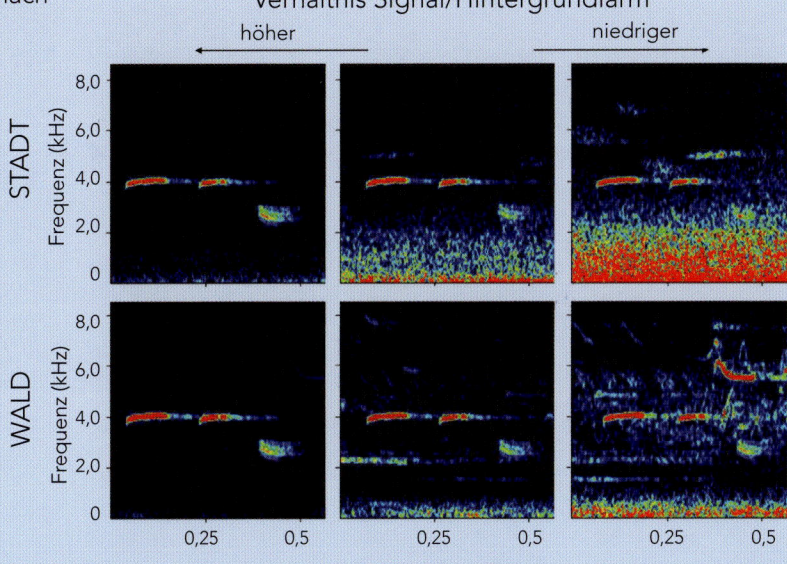

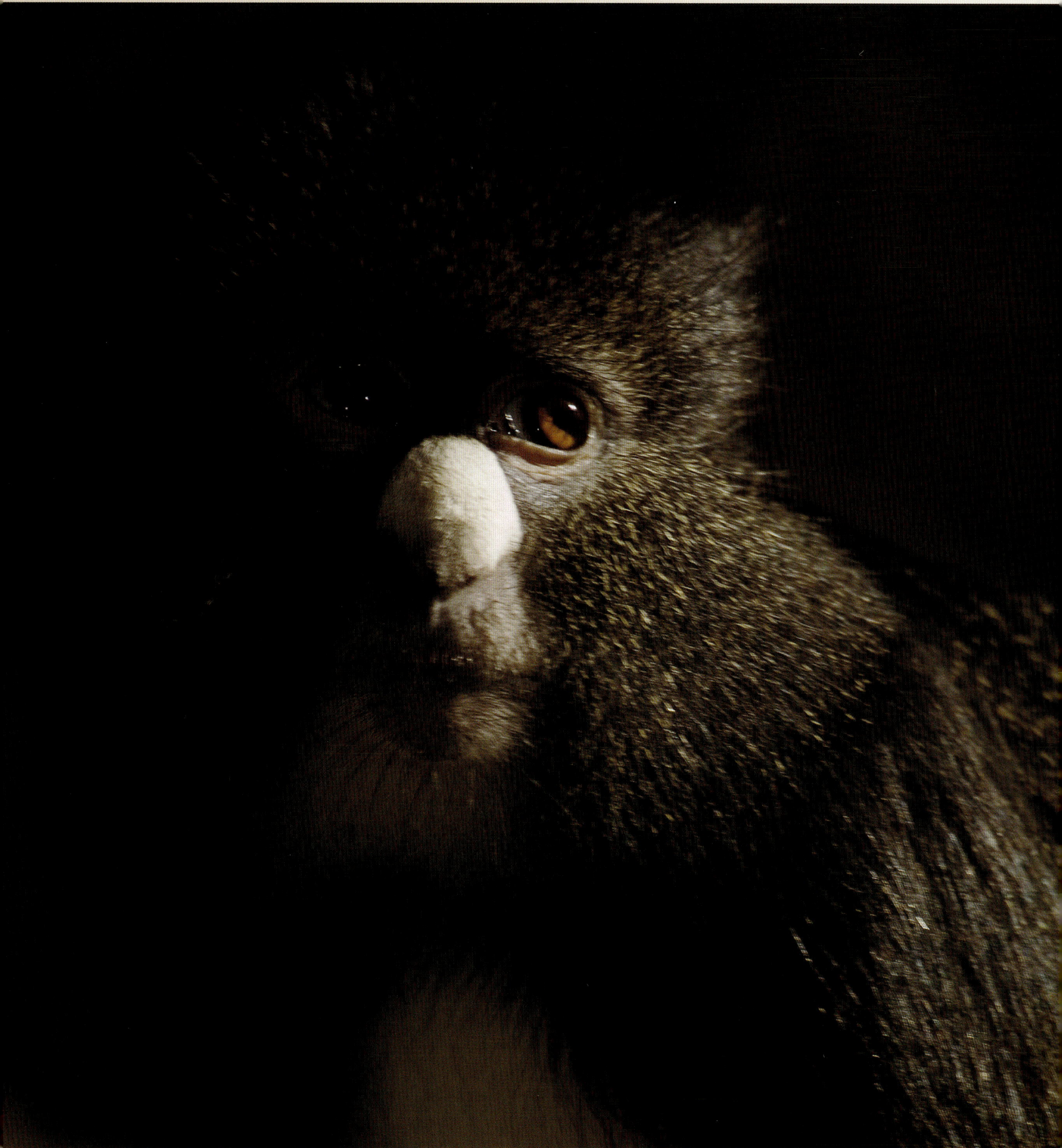

Evolution der Sprachklassen

Die Komplexität der menschlichen Sprache ist für viele ein ausschlaggebender Faktor, um den Menschen als eine Art anzusehen, die sich vom Rest des Tierreichs deutlich abhebt. Aber genau wie bei vielen anderen Verhaltensweisen, die man ehemals als sehr verschieden betrachtete und die mittlerweile als gemeinsame Merkmale gelten, deuten neue Untersuchungen immer mehr darauf hin, dass der Mensch nicht als einzige Art zu einer Sprache fähig ist.

Im Gashaka-Gumti-Nationalpark in Nigeria entdeckten Wissenschaftler die ersten Belege dafür, dass zumindest eine andere Art Verständnis von einem rudimentären Satzbau besitzt. Ihren Beobachtungen zufolge kombinieren Große Weißnasenmeerkatzen einzelne Laute und geben ihnen dadurch eine andere Bedeutung, als wenn sie unabhängig voneinander ausgestoßen werden.

Einzelne »pyoh«-Rufe werden von den Affen geäußert, um vor der Anwesenheit eines Leoparden zu warnen, während eine Art Husten anzeigt, dass ein Adler am Himmel schwebt. Kombiniert ein einzelnes Männchen, das eine Gruppe von Weibchen und Jungtieren begleitet, eine Folge von bis zu drei pyoh-Rufen und vier Hustlauten, kann man dies mit »lasst uns von hier verschwinden« übersetzen. Dieses Signal wird sowohl dann gegeben, wenn irgendwo Feinde lauern, als auch wenn das Männchen meint, es sei besser, anderswo nach Nahrung oder einem Schlafplatz zu suchen.

Nach Ansicht der Wissenschaftler von der Universität St. Andrews in Großbritannien werden die Rufe keineswegs zufällig, sondern absichtlich geäußert. Laut Dr. Kate Arnold sind diese Affen das erste gute Beispiel im Tierreich für eine Verständigung, bei der die Kombination von Rufen eine andere Bedeutung gewinnt als die einzelnen Komponenten. Vermutlich wird man die Fähigkeit zur Bildung einfacher Sätze auch noch bei anderen Primaten finden, so meint sie.

Wie frühere Untersuchungen von Dr. Klaus Zuberbühler, einem Kollegen von Dr. Arnold, zeigten, werden Weißnasenmeerkatzen, die in von Dianameerkatzen dominierte Gebiete einwandern, von diesen zumindest in Zeiten des Nahrungsüberflusses geduldet, da ihre Warnrufe beiden Arten nützen.

> Eine Folge von bis zu drei pyoh-Rufen und vier Hustlauten bedeutet »lasst uns von hier verschwinden«.

linke Seite: Die in den Regenwäldern Westafrikas heimische Große Weißnasenmeerkatze (Foto: Mark Bowler/NHPA)
rechts: Große Weißnasenmeerkatze im Gashaka-Gumti-Nationalpark, Nigeria (Foto mit freundlicher Genehmigung von Kate Arnold)

Schnäppchenjäger in der Wildnis

Mehrere Untersuchungen haben sich damit beschäftigt, in welchen Umfang Tiere – wenn überhaupt – ihre Handlungen vorausschauend planen können. Bis dahin war unklar, ob überhaupt eine andere Art neben dem Menschen aktiv im Voraus planen kann, statt lediglich auf sich jahreszeitlich verändernde Anzeichen und andere externe Reize zu reagieren.

Eichhörnchen etwa horten bekanntermaßen Nüsse als Nahrungsmittelvorrat für den Winter. Man weiß jedoch nicht, ob sie wissen, dass der Winter naht, und deshalb Vorsorge treffen, oder ob sie instinktiv handeln, weil sie darauf programmiert sind, mit Beginn des Herbstes überschüssiges Futter zu verstecken.

Mittlerweile können Wissenschaftler zumindest für manche Tiere belegen, dass bewusstes Vorausschauen eine Komponente ihres Verhaltens ist. Damit offenbaren sie weitaus komplexere geistige Fähigkeiten als zuvor angenommen.

Die Paviane im Blouberg-Naturreservat in Südafrika etwa gehen regelrecht auf »Schnäppchenjagd« und verhalten sich weitgehend wie menschliche Schnäppchenjäger beim Ausverkauf. Gemäß einer Studie von Wissenschaftlern der Universität St. Andrews in Großbritannien wissen die Paviane, dass andere Tiere sie auf der Jagd nach den schmackhaftesten Früchten ausstechen, wenn sie sich nach dem morgendlichen Erwachen nicht schnell genug auf den Weg zu einem bestimmten Baum machen.

Deshalb denken die Paviane vorausschauend: Sie steuern nach dem Aufwachen direkt den betreffenden Baum an und ignorieren jegliche andere Nahrung auf dem Weg dorthin, um nur ja sicherzustellen, dass sie noch etwas von den Früchten abbekommen. Anschließend können sie den Tag viel entspannter angehen und andere Bäume und Sträucher nach weniger begehrtem oder in größerer Menge verfügbarem Futter absuchen, von dem nicht zu befürchten ist, dass es so früh am Morgen schon vergriffen ist.

linke Seite: Männlicher Steppenpavian (*Papio cynocephalus*) im Amboseli Nationalpark, Kenia (Foto: Martin Harvey/NHPA)

Die Studie zeigt: Paviane können sich Dinge außerhalb ihres Gesichtsfeldes vorstellen, können entscheiden, welches Ziel Vorrang hat, und dementsprechend planen – genau wie Menschen dies beim Einkaufen tun.

Laut Professor Richard Byrne, einem Teilnehmer der Studie, zeigen diese Ergebnisse: Paviane können sich Dinge außerhalb ihres Gesichtsfeldes vorstellen, können entscheiden, welches Ziel Vorrang hat, und dementsprechend planen – genau wie Menschen dies beim Einkaufen tun. Seiner Ansicht nach geht die Fähigkeit zum Planen und entsprechenden vorsorglichen Handeln auf einen gemeinsamen Vorfahren von Menschen und Pavianen vor rund 30 Millionen Jahren zurück.

Wissenschaftler vom Max-Planck-Institut in Leipzig haben festgestellt, dass wahrscheinlich alle Großen Menschenaffen die Fähigkeit zu vorausschauendem Denken haben. Bei Verhaltensstudien an Orang-Utans und Bonobos, die sehr eng mit den Schimpansen verwandt sind, wählten beide Arten bei bestimmten Aufgaben ohne Ausprobieren die geeigneten Werkzeuge aus, um an Futter zu gelangen.

Wenn Menschen, Orang-Utans und Bonobos vorausschauend denken können, können Schimpansen und Gorillas das aller Wahrscheinlichkeit nach auch – gehören sie doch der gleichen Evolutionsgruppe an, die auf einen gemeinsamen Vorfahren vor etwa 14 Millionen Jahren zurückgeht.

Wo bleibt mein Frühstück?

Ein diebischer Vogel mit der Fähigkeit zu einer Art »geistiger Zeitreise«.

oben: Buschhäher (Foto: Kevin T. Karlson)

Noch überraschender als die geplante Schnäppchenjagd von Pavianen ist die Entdeckung, dass auch solche Tiere Voraussicht zeigen, die nicht zur Gruppe der Primaten gehören. Schon seit mehreren Jahren beschäftigen sich Wissenschaftler der Universität Cambridge mit dem Buschhäher, einer nordamerikanischen Vogelart.

Um festzustellen, ob die Vögel vorausschauend denken können, gab man ihnen nur jeden zweiten Tag ein »Frühstück«. Am einen Tag erhielten sie gleich morgens Futter, am nächsten ließ man sie zunächst hungern und fütterte sie erst später am Tag. Die Vögel hatten Zugang zu verschiedenen Abteilen eines Käfigs – im einen bekamen sie ihr Frühstück, im anderen nicht. Tagsüber konnten sie frei zwischen den Abteilen wählen, nachts war der Zugang versperrt. Nach sechs Tagen zeigten die Vögel die Fähigkeit, ein potenzielles Problem zu erkennen: Sie begannen, Nüsse von anderen Mahlzeiten aufzusparen und sie in der Abteilung des Käfigs zu horten, von der sie wussten, dass sie dort am nächsten Morgen kein Frühstück bekommen

würden. Durchschnittlich legten sie einen Vorrat von 16,3 Pinienkernen für das nächste Frühstück an.

In einem zweiten Experiment konnten die Vögel erneut beweisen, dass sie sich vorstellen können, was die Zukunft bringt. Sie wurden zwar täglich zum Frühstück gefüttert, jedoch abwechselnd mit Hundefutter und Erdnüssen. Wiederum registrierten sie schnell, dass sich die erste Mahlzeit des Tages verbessern lässt, diesmal durch Abwechslung. So lagerten die Vögel jeweils einige Erdnüsse in der Abteilung, in der sie am nächsten Morgen Hundefutter bekommen würden. Ebenso horteten sie Hundefutter in der Abteilung, in der am nächsten Morgen Erdnüsse auf dem Speiseplan standen. Laut Professor Nick Clayton bewies die Studie eindeutig, dass Buschhäher zur vorausschauenden Planung fähig sind. Es war das erste Mal, dass man dies für eine nicht zu den Primaten gehörende Art nachweisen konnte, und das erste Mal, dass ein Tier nachweislich für den kommenden Tag vorausplante.

Die Studie baute auf einer früheren Untersuchung einer Forschungsgruppe für Experimentalpsychologie auf, die zeigte, dass diese Vögel zu einer Art »geistiger Zeitreise« im Stande sind, oder in diesem Fall, dass man ein Dieb sein muss, um einen Dieb zu durchschauen. Buschhäher verstecken bei entsprechender Gelegenheit Futter für einen späteren Zeitpunkt und schrecken auch nicht davor zurück, die Nahrungsvorräte anderer Vögel zu plündern, wenn sie diese beim Verstecken beobachtet haben. Durch Laborexperimente bestätigte Untersuchungen zeigten: Buschhäher, die Erfahrung damit haben, andere zu bestehlen, wissen genau, ob ihre eigenen Vorräte gefährdet sind. Wenn sie sich beim Verstecken des Futters von einem Rivalen beobachtet fühlten, kamen sie später zurück und brachten es in ein anderes Versteck. Jene Buschhäher aber, die selbst nicht diebisch waren, hegten auch keinen Verdacht gegen andere. Laut Professor Clayton ist die experimentelle Bestätigung der Fähigkeit der Vögel, eigene Erfahrungen auf Artgenossen zu projizieren und dadurch die möglichen Motive eines anderen Buschhähers abzuschätzen, ein Meilenstein in der Erforschung des Bewusstseins von Tieren.

Schneckenpfade

Effizienz ist für Tiere sehr wichtig. Da die nächste Mahlzeit selten garantiert ist, darf man möglichst wenig Energie verschwenden. Sogar Schnecken, die eher zu den gemächlichen Vertretern des Tierreichs gehören, sparen nach Möglichkeit Energie.

Schnecken hinterlassen beim Kriechen eine Schleimspur. Früher hielt man diese für Wegweiser zu Nahrungsquellen. Mittlerweile konnte man jedoch beweisen, dass die erneute Benutzung der Schleimspur eine effiziente Methode ist, Energie zu sparen. Beim Gleiten auf einer bereits vorhandenen Schleimspur wendet die Große Strandschnecke (*Littorina littorea*) nur 27 Prozent der Energie auf, die nötig wäre, um eine ganz neue Schleimspur zu erzeugen.

Diese Entdeckung, die wahrscheinlich auch für andere Schnecken gilt, machten Wissenschaftler der Universität Sunderland in Großbritannien. Sie maßen dazu die Dicke der Schleimspur, die diese Meeresschnecke hinterlässt. Auf welche Weise die Schnecken die Dicke einer bereits vorhandenen Schleimspur messen und dann abschätzen, wie viel Schleim sie selbst noch produzieren müssen, ist bislang noch nicht geklärt. Da eine Schnecke schätzungsweise ein Drittel der mit der Nahrung aufgenommenen Energie zur Schleimproduktion braucht, ergeben sich aus der Energieeinsparung klare Vorteile: Mit der überschüssigen Energie kann sie sich über sämtliche Blumen im Garten hermachen.

Die erneute Benutzung von Schleimspuren ist eine effektive Methode, Energie zu sparen.

rechts: Große Strandschnecken und ihre Schleimspuren
(Fotos mit freundlicher Genehmigung von Mark Davies, Universität Sunderland)

Schlaue Fische

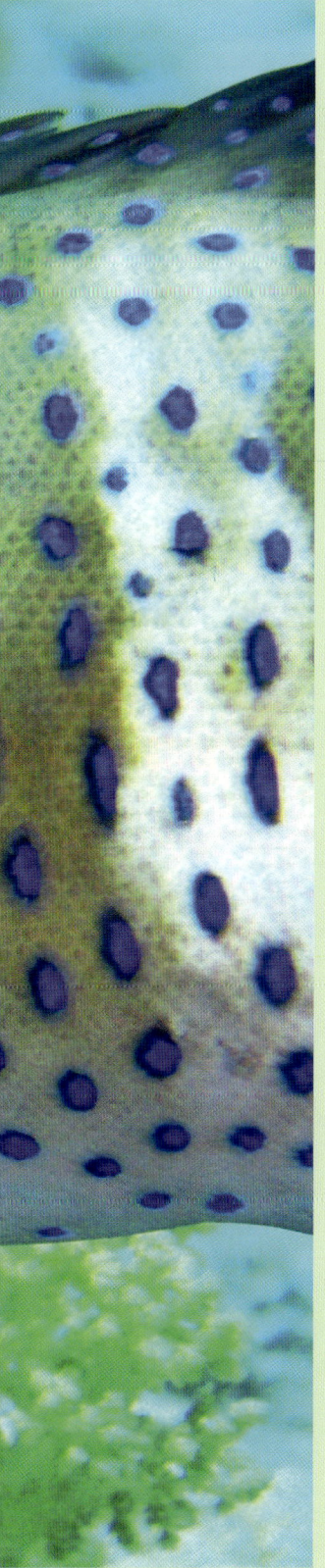

Wenn Muräne und Zackenbarsch im Team jagen, berauben sie die Beute jeglicher Versteckmöglichkeit.

Mit der Kooperation von Forellen-Zacken-barschen und Riesenmuränen im Roten Meer wurde erstmals eine Zusammenarbeit zwischen verschiedenen Tierarten entdeckt.

Laut Wissenschaftlern der Universität von Neuchâtel in der Schweiz vereinen beide Fisch-arten ihre Kräfte bei der Jagd, indem sie Seite an Seite nebeneinander schwimmen, als mach-ten sie einen Spaziergang. Sie bilden ein ideales Räuberteam – die Muräne gelangt in die Schlupf-winkel und Spalten des Riffs, während der Za-ckenbarsch auf das Erjagen von Beute in offe-nem Wasser spezialisiert ist. Wenn sie im Team jagen, berauben sie die Beute jeglicher Versteck-möglichkeit und treiben sie direkt in die Bahn des Jagdgefährten.

Entdeckungen solcher Verhaltensweisen tragen zu der wachsenden Erkenntnis bei, dass Fische nicht so dumm sind, wie es scheint. Regen-bogenforellen konnten in einer Verhaltensstudie beweisen, dass sie unterschiedliche Persönlich-keiten besitzen und schnell aus ihren Erfahrun-gen lernen. Je mutiger eine Forelle ist, desto leichter landet sie am Haken, weil sie nicht so vorsichtig bei der Auswahl ihres Futters ist. Au-ßerdem benötigt sie mehr Futter, weil sie neu-gieriger und aktiver ist und daher mehr Energie verbraucht. Durch eine unangenehme Erfahrung kann die Forelle jedoch lernen, vorsichtiger und ruhiger zu werden und dadurch dem Angelhaken zu entgehen.

Experimente unter Leitung von Dr. Lynne Sned-don von der Universität Liverpool in Großbritan-nien bewiesen die Lernfähigkeit von Forellen. Zunächst wurden die Fische als draufgängerisch oder vorsichtig kategorisiert, je nachdem, wie lange sie brauchten, um einen kleinen Spielzeug-baustein zu untersuchen, den man ins Becken sinken ließ. Im nächsten Stadium provozierte man einen Kampf zwischen den aggressiven ter-ritorialen Forellen. Dazu setzte man zwei unter-schiedlich große Fische zusammen in ein Aqua-rium und wartete den Ausgang des Kampfes ab. Vorsichtige Fische, die mehrere Kämpfe gewan-nen, wurden merklich draufgängerischer, wäh-rend draufgängerischere Fische, die mehrmals verloren, immer zaghafter wurden. Dies zeigt ihre Fähigkeit, aus Erfahrung zu lernen.

Wie zu erwarten, wurden draufgängerische Fische, die ihre Kämpfe gewannen, noch drauf-gängerischer, während vorsichtige Fische überraschenderweise nach vielen Niederlagen ebenfalls draufgängerischer wurden statt zurück-haltender. Hier kam dem Forscherteam zufolge wahrscheinlich ein »Desperado-Effekt« ins Spiel.

links: Forellen-Zackenbarsch (*Plectropomus pessuliferus*)
(Foto mit freundlicher Genehmigung von Redouan Bshary,
Universität Neuchâtel)

Tödliche Wasserpistolen

Wie ein Forscherteam von der Universität Erlangen zeigen konnte, erzielen Schützenfische bei der Jagd auf ihre Beute mittels eines Wasserstrahls noch beeindruckendere Leistungen, als zuvor bekannt war. Sie feuern nicht einfach blindlings los, sondern mit tödlicher Präzision und können dabei sogar die erforderliche Wassermenge berechnen, um ein als Mahlzeit auserkorenes Beutetier abzuschießen.

Die Fische passen die Wassermenge an die Größe ihrer Beute an – zumeist Fliegen, Käfer und Spinnen, gelegentlich sogar kleine Echsen. Wie die Forscher herausfanden, spritzen die Tiere durchweg etwa zehnmal so viel Wasser, wie benötigt, um die ausgewählten Beutetiere abzuschießen. Wenn diese ins Wasser fallen, können sie problemlos geschnappt werden.

Die Jagdtechnik der Schützenfische ist bezüglich des Energieverbrauchs recht aufwendig; um keine Energie zu vergeuden, passen die Fische die ausgestoßene Wassermenge je nach Beutetier an, das sie von einer überhängenden Pflanze schießen möchten. Dass sie dazu das Zehnfache der eigentlich benötigten Wassermenge verwenden, scheint zunächst verschwenderisch; man geht davon aus, dass es sich dabei um eine festgelegte Sicherheitsspanne handelt, mit der die Erfolgschancen maximiert werden.

Zu diesen Erkenntnissen gelangte man nur zwei Jahre, nachdem gezeigt werden konnte, dass Schützenfische nicht nur die Größe und Position ihrer Beute einschätzen, sondern sogar den Brechungswinkel von Licht unter Wasser mit berücksichtigen können.

oben: Schützenfische (Foto mit freundlicher Genehmigung von V. Runkel und S. Schuster, Universität Erlangen-Nürnberg)
linke Seite: Ein Schützenfisch schießt mit einem gezielten Wasserstrahl seine Beute ab. (Foto: Stephen Dalton/NHPA)

Die Fische feuern mit tödlicher Präzision und können dabei sogar die erforderliche Wassermenge berechnen, um ein als Mahlzeit auserkorenes Beutetier abzuschießen.

Spion auf See

Verschiedene Formen von Messgeräten haben sich für Wissenschaftler, die Tiere erforschen, als Segen erwiesen, ganz gleich, ob es um die Erforschung von Insekten, Großkatzen oder Meerestieren geht. Es gibt einfache Sender, mit denen die Forscher die Tiere lediglich gezielt aufspüren können, oder auch Geräte, die eine Vielzahl von Verhaltensdaten aufzeichnen. Sie folgen den Tieren sozusagen »auf Schritt und Tritt«, was den Menschen oft nicht möglich wäre, ohne dabei das Verhalten ihrer Forschungsobjekte zu beeinflussen.

Selbst bei Arten, über die schon recht viel bekannt ist, können sich solche Sender als ziemlich nützlich erweisen. Ihm Rahmen eines Projekts des Wildlife and Wetland Trust in Slimbridge, Großbritannien, wurden Ringelgänse mit Sendern versehen, um ihre Zugrouten zu verfolgen. Neben weiteren Details brachten die Geräte ein zuvor nicht bekanntes Brutgebiet in der Arktis auf einer zu Spitzbergen zählenden Insel ans Licht.

Bei Tieren wie Pinguinen können solche Messgeräte eine Fülle von Informationen liefern, die bei ausschließlich visueller Beobachtung unerreichbar wären. Professor Rory Wilson von der Universität von Wales in Swansea, Großbritannien, hat seit Anfang der 1980er Jahre zahlreiche verschiedene Sendegeräte entwickelt, mit denen sich Meeresorganismen erforschen lassen.

Als eine der jüngsten Entdeckungen konnte mittels dieser Geräte ermittelt werden, dass der Magellan-Pinguin zu den gefräßigsten Tieren des Meeres gehört: Er verzehrt in acht Stunden etwa so viel wie ein Erwachsener, der in der gleichen Zeit fast 600 Hamburger von je 125 g verschlingen würde.

Weil die Messgeräte auch die Muskelbewegungen beim Fang und Schlucken der Fische oder Kalmare registrieren, konnte mit ihnen gezeigt werden, wie viel die Pinguine unter Wasser zu sich nehmen. Vor der Entwicklung solcher Messgeräte ließ sich der Appetit der Pinguine nur messen, indem man sie fing und nach Verabreichen eines Brechmittels den Mageninhalt analysierte.

Wie die Messungen ergaben, können Magellan-Pinguine bis zu dreimal mehr Nahrung zu sich nehmen, als man zuvor dachte. Damit werden sie sich unter den Fischern sicher keine Freunde machen, aber es liefert wichtige Informationen für den Artenschutz.

> Die Pinguine treiben Fische zusammen wie Schäferhunde Schafe. Dazu schwimmen sie spiralförmig immer tiefer und treiben ihre Beute so zu einem immer dichteren kugelförmigen Schwarm zusammen, der schließlich auseinanderbricht.

Die Messgeräte förderten noch weitere Einzelheiten der Fischtechniken von Magellan-Pinguinen zutage, denn sie zeichnen auch Daten wir Herzfrequenz, Tauchtiefe, Aufenthaltsort, Schwimmrichtung, Geschwindigkeit und Temperatur auf. Wie schon vermutet, aber nicht bewiesen, treiben die Pinguine Fische zusammen wie Schäferhunde Schafe. Dazu schwimmen sie spiralförmig immer tiefer und treiben ihre Beute so zu einem immer dichteren kugelförmigen Schwarm zusammen, der schließlich auseinanderbricht. Die vereinzelten Fische werden dann zu einer leichten Beute.

Mit Messgeräten, die die Zahl der Atemzüge der Pinguine vor einem Tauchgang messen, konnte Professor Wilson zeigen, dass diese Vögel einberechnen, wie tief sie tauchen und wie viele Fische sie fangen werden.

linke Seite und folgende Doppelseite: Magellan-Pinguine (Fotos mit freundlicher Genehmigung von Rory Wilson, Universität von Wales, Swansea)
unten: Mit Sendern versehene Ringelgänse (Foto mit freundlicher Genehmigung des WWF/Kendrew Colhoun)

Schneller, tiefer, weiter

An Cuvier-Schnabelwalen angebrachte Sender ermittelten eine Rekord-Tauchtiefe von knapp 1200 m. Bei dem Tauchgang hielt der Wal 85 Minuten lang den Atem an. Im Gegensatz zu Pottwalen und See-Elefanten, die mehrere tiefe Tauchgänge hintereinander durchführen können, brauchte der Schnabelwal nach dem Tauchgang jedoch offenbar erst einmal eine Ruhepause im Flachwasser – wahrscheinlich, um seinen Sauerstoffvorrat wieder aufzufüllen. Diese Messungen hatten Wissenschaftler des Ozeanographischen Instituts Woods Hole in den USA im Rahmen einen Projekts durchgeführt, bei dem sie den vermuteten Zusammenhang zwischen dem Stranden von Walen und der Verwendung von Echolot erforschen wollten.

Mit Hilfe von Messgeräten, die Position, Lufttemperatur und Tauchtiefe aufzeichneten, fand man heraus, dass der Dunkle Sturmtaucher die längste Zugroute zurücklegt. Der nur etwa 1 kg schwere Vogel fliegt bis zu 75 000 km und damit mehr als doppelt so weit wie die Küstenseeschwalbe (35 000 km), die zuvor als der Vogel mit dem längsten Zugweg galt.

Für diese Studie fingen Wissenschaftler 33 Vögel bei ihren Bruthöhlen in Neuseeland und versahen sie mit Messgeräten. Im Jahr darauf konnten sie 20 der Geräte wiederfinden; die Vögel waren in Form einer Acht um den gesamten Pazifik geflogen. Weitere Daten der Messgeräte ergaben, dass die Dunklen Sturmtaucher auf der Jagd nach Kalmaren, Krill und Fischen bis zu knapp 70 m tief getaucht waren. Ihre durchschnittliche Tauchtiefe betrug 14 m.

Die Geschwindigkeit, mit der Schnappkieferameisen zubeißen, konnte nur mit Hilfe der Hochgeschwindigkeits-Videographie gemessen werden. Ihr Biss erfolgt mit einer Geschwindigkeit von 233 km/h und ist damit das schnellste Zubeißen eines Räubers im Tierreich. Die Kiefer dieser Ameisen sind elastisch gespannt und schnappen im Schnitt

oben: Dunkler Sturmtaucher von Wehnua Hou Island, Neuseeland (Foto mit freundlicher Genehmigung von Josh Adams, © 2005)
linke Seite: Eine Schnappkieferameise hat eine kleine Grille erbeutet. (Foto: Alex Wild, www.myrmecos.net)

innerhalb von 0,13 Millisekunden zu; die dabei erreichte Geschwindigkeit entspricht dem 100 000fachen der Schwerkraft. Nach Berechnungen eines Forscherteams unter der Leitung von Dr. Sheila Patek von der Universität von Kalifornien in Berkeley, USA, erfolgt das Zuschnappen 2300-mal schneller als ein menschlicher Wimpernschlag.

Die mittel- und südamerikanische Ameise *Odontomachus bauri* setzt ihre Kiefer auch bei Gefahr zur Flucht ein. Fühlt sich die Ameise bedroht, richtet sie den Schnappmechanismus entweder gegen den Angreifer oder zum Boden hin und katapultiert sich dadurch fast 40 cm weit. Ein 1,68 m großer Mensch müsste im Vergleich dazu 40 m weit springen!

Die Kiefer der Ameisen sind elastisch gespannt und schnappen mit einer Geschwindigkeit zu, die dem 100 000fachen der Schwerkraft entspricht.

Fühlt sich die Ameise be-
droht, kann sie sich fast
40 cm weit katapultieren.
Ein 1,68 m großer Mensch
müsste im Vergleich dazu
40 m weit springen.

rechts: Schnappkieferameise
(Foto: Alex Wild, www.myrmecos.net)
unten: Diese Einzelbilder einer Videosequenz zeigen,
wie Schnappkieferameisen (Odontomachus bauri)
durch Zuschnappen ihrer Kiefer eine solche Geschwindigkeit erreichen, dass sie mit der dadurch erzeugten
Kraft ihren Körper durch die Luft katapultieren können.
Die Flugbahn des hier abgebildeten »Fluchtsprungs«
verläuft nach oben. (Video mit freundlicher Genehmigung von Dr. Sheila Patek und Mitarbeitern, Universität
von Kalifornien, Berkeley)

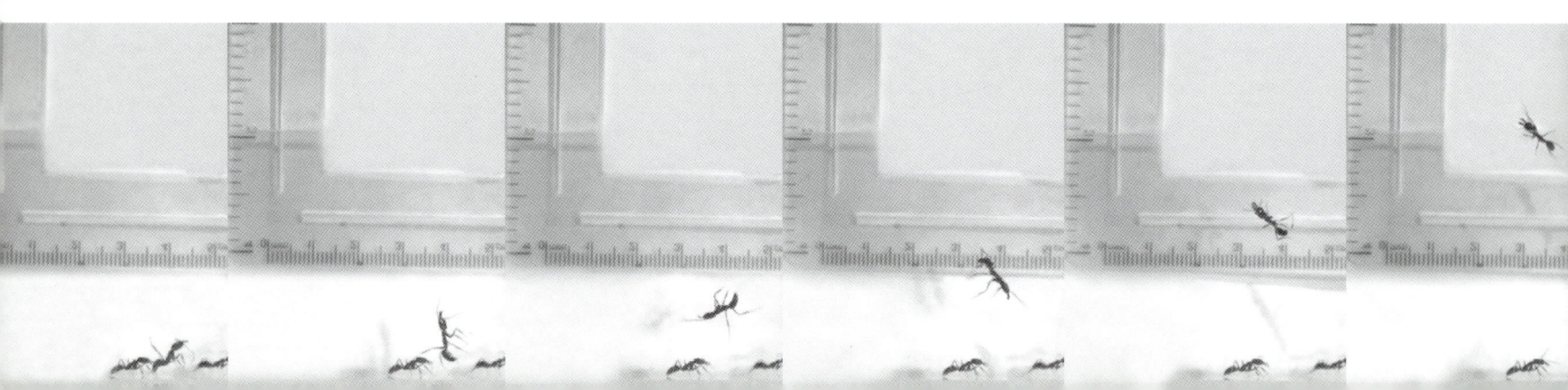

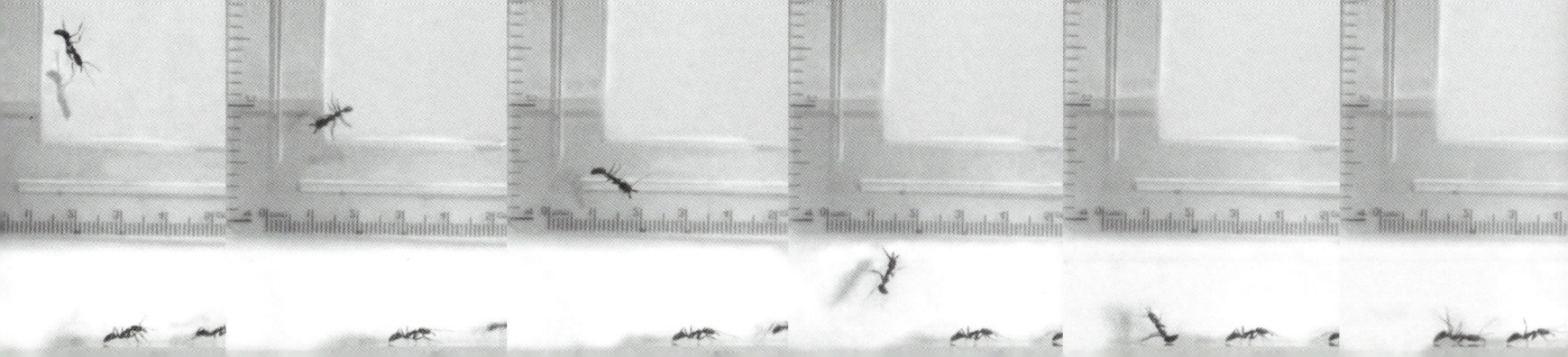

Darwin in Aktion

Eines der bemerkenswertesten Beispiele von Evolution in Aktion hat man bei genau jenen Finken der Galapagos-Inseln gefunden, mit denen sich Charles Darwin durch seine Theorie der natürlichen Selektion (»Überleben des Tüchtigsten«) einen Namen gemacht hat.

Der Mittel-Grundfink (*Geospiza fortis*) sah sich mit der Ankunft des größeren Groß-Grundfinken (*G. magnirostris*) ab 1982 in einer Konkurrenzsituation. Der größere Fink konnte die Samen der Pflanze *Tribulus cistoides* (ein Burzeldorn) leichter knacken, die bis dahin die Hauptnahrungsquelle des kleineren Grundfinken gewesen war. Forschungen unter der Leitung der Universität Princeton in den USA zufolge war dies der Auslöser dafür, dass die Mittel-Grundfinken kleinere Schnäbel entwickelten, mit denen sie die kleineren Samen anderer Pflanzen besser ernten konnten.

Als es nach einer Trockenheit im Jahr 2004 zu einer Knappheit der Samen von *Tribulus cistoides* kam, verhungerten die meisten der größeren Finken. Ähnlich erging es den kleineren Finken, die noch verhältnismäßig große Schnabel hatten. Es überlebten hauptsächlich solche Finken, die bereits kleinere Schnäbel entwickelt hatten. Nach der Trockenheit durchgeführte Messungen ergaben, dass die durchschnittliche Schnabelgröße von *G. fortis* dramatisch zurückgegangen war;

die Körpergröße war jedoch gleich geblieben. Der Vogel hatte sich also so entwickelt, um mit dem Selektionsdruck durch die Konkurrenz und der Samenknappheit fertig zu werden.

Noch rascher erfolgte die Evolution unter Selektionsdruck beim Bahama-Anolis (*Anolis sagrei*) im Rahmen von Experimenten auf kleinen Inselchen der Bahamas. Nach Einführung der räuberischen Rollschwanzleguane (*Leiocephalus carinatus*) in ihren Lebensraum machte die Beinlänge der Bahama-Anolis im Zeitraum von nur einem Jahr zweimal eine Evolution durch. In den ersten sechs Monaten hatten die Anolis mit den längsten Beinen die besten Überlebenschancen, weil sie den Räubern besser entkommen konnten.

In den folgenden sechs Monaten wurden die Beine dank einer Verhaltensänderung wieder kürzer. Die Anolis hielten sich nun nicht mehr überwiegend auf dem Boden auf, sondern zogen sich in Bäume zurück, vor allem auf dünne Äste und Zweige, wo ihnen weniger Gefahr von den räuberischen Leguanen drohte. Als Folge dieser im Rahmen einer Studie unter der Leitung von Professor Jonathan B. Losos von der Harvard-Universität dokumentierten Verhaltensänderungen besaßen die überlebenden Anolis nach nur zwölf Monaten viel kürzere und stämmigere Beine.

Im Zeitraum von nur einem Jahr machte die Beinlänge der Bahama-Anolis zweimal eine Evolution durch; so konnten sie einem Räuber entkommen.

linke Seite: Mittel-Grundfink, Galapagos-Inseln (Foto: David Middleton/NHPA)
rechts: Bahama-Anolis (Foto: Melvin Grey/NHPA)

Hilfe für Koalas

Um Koalas vor Inzucht und sexuell übertragenen Krankheiten zu schützen, hat man Techniken zur künstlichen Besamung entwickelt. Dieses Programm erwies sich als so erfolgreich, dass die Trächtigkeitsraten nach künstlicher Besamung mittlerweile fast ebenso hoch sind wie bei natürlicher Befruchtung und zudem eine gesündere Population garantieren.

Die Population dieser australischen Beuteltiere ist von mehreren Millionen vor einem Jahrhundert inzwischen auf geschätzte 40 000 bis 100 000 abgesunken. Ursache hierfür ist größtenteils der Einfluss des Menschen. Sinkende Fruchtbarkeitsraten aufgrund von sexuell übertragenen Krankheiten haben das Problem noch verschlimmert, ebenso Inzucht, zu der es kam, weil die Koalas durch Straßen und Siedlungen auf kleine Habitatinseln zurückgedrängt wurden. Wissenschaftler der Universität von Queensland, Australien, sind der Ansicht, dass das von der Zoologischen Gesellschaft in London unterstützte Projekt zur künstlichen Besamung eine Schutzmaßnahme darstellt, mit der sich das langfristige Überleben dieser Tiere sichern lässt.

Erleichtert wurde das Sammeln der Spermien von männlichen Koalas, weil diese Tiere sich bei der Paarung recht einfältig verhalten. Ist ein Männchen erst einmal auf ein Weibchen aufgestiegen, lässt es sich durch nichts mehr ablenken – nicht einmal von einem Wissenschaftler mit einem Reagenzglas. Die Männchen nehmen gar nicht wahr, wie die Forscher die zur besseren Passform mit Gummi ausgekleideten Röhrchen vorsichtig in die richtige Position bringen, und setzen die Paarung unbeirrt fort.

Die Population dieser australischen Beuteltiere hat sich von mehreren Millionen vor einem Jahrhundert inzwischen auf weniger als 100 000 verringert.

links: Weiblicher Koala (*Phascolarctos cinereus*) mit Jungtier (Foto: A.N.T. Photo Library/NHPA)
folgende Doppelseite: Koalaweibchen mit Jungtier in den Eukalyptuswäldern im Osten Australiens (Foto: Dave Watts/NHPA)

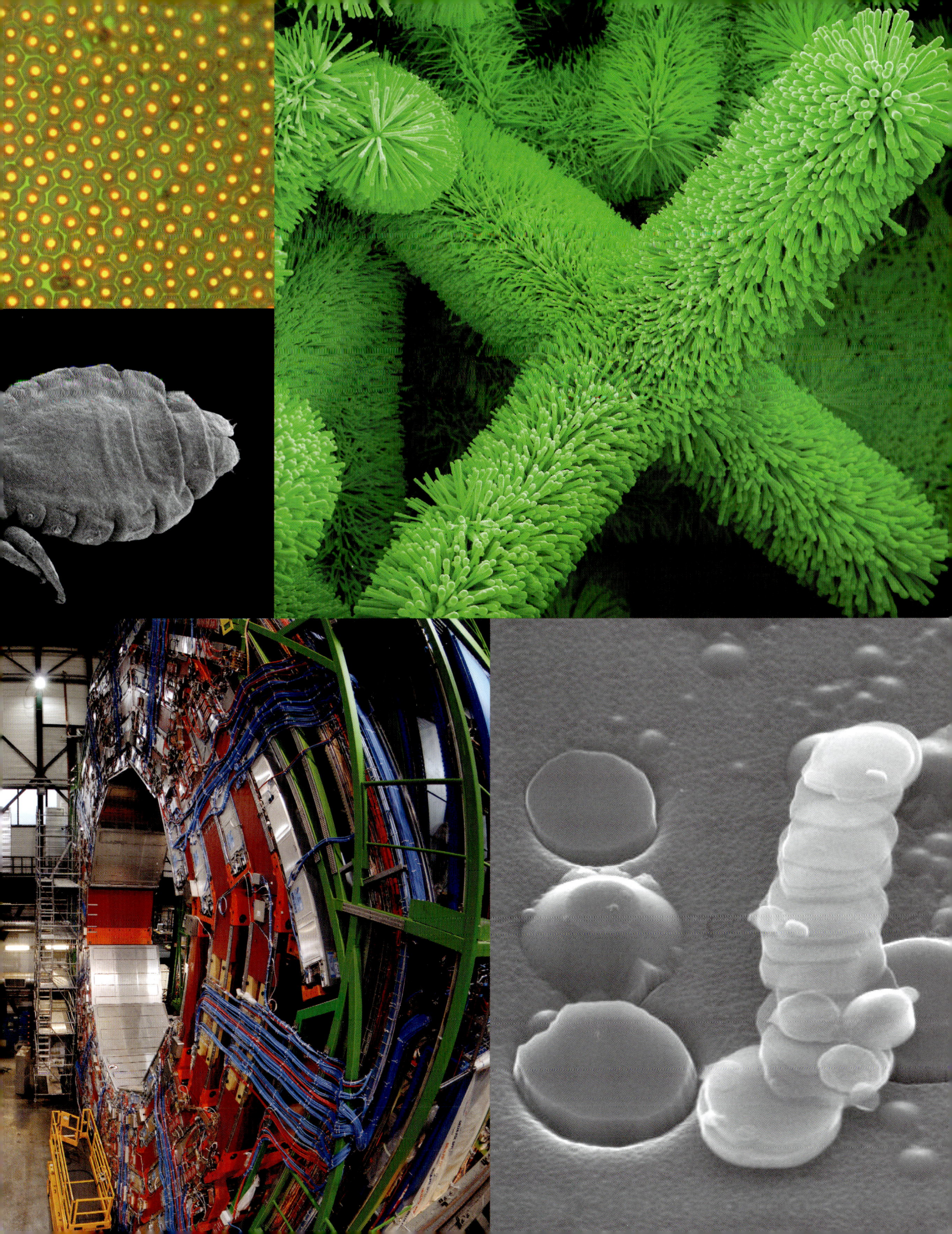

vorige Doppelseite, im Uhrzeigersinn von oben links:
Wärmebilder einer fettleibigen Frau (Bild: © Dr. Ray Clark
& Mervyn Goff/Science Photo Library), Detailaufnahme
des Wabenmusters auf dem Rücken des Käfers *Plusiotis
boucardi* (Bild mit freundlicher Genehmigung von Dr.
S. A. Jewell, Universität Exeter), Zinkoxid-Nanostrukturen
(Bild mit freundlicher Genehmigung von Zhong Lin Wang,
Georgia Institute of Technology), Nanostruktur aus
Graphen (Bild mit freundlicher Genehmigung von Andre
Geim, Mesoscopic Physics Group, Universität Manches-
ter), Ansicht des CMS-Detektors des CERN in der ober-
irdischen Halle bei Cessy (Foto mit freundlicher Geneh-
migung von Maximilien Brice; © CERN), Ausschnitt der
Tarnkappe (Bild mit freundlicher Genehmigung von David
R. Smith, Duke-Universität), Kopflaus (Bild mit freundlicher
Genehmigung von Vincent S. Smith, Natural History
Museum, London)

Die Welt von morgen

Der technische Fortschritt verläuft seit 50 Jahren rasend schnell und zieht dabei die radikale Umgestaltung unserer Kultur nach sich. Ein Mensch, der vor einem halben Jahrhundert in einer westlichen Gesellschaft geboren wurde, erlebt heute eine Zeit beispiellosen Luxus, in der Autos allgegenwärtig sind, es ganz normal ist, an das andere Ende der Welt zu reisen, und Lebensmittel in solchem Überfluss vorhanden sind, dass Fettleibigkeit zu einem verbreiteten gesundheitlichen Problem geworden ist.

Durch Robotertechnik, Computer, ein globales Kommunikations-netz und kostengünstige Transportmittel weltweit wandelte sich die Industrie von Grund auf. Billige Fernseher, Telefone, Computer, Kühlschränke, Zentralheizungen und arbeitssparende Geräte wie Staubsauger, Waschmaschinen und Geschirrspüler gelten heute als selbstverständlich und haben das Heim so sehr verändert, dass es unsere Großeltern kaum noch wiedererkennen würden.

Im Bereich der Medizin leitete die Antibabypille eine soziale und sexuelle Revolution ein, Krebs ist nicht mehr automatisch gleich-bedeutend mit einem Todesurteil, und die ersten Retortenbabys sorgen nun selbst schon für Nachkommen. Noch vor nur einer Generation wirkten technische Fortschritte wie das Mobiltelefon, das Internet, virtuelle Realität, genetisches Screening und diverse Behandlungsmethoden bei Unfruchtbarkeit wie Science-Fiction-Stoff, heute sind sie bereits gang und gäbe. Zwar mögen Tarn-kappen, bionische Augen, malariaresistente Mücken, Roboter als Ärzte und am Steuer sowie Fettverbrennungstabletten noch phan-tastisch erscheinen, sie könnten Experten zufolge jedoch in greif-bare Nähe gerückt sein. Der Wandel vollzieht sich nach wie vor mit atemberaubender Geschwindigkeit.

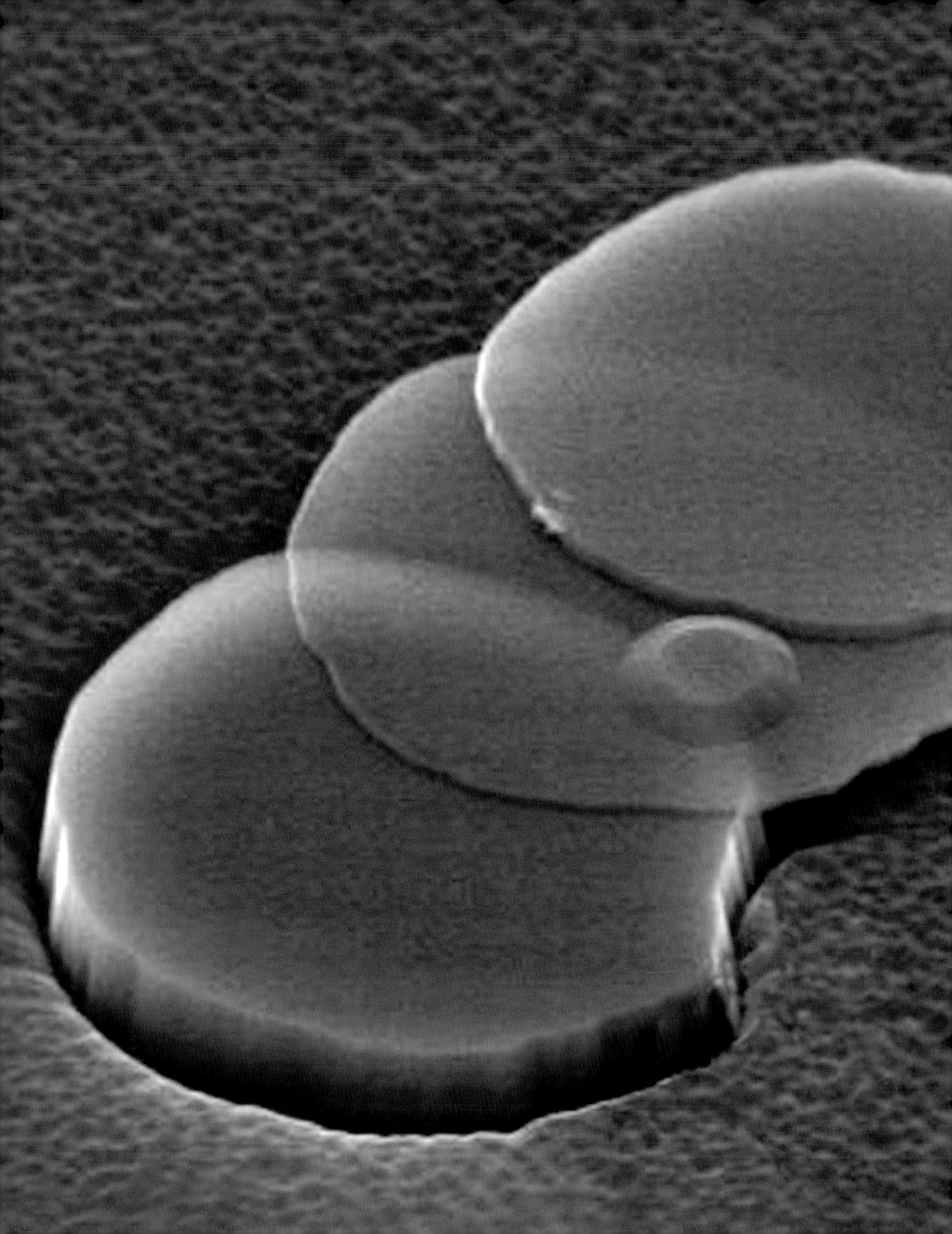

Dünner geht es nicht

Nur wenige technische Fortschritte waren so bedeutsam wie das Silizium in Computerchips, doch durch die Nachfrage nach immer schnellerer und effizienterer Datenverarbeitung ist die Suche nach einem Nachfolger bereits im Gang. Das aus Kohlenstoffmolekülen bestehende Material Graphen stellt eine der vielversprechendsten Entwicklungen der Forscher dar, die nach einem Siliziumersatz suchen.

Graphen ist etwa 200 000-mal dünner als das Haar eines Menschen und das dünnste Material, das jemals hergestellt wurde. Da es nur eine Atomlage dick ist, gilt es als zweidimensionales Material. Aufgrund seiner Eigenschaften können sich Elektronen mit hoher Geschwindigkeit darin bewegen, wodurch es das Potenzial zum superschnellen Transistor hat.

Graphen entsteht aus Graphit, das aus vielen zweidimensionalen Atomschichten aufgebaut ist. Wissenschaftler der Universität Manchester in Großbritannien und in Chernogolowka, Russland, wiesen experimentell nach, dass es möglich ist, Graphen durch das Abtragen extrem dünner Graphitschichten zu erzeugen – mittels einer Technik, die als mikromechanische Abspaltung bezeichnet wird.

Die theoretische Physik ging in der Vergangenheit davon aus, dass kristalline Materialien mit der Dicke nur einer Atomlage praktisch unmöglich seien, da geringste Temperaturveränderungen sie zerstören würden. Experimente auf dünnen Schichten untermauerten zunächst diese Theorie, da sie eine Instabilität unterhalb einer gewissen Dicke belegten. Graphen hingegen verhielt sich nicht der Theorie entsprechend, denn es gelang Forschern, Schichten mit der Dicke nur einer Atomlage abzuspalten, die selbst bei Raumtemperatur formstabil blieben – eine unbedingte Anforderung an ein Material in einem Mikroprozessor.

In der Form, in der Graphen ursprünglich hergestellt worden war, konnte es jedoch nur in Verbindung mit einem anderen Material bestehen. So ließ die schnell aufgekeimte Hoffnung, hierin einen vielversprechenden Ersatz für Silizium in Computerchips gefunden zu haben, schnell wieder nach, als Folgeexperimente darauf schließen ließen, dass es viel weniger effizient war als anfänglich vorhergesagt.

Anfang 2007 wurde jedoch bekanntgegeben, dass es dem Team in Manchester, dieses Mal in Zusammenarbeit mit dem Max-Planck-Institut in Stuttgart, gelungen war, eine selbsttragende Graphenschicht zu erzeugen. Und wieder wurde es als Spitzenreiter gehandelt im Rennen um den Hauptbestandteil der Computerchips von morgen. Die von mikroskopisch kleinen Golddrähten hängende Membran brach den Elektronenstrahl so, dass man auf eine leichte Wellung der Ein-Atom-Schicht schließen konnte. Dieser gewellte Aufbau scheint der Grund dafür zu sein, dass das Graphen zwar hauchdünn, aber dennoch formstabil ist. Weitere Experimente zu seinem Potenzial als superschneller Transistor oder elektromechanischer Schalter legen nahe, dass es sich aller Wahrscheinlichkeit nach zu einem Siliziumersatz weiterentwickeln lässt.

Anwendungen sind auch in anderen Bereichen zu erwarten, nicht zuletzt in der Medizinforschung, wo Graphen in Elektronenmikroskopen zum Einsatz kommen könnte. Graphen ist so dünn, dass sein wabenartiger Aufbau ihm das Potenzial verleiht, zum Filtern von Gasen zu dienen. Ebendiese Wabenstruktur könnte auch als Träger für Proteine und andere Substanzen dienen, die Medizinforscher unter Elektronenmikroskopen untersuchen wollen. Da es so hauchdünn ist, könnten die Mikroskope mit einer viel höheren Auflösung arbeiten, denn die Elektronen müssten sich durch wesentlich weniger fremdes Material bewegen.

Graphen ist 200 000-mal dünner als das Haar eines Menschen und somit das dünnste jemals hergestellte Material.

rechts und unten: Rasterelektronenmikroskopische Aufnahmen eines abgefallenen Graphitplättchens, von dem Graphenmoleküle »extrahiert« wurden (Bilder mit freundlicher Genehmigung von Andre Geim, Mesoscopic Physics Group, Universität Manchester)

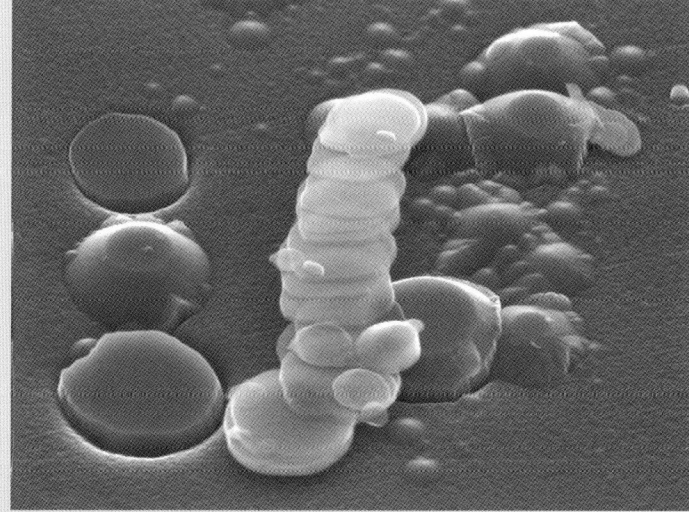

Tarnkappe

links: Tarnkonstruktion für Mikrowellen
unten: Momentaufnahmen elektrischer Felder, die schwarzen
Stromlinien illustrieren die Richtung des Energieflusses
(Bilder: Science/AAAS)

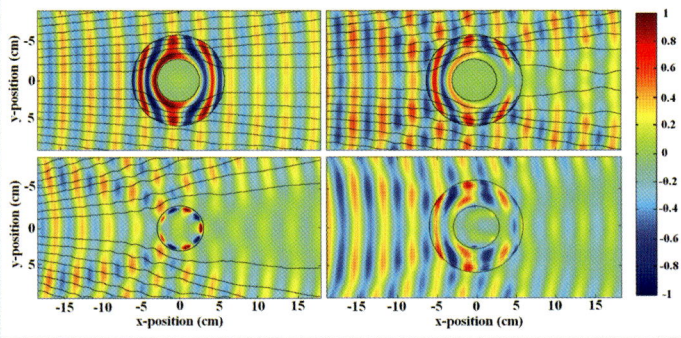

Ebenso wie Graphen sich über die Gesetze der Physik hinwegzusetzen scheint, trotzt das Phänomen der Unsichtbarkeit anscheinend dem gesunden Menschverstand. Und doch lassen Untersuchungen darauf schließen, dass es weit davon entfernt ist, sich auf Romane wie *Der Unsichtbare Mann* und *Harry Potter* zu beschränken, und Unsichtbarkeit zu einer sehr realen Erscheinung des Lebens werden könnte.

Forschern der US-amerikanischen Duke-Universität in North Carolina ist es gelungen, ein kleines Objekt verschwinden zu lassen, zumindest, als sie Mikrowellen verwendeten, um es aufzuspüren. Der Tarnkörper bestand aus konzentrisch angeordneten Reifen aus Kupfer und Metamaterialien, einer Art künstlichem Verbundwerkstoff, der Mikrowellenstrahlung um ein in der Mitte positioniertes Objekt herum leitet. So wie Wasser einen Stein in der Mitte eines Flusses umströmt, flossen die Mikrowellenstrahlen um das in der Mitte befindliche Objekt herum und dahinter wieder zusammen. Auf diese Art täuschten sie externen Sensoren vor, keinerlei Hindernis passiert zu haben. Zwar ist der Tarnkörper mit einem Durchmesser von nur 13 cm noch klein und das »unsichtbar« gemachte Objekt sogar noch kleiner, doch die Technologie besitzt das Potenzial zur beträchtlichen Vergrößerung.

Die erfolgreiche US-amerikanische Umsetzung des Tarnschirmes basierte auf der Arbeit von Professor Sir John Pendry vom Imperial College in London, der den Aufbau und die elektromagnetischen Bedingungen vorgeschlagen hatte. Seine Theorien setzten die Entwicklung neuer Materialien, der Metamaterialien, voraus, die unter dem Einfluss elektromagnetischer Wellen anders als natürliche Materialien reagieren. Er bezweifelt zwar, dass die Technologie dafür taugt, große Gebäude unsichtbar zu machen, oder dass sie leicht genug ist, um Flugzeuge verschwinden zu lassen, glaubt jedoch fest daran, dass sie ausreichend Entwicklungspotenzial besitzen, um Panzer unsichtbar zu machen, vielleicht sogar schon im Jahre 2011.

Selbstverständlich liegen zwischen der Ablenkung von Mikrowellen und dem Verschwinden von Gegenständen vor unseren Augen durch die Krümmung von Lichtwellen Welten. Der erste Schritt in diese Richtung ist jedoch getan, und es ist vorstellbar, dass sich die gleichen Prinzipien mit der Zeit auch auf sichtbares Licht anwenden lassen. Dadurch würde eventuell auch der ultimative Merchandising-Artikel möglich – ein funktionierender Tarnumhang à la Harry Potter.

Die Unsichtbarkeit könnte vom Stoff in Romanen wie *Harry Potter* zu einer sehr realen Erscheinung des Lebens werden.

Zucker tanken

Vielleicht profaner, aber wohl auch praktischer ist die Forschung zu alltäglichen Batterien. Sie kommt zu dem Schluss, dass die nächste Generation womöglich kohlensäurehaltige Getränke oder Pflanzensaft zur Energieversorgung nutzen wird. Mit einer momentan an der US-amerikanischen Saint-Louis-Universität in Missouri in Entwicklung befindlichen Brennstoffzelle könnte unter Verwendung einer Reihe von zuckerhaltigen Getränken ein Taschenrechner betrieben werden. Zuckerhaltige Flüssigkeiten werden in die Brennstoffzelle gegossen und durch die Aufspaltung des Zuckers in Elektronen und Protonen durch Enzyme wird Elektrizität erzeugt, wobei als Nebenprodukt vor allem Wasser entsteht.

Zuckerwasser, Softdrinks ohne Kohlensäure, Glukose und Baumsaft wurden im Prototyp getestet und erwiesen sich als nützliche Energiequellen. Zwar wurden auch kohlensäurehaltige Getränke verwendet, es stellte sich jedoch heraus, dass sie wesentlich effektiver waren, wenn man sie abgestanden einsetzte. Finanziert wurde das von Dr. Shelley Minteer geleitete Forschungsprojekt durch das US-amerikanische Militär, das Interesse daran hat, Brennstoffzellen auf dem Schlachtfeld und in anderen Situationen aufladen zu können, in denen keine Steckdosen und keine konventionelle Energieversorgung verfügbar sind.

Idealerweise würden bereits befüllte Kartuschen mit den Brennstoffzellen geliefert, um sie bei Bedarf aufladen zu können. Doch die Verwendung zuckerhaltiger Substanzen würde es den Truppen ermöglichen, einfach in ihre Rucksäcke zu greifen und ein süßes Getränk herauszuholen, wenn ihnen der Strom ausgeht. Und auch die Möglichkeit, im Einsatzgebiet einfach den Saft aus Pflanzen herauszupressen, könnte Leben retten.

Zu Hause könnten sich solche Energiequellen als genauso nützlich erweisen und es unter Umständen mit den Lithiumionenakkus in Mobiltelefonen und Laptops aufnehmen sowie mit den AA-, AAA-, D- and C-Batterien, die häufig in Fernbedienungen, Kinderspielzeug und Taschenlampen zum Einsatz kommen. Es handelt sich hierbei zwar nicht um die einzige mit Zucker betriebene Brennstoffzelle, die gerade entwickelt wird, ihre Schöpfer sind jedoch überzeugt, dass sie das größte Potenzial besitzt, kommerziell verwertet zu werden, vielleicht sogar schon innerhalb der nächsten vier Jahre.

Es wurde nachgewiesen, dass Zuckerwasser, Softdrinks ohne Kohlensäure, Glukose und Baumsaft nützliche Energiequellen sind.

(Foto mit freundlicher Genehmigung von Hayley Williams)

Der Kopflaus den Garaus

Eine Entwicklung könnte sich schon bald ihren Weg in unsere vier Wände bahnen: ein Gerät, das dem durch Kopfläuse verursachten Ärger und Frust bei Eltern und Kindern ein Ende setzen soll.

Läusen wird mit mehr oder minder starkem Entsetzen begegnet. Mancherorts werden Kinder mit Läusen fast sozial geächtet, anderenorts ruft ein Befall kaum mehr als einen Seufzer der Resignation hervor, woraufhin das Kind nach oben ins Badezimmer geschleppt wird, um dem Übel dort mit einem feinen Kamm und einer Haarwäsche ausführlichst zu Leibe zu rücken. Welche Reaktion Läuse auch immer auslösen mögen, weltweit hält man sie für Plagegeister, derer man sich überraschenderweise nur unter größter Anstrengung entledigen kann – Millionen gramerfüllte Eltern würden eine schnelle Lösung also ganz gewiss begrüßen.

Forscher der US-amerikanischen Universität Utah rücken von den gegenwärtig üblichen chemischen Behandlungen ab und testen ein neues System zur Vernichtung der Läuse, bei dem es sich im Grunde um einen ausgeklügelten Fön handelt.

Ende 2006 veröffentlichte Untersuchungsergebnisse zeigten, dass das Gerät mit dem Namen LouseBuster 80 Prozent der Läuse eines einzigen Befalls tötet und, was genauso wichtig ist, 98 Prozent der von ihnen gelegten Eier, auch Nissen genannt.

Die Idee zu dem Gerät hatte Professor Dale Clayton, nachdem ihm auffiel, wie schwierig es ist, Lausproben befallener Vögel in Utah am Leben zu halten. Da die Luft in dieser Region sehr trocken ist, begriff er, dass die Läuse zur weiteren Untersuchung im Labor nur überleben würden, wenn er sie in einem Luftbefeuchter aufbewahrte. Als seine Kinder mit Läusen aus der Schule nach Hause kamen, fragte er sich, ob nicht die menschliche Kopflaus, *Pediculus humanus capitis,* ebenso durch Austrocknen getötet werden kann.

Mit seinen Kollegen fand er heraus, dass der Schlüssel zum Vernichten der Läuse und ihrer Eier nicht so sehr darin liegt, sie bei lebendigem Leibe zu rösten, sondern sie mittels Hitze auszutrocknen.

Das Gerät ähnelt einem herkömmlichen Fön insofern, als dass es mit erhitzter Luft arbeitet, hebt sich jedoch in zweierlei Hinsicht wesentlich davon ab: Die Luft ist kühler als beim Fön und tritt mit höherer Geschwindigkeit aus. Ein Spezialkamm am Ende der Luftdüse leitet den 60 °C heißen Luftstrom entgegengesetzt zur Kämmrichtung auf die Kopfhaut. Bei Wiederholung dieses Kämm- und Fönvorganges werden die Eier und Läuse ausgetrocknet.

Das Gerät muss zwar noch weiteren Tests unterzogen werden, bevor es marktreif

Wiederholtes Kämmen und Fönen trocknet die Eier und Läuse aus.

ist, doch es könnte schon am Ende dieses Jahrzehntes zur Benutzung in Schulen, Kindergärten und Kliniken zur Verfügung stehen. Da die Kämm- und Trockentechnik etwas Übung erfordert, ist davon auszugehen, dass ausgebildete Personen – beispielsweise Schulkrankenschwestern, die einen Kurzlehrgang absolviert haben – für die ersten kommerziellen Modelle benötigt werden. Irgendwann kann die Methode jedoch vielleicht für den Hausgebrauch vereinfacht werden.

oben: Kopflaus (Bild mit freundlicher Genehmigung von Vincent S. Smith, Natural History Museum, London)
rechte Seite: Professor Dale Clayton führt den LouseBuster vor (Foto mit freundlicher Genehmigung von Sarah E. Bush)

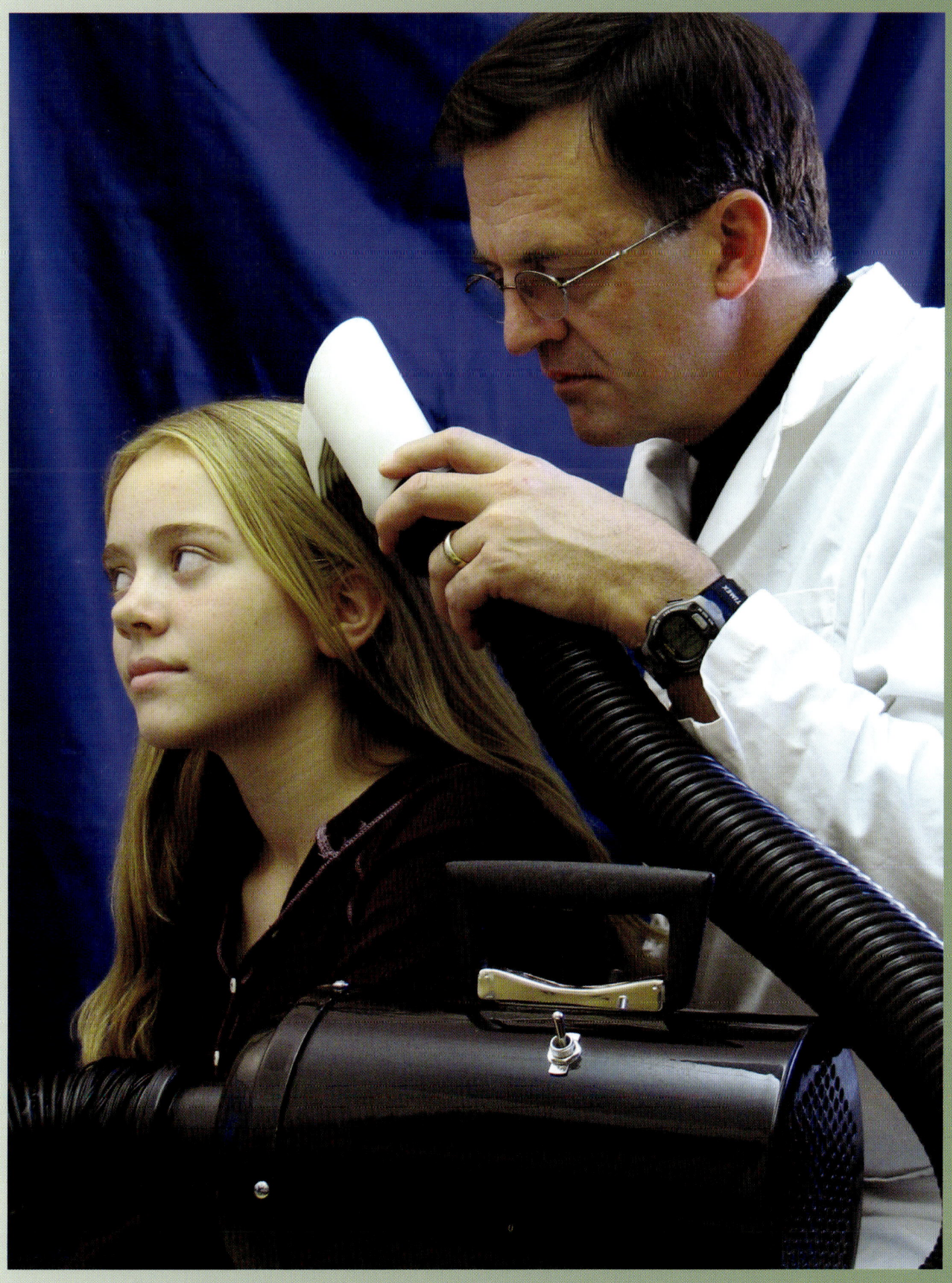

Roboter mit Fingerspitzengefühl

Science-Fiction-Autoren lieben es, Roboter zu Ärzten zu machen. Was gäbe es auch Besseres als einen Arzt, der binnen Mikrosekunden alle diagnostischen Quellen prüfen kann, und dessen Hand bei der Operation am offenen Herzen garantiert nicht zittert?

Roboter haben in der Welt der Medizin bereits als Chirurgen Fuß gefasst, wenn auch vorerst nur zum Ausführen einer Handvoll einfacher Abläufe. Zu den Gründen für ihre eingeschränkten Einsatzmöglichkeiten zählt ihre begrenzte Geschicklichkeit, die auf dem Fehlen eines adäquat entwickelten Tastsinns beruht. Bisher wurde die Geschicklichkeit der am höchsten entwickelten Roboter mit der eines sechs Jahre alten Kindes verglichen, das ein Kartenhaus baut oder sich die Schnürsenkel zubindet. Das ist schon beeindruckend, doch bei weitem nicht gut genug, um einen Roboter mit dem Skalpell auf einen Patienten loszulassen.

Experimente an der US-amerikanischen Nebraska-Lincoln-Universität weisen nun den Weg zu einer neuen Robotergeneration, die zumindest über die gleiche Empfindlichkeit verfügen wird wie der Mensch. Forscher entwickelten einen Berührungssensor, indem sie Nanopartikel aus Gold und Cadmiumsulfid übereinanderschichteten. Eine dünne Plastikfolie wurde auf diese Schicht aufgebracht, darunter ein Glasträger positioniert. Durch Platzieren einer Münze auf der Plastikfolie veränderte sich die Stärke der elektrischen Ladung und der Elektrolumineszenz (des Leuchtens), der Nanobeschichtung, wenn das Material unter elektrische Spannung gesetzt wurde. Je tiefer der durch die Münze eingedrückte Bereich war, umso stärker war die Veränderung. Ein Sensor unter dem Glas registrierte die Veränderungen der Stromstärke und erzeugte dann ein Bild, aus dem hervorging, dass das Gerät imstande war, die Form

der erhabenen Abbildungen auf der Münze zu fühlen, in diesem Falle eines US-amerikanischen Pennys. Das Ergebnis war genau genug, um die Umrisse des Gesichtes von Abraham Lincoln und die Buchstaben »t« und »y« des Wortes »Liberty« erkennen zu können. Es ließ daher auf die Stärke des Druckreizes schließen.

Die Empfindlichkeit einer menschlichen Fingerkuppe besitzt eine Auflösung von 40 Mikrometern (40 Millionstel eines Meters). Der Sensor des Roboters lag nur kurz darunter, als die Forschungsergebnisse 2006 veröffentlicht wurden, und war damit 50-mal empfindlicher als alles, was jemals zuvor entwickelt worden war. In der Zwischenzeit wurde die Empfindlichkeit auf 20 Mikrometer erhöht und das Forschungsteam hat gezeigt, dass die Folie ähnlich empfindlich ist wie eine Fingerkuppe, da sie sich sowohl wie ein Festkörper, als auch wie eine viskose Flüssigkeit verhält. Diese Viskoelastizität erhöht die Empfindlichkeit, wenn sich der Sensor in Bewegung befindet. Schließlich kann auch der Mensch Unebenheiten besser spüren, wenn er mit der Fingerspitze darüber hinwegfährt, statt sie nur daraufzulegen. Eine derartige Empfindlichkeit könnte vielfältig genutzt werden. So wurde bereits darauf hingewiesen, dass geschickte Roboter ideale Astronauten abgeben würden, da sie weder atmen noch nach erfüllter Mission die Heimreise antreten müssen. Sie könnten ebenso zur Bombenentschärfung eingesetzt werden.

Doch der Sensor könnte nicht nur Instrumente mit ähnlichem Feingefühl wie der Mensch halten, sondern auch in ganz anderen Bereichen zum Einsatz kommen. Das Forschungsteam aus Nebraska unter Führung von Professor Ravi Saraf glaubt, dass er auch dazu dienen könnte, schnell festzustellen, ob ein Chirurg alle Krebszellen eines Tumors

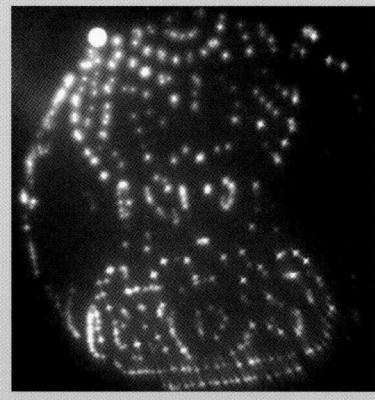

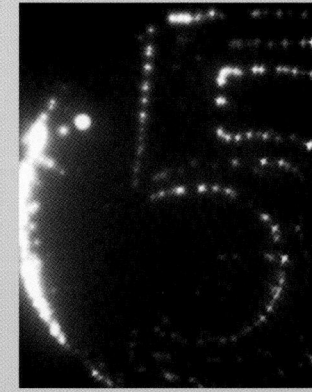

Richtungsweisende Versuche ebnen den Weg für eine neue Robotergeneration, die mindestens genauso feinfühlig ist wie wir Menschen.

entfernt hat. Da Krebsgewebe fester ist als gesundes Gewebe, könnte der Sensor irgendwann fähig sein, eine Probe abzutasten und Ansammlungen von Krebszellen zu entdecken. Dies ließe Rückschlüsse auf die Notwendigkeit weiterer chirurgischer Eingriffe zu.

Das Team hofft außerdem, dass der Roboter-Tastsensor Tumore unter der Haut ertasten kann. Lymphdrüsenkrebs, der sich der Darstellung durch Mammographien entzieht, könnte so in einem früheren Stadium erkannt werden und die Zahl von Fehldiagnosen und medizinisch ungerechtfertigten operativen Eingriffen ließe sich verringern. In einem der Tests platzierten die Forscher eine nur 1,6 mm große Plastikkugel unter einer festen Oberfläche. Während menschliche Fingerspitzen die Kugel nicht ertasten konnten, lieferten die Robotersensoren exakte Bilder. Es scheint kaum Bereiche zu geben, in denen ein Einsatz von Robotern in Zukunft nicht vorstellbar wäre. Rasenmähroboter und Bodenreinigungsroboter sind bereits Realität und werden mit zunehmendem Fortschritt der Technik sicher Teil unseres Alltags werden. Doch der Tastsinn ist der Schlüssel zum Erfolg des Roboters. Professor Saraf sagte dazu: »Ich persönlich glaube, dass aus Bill Gates' Vision eines Roboters in jedem Haushalt nichts werden kann, wenn der humanoide Roboter nicht imstande ist, die Wäsche zu waschen oder die Sachen zusammenzulegen.«

linke Seite und unten: Die Bilder eines US-amerikanischen Pennys zeigen Buchstaben des Wortes »Liberty«, die der Robotersensor fühlen konnte.
rechts: Schema eines großflächigen Tastsensors im Nanobereich zur Bildsynthese
rechts unten: Vom Robotersensor erzeugte Bilder einer Münze (Bilder mit freundlicher Genehmigung von Ravi Saraf)

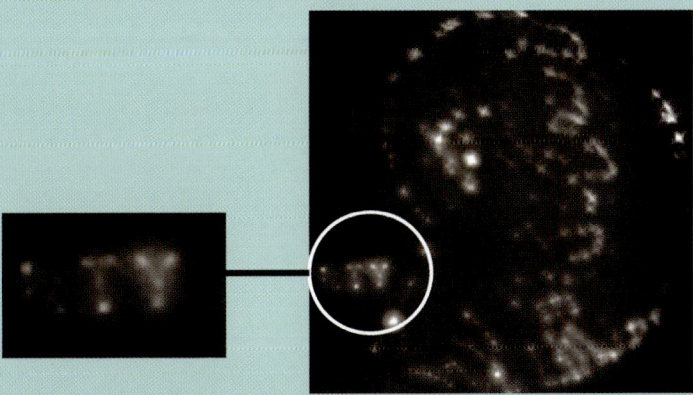

unten: Darstellung des vielseitigen Einsatzes von Haushaltsrobotern (mit freundlicher Genehmigung von Ravi Saraf, erstmals veröffentlicht in der Zeitschrift *Scientific American*, Januar 2007)

Bodenreinigungsroboter · Roboter, der Nahrung und Medikamente verabreicht · Kamera · Roboter, der Wäsche zusammenlegt · Überwachungsroboter

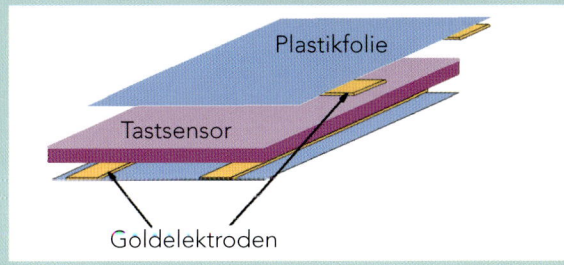

Plastikfolie · Tastsensor · Goldelektroden

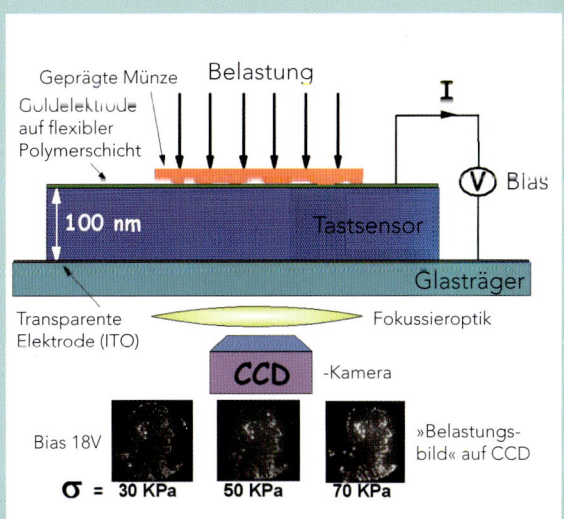

Geprägte Münze · Belastung · Goldelektrode auf flexibler Polymerschicht · 100 nm · Tastsensor · Bias · Glasträger · Transparente Elektrode (ITO) · Fokussieroptik · CCD-Kamera · Bias 18V · »Belastungsbild« auf CCD · σ = 30 KPa · 50 KPa · 70 KPa

Der perfekte Fahrer

Dass ein Auto auch ohne Fahrer fahren könnte, kommt uns zunächst einmal verrückt vor, doch bei genauerem Hinsehen erschließt sich ein riesiges Potenzial für die Verringerung von kleinen wie großen Unfällen. Menschen hinterm Steuer tendieren zu nachlassender Konzentration, Fixierung auf eine sich nähernde Gefahr unter Vernachlässigung einer anderen und Sekundenschlaf. Ein Roboter hingegen würde die gesamte Fahrt über wach bleiben und gegen die üblichen Ablenkungen gefeit sein, die zu Unfällen führen können. Manche Autos sind heute schon mit intelligenten Sensoren ausgestattet,

beispielsweise mit Kameras, die Straßenmarkierungen wahrnehmen und verhindern, dass das Fahrzeug darüberfährt, doch bisher drohte keine von ihnen, dem Menschen des Lenkrad streitig zu machen.

Dr. Sebastian Thrun und seine Kollegen von der US-amerikanischen Stanford-Universität sind Wegbereiter der Forschung zu fahrerlosen Autos, die Robotern die Kontrolle überlassen. Für den erfolgreichen Umbau eines Volkswagens, der auf einer 209 km langen Strecke stationäre Hindernisse bemerken und ihnen ausweichen konnte, gewannen sie das von einer US-Regie-

rungsbehörde für einen Wettbewerb ausgelobte Preisgeld in Höhe von zwei Millionen US-Dollar. Als Nächstes geht es darum, anderen sich bewegenden Autos auszuweichen und dabei die Verkehrsregeln und Signale wie Ampeln zu beachten.

Militärische Anwendungen werden voraussichtlich bis 2015 einsetzbar sein, doch die eigentliche Revolution wird sich in den kommenden 25 Jahren abspielen, prophezeit Dr. Thrun, wenn mit künstlicher Intelligenz ausgestattete Autos beginnen, den Menschen hinterm Steuer zu ersetzen und so die Straßen sicherer zu machen.

unten: Könnten robotergesteuerte Fahrzeuge das verhindern?
(Foto: iStockphoto/Matt Kunz)

Da er nicht ermüdet, wäre ein Roboter die ganze Fahrt über hellwach.

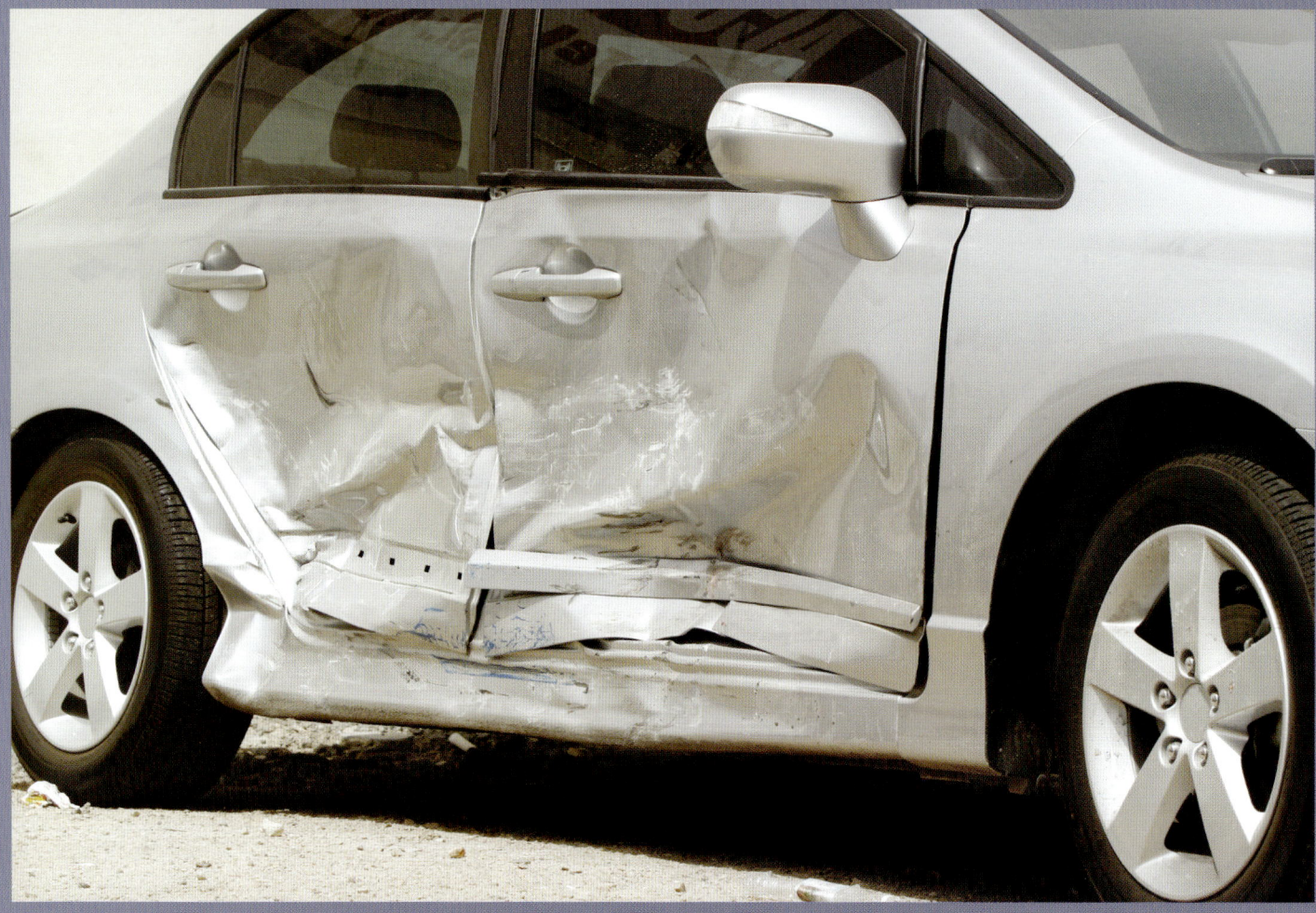

Ein Roboter als Vogelbeobachter

Künstliche Intelligenz ist bis zu Feldbiologen vorgedrungen, die versuchen, den Elfenbeinspecht zu sichten. Einen Großteil der mühsamen Arbeit können sie nun einem Gerät überlassen, das den Vogel im Fluge erkennt. Man glaubte lange, dass der Elfenbeinspecht, scherzhaft auch Elvis genannt, in der Mitte des 20. Jahrhunderts ausgestorben sei. Unbestätigte und umstrittene Sichtungen im US-amerikanischen Arkansas in der jüngeren Vergangenheit haben jedoch die Hoffnung geweckt, dass er überlebt haben könnte.

Forscher, die versuchten, die Sichtungen zu verifizieren, begriffen, dass ebenso gut eine intelligente Kamera nach dem Vogel suchen und ihnen Wochen, wenn nicht Monate oder gar Jahre möglicherweise erfolgloser Beobachtung in unwirtlichen Sümpfen und Wäldern ersparen könnte. Also wurde der erste Roboter zur Vogelbeobachtung entwickelt. Und was das Beste ist: Es macht ihm nichts aus, auch dann im Einsatz zu sein, wenn die Mücken und Schlangen in den Big Woods, den großen Wäldern von Arkansas, zur Plage werden.

Die in das Prototypgerät namens ACONE 1.0 integrierte Software schaltet nur dann die beiden Kameras ein, wenn sich ein in Frage kommender Vogel blicken lässt. Reflexionen und Wolken irritieren sie nicht, und sie

erkennt bestimmte bekannte Merkmale des Spechts, auch seine durchschnittliche Fluggeschwindigkeit.

Eine intelligente Kamera könnte Forschern Jahre erfolgloser Beobachtung in unwirtlichen Sümpfen und Wäldern ersparen.

rechts: ACONE 1.0, hier über dem Wasser angebracht (Foto mit freundlicher Genehmigung von Ken Goldberg und Dez Song)

Strom ohne Kabel

Die Erfindung eines Stromversorgungssystems, das ohne einen Draht weit und breit Energie innerhalb eines Raumes übertragen kann, könnte den Haushalt der Zukunft völlig verwandeln. Haushaltsgeräte müssten nicht mehr mittels eines Kabels in die Steckdose gesteckt werden, sondern könnten einfach angeschaltet werden, sobald sie sich im Raum befinden. Laptops, Mobiltelefone, MP3-Player und andere tragbare Geräte würden sich im Raum automatisch aufladen – egal, ob sie auf dem Tisch liegen, oder noch in der Hand- oder Jackentasche stecken. Das System könnte sogar zum Betreiben von Robotern dienen.

nanzfrequenz Energie austauschen können – zum Beispiel wenn ein Opernsänger einen Ton trifft, der Glas zerspringen lässt. Die Forscher um Professor Marin Soljacic, dem die Innovation zuzuschreiben ist, entwickelten eine Methode zur Energieübertragung, indem sie Sender und Empfänger durch Magnetfelder im gleichen Frequenzbereich in Resonanz schwingen ließen.

Durch den Einsatz von Magnetfeldern, die keine elektromagnetische Strahlung aussenden, gelang es den Forschern, die Energie nur zwischen Sender und Empfänger zu übertragen.

aus – es spielt keine Rolle, ob Möbel im Weg stehen, da die übertragene Energie sie einfach durchströmt. Gesundheitliche Risiken werden für unwahrscheinlich gehalten, und da durch das Verfahren weniger Batterien für tragbare Geräte benötigt würden, hofft man, dass die Menge der toxischen Schadstoffe, die jedes Jahr durch Batterien in die Umwelt gelangen, drastisch sinken würde.

Die Versuchseinheit bestand aus zwei Kupferspulen mit einem Durchmesser von jeweils 60 cm. Eine wurde an die Stromquelle angeschlossen, die andere an eine Glühlampe. Nun, da sie bewiesen haben, dass das Verfahren funktioniert, streben die Forscher vom MIT eine Erhöhung des jetzigen Wirkungsgrades der Energieübertragung von 40 Prozent und die Marktreife bis 2012 an. Es geht nun vor allem darum, die Größe der Spulen haushaltstauglich zu machen und die Entfernung zu erhöhen, über die Energie effektiv übertragen werden kann.

Körper mit identischer Resonanzfrequenz können Energie austauschen – zum Beispiel wenn ein Opernsänger einen Ton trifft, der Glas zerspringen lässt.

Die Aussicht auf drahtlose Stromversorgung verdanken wir Forschern des US-amerikanischen Massachusetts Institute of Technology. Sie entwickelten ein System namens WiTricity, das Energie mit Hilfe von Magnetfeldern und Resonanz durch die Luft schickt. Ein Versuchsprototyp schaffte es, eine 60-Watt-Glühlampe aus 2 m Entfernung ohne irgendeine physische Verbindung zwischen Sender und Empfänger zum Leuchten zu bringen.

Das Verfahren macht sich das Phänomen der Resonanz zunutze, das Mitschwingen eines Körpers durch Energiezufuhr. Es ist schon lange bekannt, dass Körper mit der gleichen Reso-

Elektromagnetische Strahlung, zu der auch die Radiowellen zählen, verteilt die Energie in alle Richtungen. Dieser Verlust ist zwar in der Datenübertragung unproblematisch, jedoch viel zu hoch, wenn es darum geht, drahtlos Energie zu übertragen, da nahezu keine Energie am Bestimmungsziel ankäme. Die Ladestationen elektrischer Zahnbürsten und eine Handvoll anderer Produkte nutzen elektromagnetische Felder zur Energieübertragung, die Wirkung nimmt mit der Entfernung jedoch beträchtlich ab.

Das WiTricity-System funktioniert hingegen über mehrere Meter hinweg und kommt ohne Funkortungstechnik

rechts: Eine 60-Watt-Glühlampe wird aus einer Entfernung von 2 m zum Leuchten gebracht. Die untere Abbildung zeigt, dass das Verfahren auch mit einem Hindernis funktioniert. (Fotos mit freundlicher Genehmigung von Aristeidis Karalis, Marin Soljacic und AAAS)

Micro Power

Der Generatorprototyp erzeugt Strom aus Ultraschallwellen, Blutdruck und mechanischen Schwingungen.

Es wurde ein winziger Generator entwickelt, der nanotechnologische Implantate zur Überwachung oder Unterstützung von Körperfunktionen im menschlichen Körper mit Strom versorgen soll. Es handelt sich hierbei um eine autarke Stromquelle, da der Prototyp seinen Strom beispielsweise aus Ultraschallwellen, Durchblutung und mechanischen Schwingungen erzeugt.

Der Generator wurde von Forschern um Professor Zhong Lin Wang vom US-amerikanischen Georgia Institute of Technology entwickelt. Er besteht aus Hunderten Zinkoxid-Nanodrähten, die in einem Abstand von einem halben Mikrometer – einem Zweitausendstel Millimeter – angeordnet sind. Verbiegen sie sich infolge von Schwingungen oder Wellen, so erzeugen sie einen schwachen elektrischen Strom, der durch Siliziumelektroden als Gleichstrom abgegriffen wird. Die so bereitgestellten vier Watt pro Kubikzentimeter dürften gut und gern zur Versorgung von Nanogeräten ausreichen. Hierzu zählen auch Nanoroboter, die genau dort im Körper zum Einsatz kämen, wo es schwierig ist, Batterien einzusetzen oder für Energienachschub zu sorgen.

links und unten: Zinkoxid-Nanostrukturen für Anwendungen in Nanogeneratoren und Nanosensoren. Ihre Synthese beruht auf dem sogenannten VLS-Mechanismus. (Bilder mit freundlicher Genehmigung von Zhong Lin Wang, Georgia Institute of Technology)

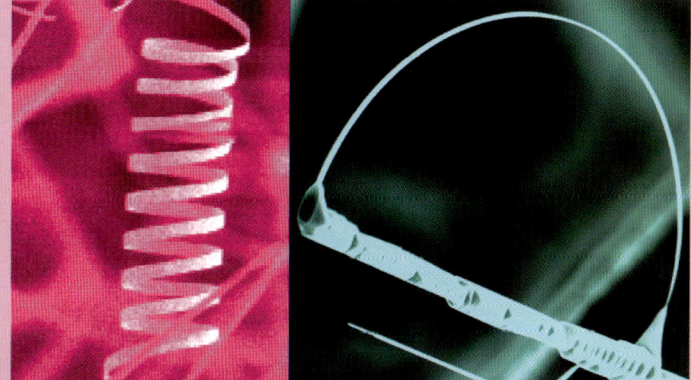

Täuschung

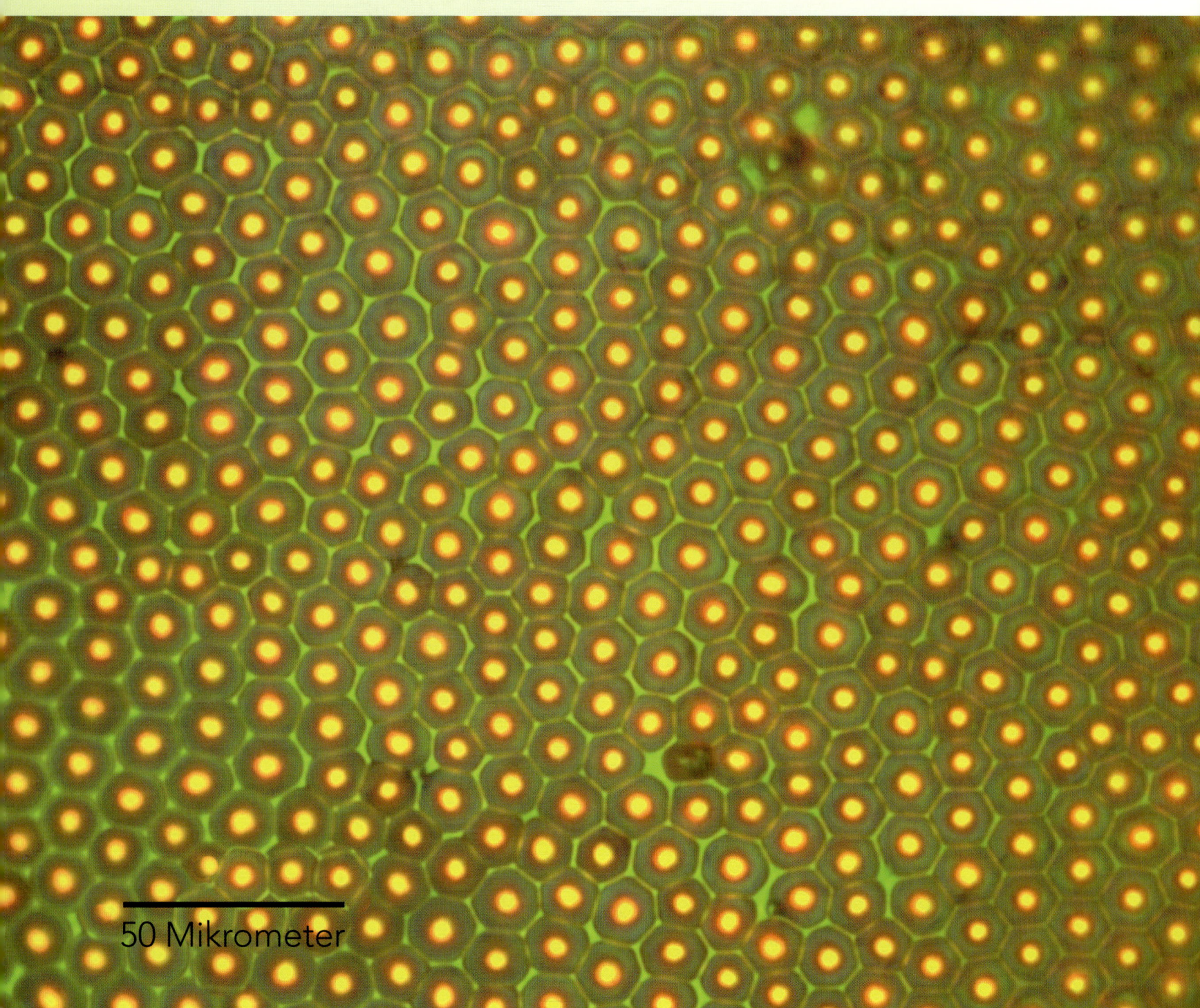

50 Mikrometer

des Auges

Der Schlüssel zum perfekten Foto per Mobiltelefon könnte in den Vertiefungen der Flügeldecken eines Käfers liegen. Wie sich herausstellte, reflektieren in der Neuen Welt lebende Blatthornkäfer »reineres« Licht als die meisten anderen Objekte. Die aus dem Aufbau ihrer Flügeldecke gezogenen Schlussfolgerungen werden voraussichtlich zu einer höheren Bildschirmqualität von Laptops und Mobiltelefonen führen.

Der schillernde costaricanische Käfer *Plusiotis boucardi* gaukelt dem menschlichen Auge vor, er sei grün. Mikroskopische Untersuchungen haben hingegen gezeigt, dass es sich um eine Wabenstruktur handelt, die rot, gelb und grün reflektiert und Einkerbungen aufweist. Diese Kerben messen nur einen Bruchteil einer Haaresbreite und scheinen des Rätsels Lösung zu sein. Die Flügeldecken verfügen über kein spezifisches Pigment. Durch die spezielle Anordnung ihrer Fasern gelangen Lichtwellen durch die Außenschicht, mit Ausnahme ganz bestimmter Rot-, Gelb- und Grüntöne. Während die meisten Farben des Lichtspektrums der Absorption anheimfallen, werden die blockierten Rot-, Grün- und Gelbtöne in ungewöhnlich reiner Form reflektiert.

Die Forscher, die sich mit diesem Käfer befassen, hoffen, sich die Eigenschaften dieses faserartigen Aufbaus der Flügeldecke zunutze machen zu können. So könnte die Leistungsfähigkeit von Liquid Crystal Displays (LCDs) erhöht werden. Dr. Sharon Jewell, Leiterin des Forschungsteams an der britischen Universität Exeter, glaubt, dass die Farben der LCDs schärfer und der Energiebedarf für die Herstellung geringer würde, wenn es gelänge, die Flügeldecke des Käfers nachzuahmen. Vor allem könnten LCD-Bildschirme dann auch ohne Lichtfilter auskommen.

Der scheinbar entscheidende Faktor in der Flügeldecke ist laut Dr. Jewell eine Vertiefung in der Mitte eines jeden der hexagonalen Gebilde, die das Wabenmuster ergeben. Sie messen lediglich ein Zehntel der Breite eines menschlichen Haares. Haben die Wissenschaftler erst einmal herausgefunden, wie genau die Flügeldecken Lichtwellen lenken und aussortieren, steht der Entwicklung verbesserter LCD-, Handy- und sogar Fernsehbildschirme voraussichtlich nichts mehr im Wege.

Die schillernden Käfer gaukeln dem menschlichen Auge vor, sie seien grün.

links: Detailaufnahme des Wabenmusters auf der Flügeldecke des *Plusiotis boucardi*, 50fach vergrößert
rechts: *Plusiotis boucardi* (Bilder mit freundlicher Genehmigung von Dr. S. A. Jewell, Universität Exeter)

Die fünfte Moskitokolonne

Ein kürzlich entwickelter, gentechnisch veränderter Moskito verspricht, Malaria gänzlich auszurotten oder sie zumindest drastisch zu reduzieren. Da die Krankheit jedes Jahr bis zu 2,7 Millionen Menschen tötet und insgesamt 500 Millionen betrifft, zählen ein Heilmittel gegen Malaria oder ein Schutz davor zu den Heiligen Gralen der Wissenschaft. Eine potenzielle Lösung für das Malariaproblem, dessen Kosten sich eher auf Milliarden als auf Millionen Euro pro Jahr belaufen, sieht man zunehmend in gentechnischer Veränderung.

Die ersten gentechnisch veränderten Moskitos wurden zwar schon 2000 gezüchtet, jedoch von anderen Spezies der Stechmücke aus dem Feld geschlagen und wären in der Wildnis ausgestorben, statt die Verbreitung der Krankheit einzudämmen. Nun ist es US-amerikanischen und brasilianischen Forschern jedoch gelungen, einen genetisch veränderten, oder transgenen, Moskito zu züchten, der unter Laborbedingungen die mit Malaria infizierte natürlich vorkommende Spezies ausstechen kann. Durch eine Veränderung seines genetischen Aufbaus konnten Forscher den Moskito zur Produktion eines Proteins namens SM1 bringen und so malariaresistent machen.

Im Labor stieg der Anteil der transgenen Tiere an der Gesamtpopulation nach neun Generationen von 50 Prozent auf 70 Prozent. Zur besseren Unterscheidbarkeit hatte man sie außerdem mit hellgrünen beziehungsweise roten Augen versehen. In der Wildnis würden sie Mensch und Tier zwar noch stechen, um Blut zu saugen, doch bei planmäßigem Ablauf würden sie keine Malariainfektion zurücklassen. Hinzu kommt, dass sie bei Wiederholung der Labortests das Habitat der natürlich vorkommenden Moskitos erobern würden, da diese Träger der Infektion sind und deshalb eine geringere Brutleistung aufweisen.

Die erfolgreichen Labortests unter Leitung des US-amerikanischen Johns Hopkins Malaria Research Institute stellen lediglich einen kleinen Schritt auf dem Weg zur Lösung dar, eröffnen jedoch enorme Möglichkeiten. Es bedarf weiterer Forschung, bevor gentechnisch veränderte Moskitos in die Wildnis entlassen werden können, um die Krankheit hoffentlich einzudämmen. Zu den Nachteilen zählt, dass Brutleistung und Lebensdauer der transgenen Moskitos im Vergleich zu früheren Tests zwar stiegen, jedoch nur auf das Niveau der nicht gentechnisch veränderten Moskitos, die nicht Träger des Parasiten waren. In der Wildnis ist aber nur ein kleiner Teil der

Moskitos Träger des Parasiten. Die gentechnisch veränderte Variante würde also vor allem gegen nicht infizierte Stechmücken antreten, die schwerer zu ersetzen sind und somit die Übernahme verlangsamen.

Darüber hinaus entsprachen die im Test verwendeten Moskito- und Parasitenspezies nicht denen, die den Menschen den größten Schaden zufügen. Als Parasit wurde *Plasmodium berghei* eingesetzt, eine für Laborbedingungen ideale Variante, die jedoch keine Menschen infiziert. Der gefährlichste Stamm, der Menschen infizieren kann, ist *P. falciparum*. Der *P. berghei*-Parasit für die Tests stammte von infizierten Mäusen, an denen man die Moskitos Blut saugen ließ.

Ähnliches gilt für den in den Tests verwendeten Moskito *Anopheles stephensi*, der zwar Malaria an Menschen weitergeben kann, aber nicht zu den für den Menschen gefährlichsten gehört. Dessen kann sich jedoch *A. gambiae* rühmen, der die Hauptinfektionsquelle in Afrika darstellt.

Eine weitere Hürde könnten auch die Bedenken darstellen, die Umweltschützer in diesem Zusammenhang sicher beschäftigen werden: Wie weit darf der Mensch in den natürlichen Kreislauf der Umwelt eingreifen? Biologische Bekämpfungsmethoden wurden bereits in der Vergangenheit getestet, doch, wie das Beispiel der Agakröte in Australien illustriert, führen solche Initiativen häufig eher zu mehr Problemen als zu Lösungen.

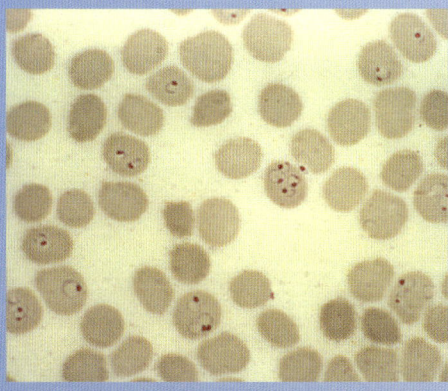
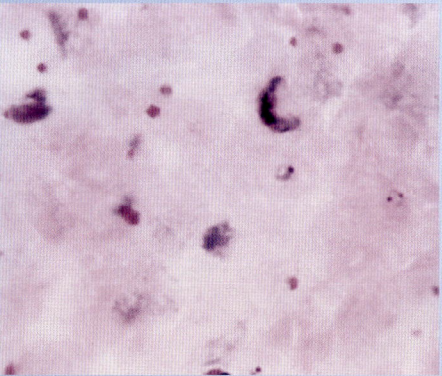

links: *Plasmodium falciparum* unter dem Mikroskop (Bilder mit freundlicher Genehmigung der Centers for Disease Control/Steven Glenn, Laboratory & Consultation Division)

Gentechnische Veränderungen werden zunehmend für eine potenzielle Lösung des Malariaproblems gehalten, durch das jedes Jahr bis zu 2,7 Millionen Menschen zu Tode kommen und nicht weniger als 500 Millionen Menschen infiziert werden.

| Acc.V | Spot | Magn | Det | WD | Exp | | 200 µm |
| 30.0 kV | 3.0 | 114x | SE | 6.2 | 0 | jhc | |

oben: Großaufnahme des *Anopheles gambiae*-Moskitos
(Bild mit freundlicher Genehmigung der Centers for Disease Control/Paul Howell)

Bionisches Auge

Millionen Blinder könnten durch ein Netzhautimplantat ihr Sehvermögen wiedererlagen. In den USA wird eine Sehprothese entwickelt, die so leistungsfähig ist, dass Nutzer Objekte identifizieren und zwischen ihnen unterscheiden können. Sie könnte bis 2010 auf den Markt kommen und bis 2015 leistungsfähig genug sein, um Blinde einzelne Gesichter sehen und erkennen zu lassen. Das Argus-Gerät soll Menschen wieder zu einem Teil ihres Sehvermögens verhelfen, die ihr Augenlicht durch degenerative Augenkrankheiten verloren haben, in deren Verlauf Fotorezeptoren in der Netzhaut zerstört werden.

An die Stelle der Fotorezeptoren treten Elektroden in einem winzigen Platin- und Siliziumchip, der mit einem Stift, kaum breiter als ein menschliches Haar, auf die Netzhaut gesetzt wird. Sie stimulieren Ganglienzellen, die wiederum Informationen an den Sehnerv senden. Ein dicht am Auge implantierter Empfänger leitet Informationen an den Chip weiter und eine in eine dunkle Brille integrierte Miniaturkamera fertigt visuelle Aufzeichnungen an und überträgt die Daten an den Empfänger. An einem Gürtel trägt der Benutzer einen Sender zur Verarbeitung der Informationen und eine Batterie zur Energieversorgung. Die erste Generation des Gerätes war mit 16 Elektroden ausgestattet und zeigte sich in Tests erfolgreicher als erwartet. Die Forscher waren davon ausgegangen, dass die Freiwilligen nur hell und dunkel sehen würden, doch stellte sich heraus, dass auch Bewegungen und die Umrisse einzelner Gegenstände wahrgenommen werden konnten. Professor Mark Humayun vom Doheny Eye Institute, Teil der University of Southern California, gehört zum Forschungsteam, das sich mit dem Projekt befasst. Ihm zufolge wird gerade Argus II, ein kommerziell verwertbares, verbessertes Modell mit 60 Elektro-

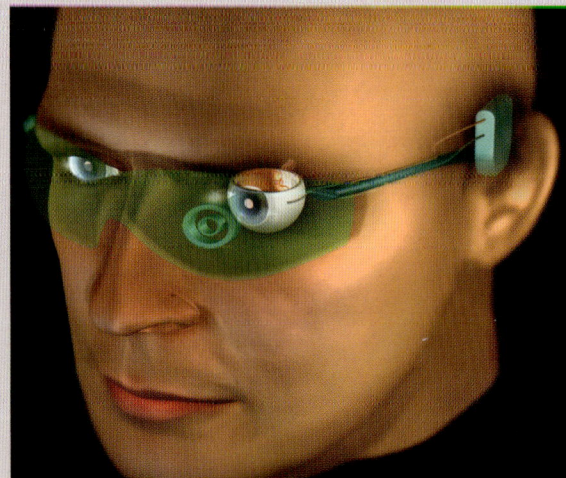

Darstellung des Argus-Geräts, das mit Hlife einer kleinen Kamera Bilder an den implantierten Netzhauschip sendet (Bild © 2005 Doheny Eye Institute)

den, entwickelt. Und schließlich, hofft man, wird ein Gerät mit 1000 Elektroden umsetzbar sein, mit dem der Nutzer Gesichter erkennen können soll. Das Gehirn interpretiert die Informationen, die es von der Sehprothese erhält, als Umrisse aus Licht. Die Umrisse bauen sich nach und nach auf, so wie ein Computerbild aus Pixeln, und es

könnte bald schon möglich sein, ein Farbbild dessen zu erhalten, was im Blickfeld der Kamera liegt. Die Tests mit dem mit 16 Elektroden ausgerüsteten Chip wurden an sechs Freiwilligen durchgeführt, die durch die unheilbare Augenerkrankung *Retinitis pigmentosa* erblindet waren, an der einer von 3500 Menschen erkrankt.

> Das Gehirn interpretiert die Informationen, die es vom Gerät erhält, als Umrisse aus Licht.

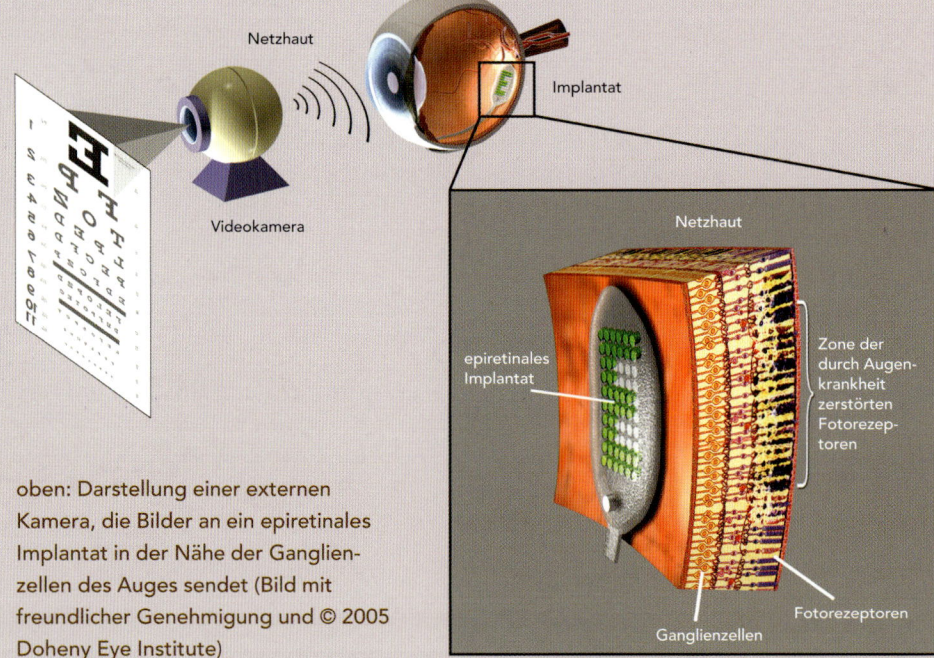

oben: Darstellung einer externen Kamera, die Bilder an ein epiretinales Implantat in der Nähe der Ganglienzellen des Auges sendet (Bild mit freundlicher Genehmigung und © 2005 Doheny Eye Institute)

Netzhaut

Videokamera

Implantat

Netzhaut

epiretinales Implantat

Zone der durch Augenkrankheit zerstörten Fotorezeptoren

Fotorezeptoren

Ganglienzellen

Fettverbrennungs-tabletten

Ein führender Wissenschaftler behauptet, eine Tablette, die den Körper dazu bringt, ohne körperliche Anstrengung Fett zu verbrennen, könnte schon in den nächsten zehn Jahren auf den Markt kommen. Professor Ronald Evans vom US-amerikanischen Salk Institute ist sich sicher, dass eine einmal am Tag einzunehmende Tablette bis 2013 entwickelt werden kann, um zur Eindämmung der immer problematischer werdenden Fettleibigkeit beizutragen.

Die Tablette würde dem Körper hartes Training vorgaukeln. In Tests an Mäusen ist es seinem Team gelungen, künstlich den Rezeptor PPAR-d zu aktivieren, den Molekularschalter, der die Fettverbrennung bei körperlicher Anstrengung kontrolliert. Durch Aktivieren des Regulators wurden die Mäuse selbst dann resistent gegenüber Gewichtszunahme, wenn sie inaktiv waren und fettreich ernährt wurden.

2004 entwickelte eine Forschungsgruppe unter Professor Evans eine gentechnisch veränderte Maus, auch bekannt als Marathonmaus, die gegenüber Gewichtszunahme resistent war und doppelt so viel körperliche Ausdauer hatte wie andere Mäuse, da sie eine Stunde länger laufen konnte.

Die dauerhafte gentechnische Veränderung wurde vor der Geburt der Mäuse vorgenommen, eine beim Menschen nicht praktizierbare Methode gegen die Fettleibigkeit. Eine Tablette hingegen ließe sich durchaus zur Behandlung Erwachsener einsetzen, die am metabolischen Syndrom leiden, das zu Fettleibigkeit und damit häufig zu gesundheitlichen Risiken wie Herzproblemen, Diabetes und Bluthochdruck führt.

Im Falle der Mäuse stellte sich heraus, dass ein synthetisches Medikament, das Fett nachahmt, den Regulator aktiviert, ohne dass die Nager zuvor gentechnisch verändert worden waren. Ohne Auswirkungen auf ihre Ausdauer verloren die Tiere Fett.

In einer Gesellschaft, in der zu viele keinen Sport treiben, teilweise aufgrund ihrer Beschwerden oder weil sie bereits zu schwer dafür sind, glaubt Professor Evans, könnte eine »Sport-Pille« Körperfett reduzieren und gleichzeitig Muskeln aufbauen und den Pillenschlucker gesünder machen.

Die Tablette würde dem Körper hartes Training vorgaukeln.

unten: Drei Wärmebilder einer fettleibigen Frau
(Bild: © Dr. Ray Clark & Mervyn Goff/Science Photo Library)

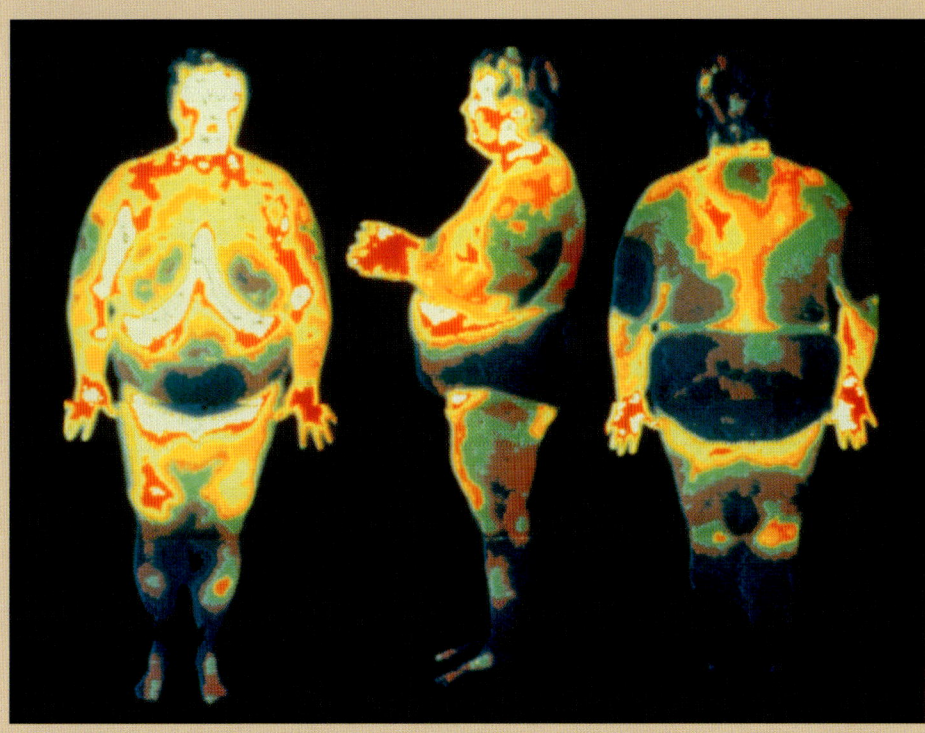

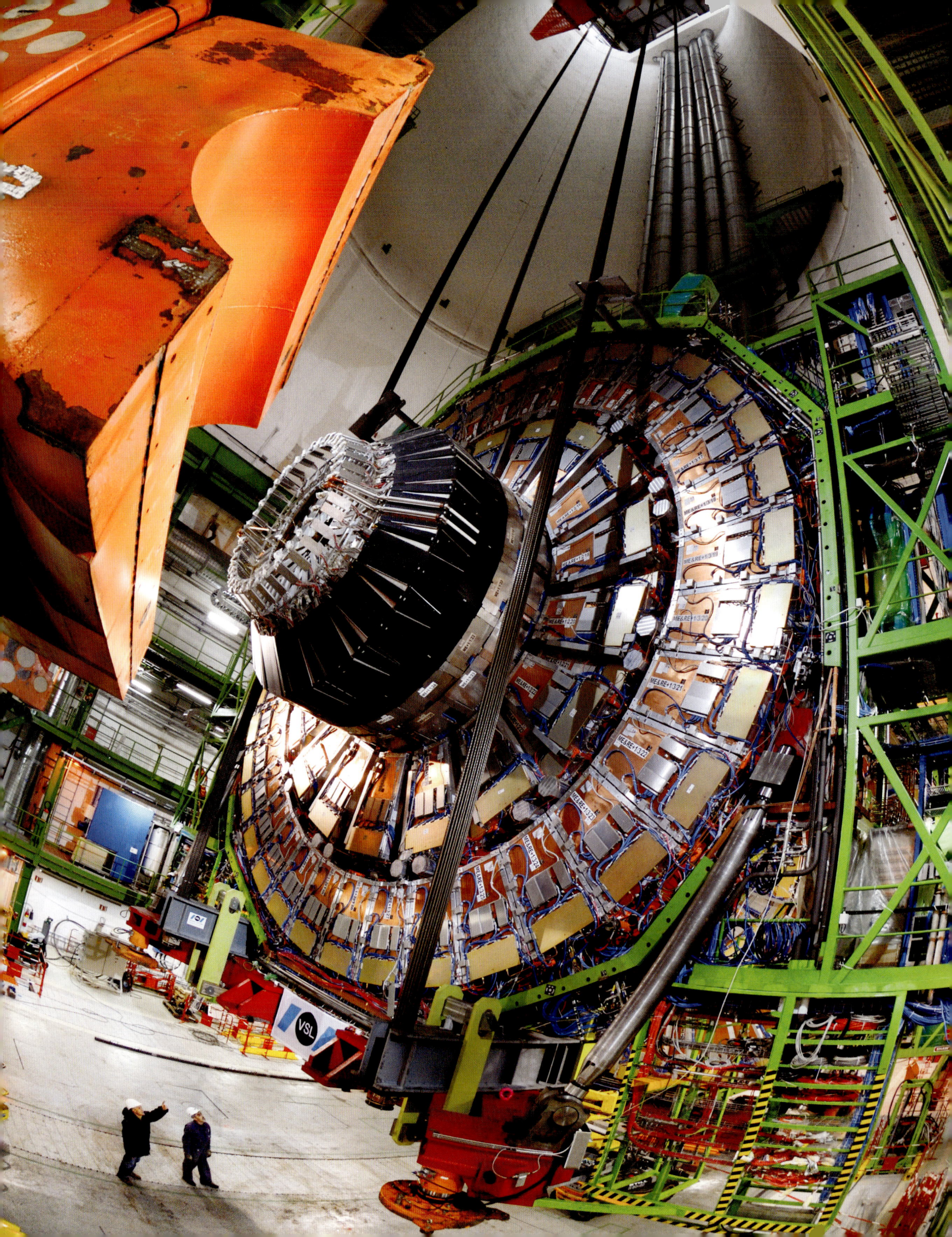

Den Geheimnissen des Weltalls auf der Spur

CERN ist das weltgrößte Forschungszentrum auf dem Gebiet der Teilchenphysik und liegt an der französisch-schweizerischen Grenze. Es wurde entwickelt, um die kleinsten und mysteriösesten Objekte im Weltall aufzuspüren. Sein Großer Hadronen-Beschleuniger (Large Hadron Collider) ist daher auch der größte und leistungsfähigste Teilchenbeschleuniger der Welt. Er soll vor allem dabei helfen, die Regeln des Weltalls zu erklären, beispielsweise durch die Identifizierung winziger, unsichtbarer Partikel, die bereits zur theoretischen Erklärung der Zusammenhänge dienen, deren Nachweis jedoch noch aussteht.

Zunächst interessiert unter anderem das Higgs-Boson, ein hypothetisches Teilchen, hinter dem die Forscher die Erklärung dafür vermuten, dass Materie Masse besitzt. In den 1960er Jahren stellte Peter Higgs, derzeit emeritierter Professor an der Universität Edinburgh, die Theorie auf, dass es sich an Materie koppelt und sie im fortwährenden Wechsel seines Entstehens und Verschwindens Wechselwirkungen aussetzt.

Bei dem Beschleuniger handelt es sich um einen Ringbeschleuniger mit einem Umfang von 27 km, der sich unterirdisch in einem Tunnel befindet. Hier werden zwei Protonen- oder Bleiionen-Strahlen, sogenannte Hadronen, mit einer Geschwindigkeit kurz unterhalb der Lichtgeschwindigkeit durch Röhren geschossen – genaugenommen mit der 0,999997828fachen Lichtgeschwindigkeit. Die Strahlen kreuzen sich an vier Stellen im Tunnel und lassen dort die Teilchen 600 Millionen Mal pro Sekunde aufeinanderprallen.

An diesen vier Schnittpunkten befinden sich Aufzeichnungs- und Messgeräte zum Aufspüren der durch den Zusammenprall freigesetzten Energie und anderen Teilchen. Dies entspricht den Bedingungen, die eine milliardstel Sekunde nach dem Urknall herrschten. Die Geräte an den Schnittpunkten sind gewaltig. Das größte von ihnen, Atlas, ist über 25 m hoch und 46 m lang und soll dazu dienen, Teilchen wie das Higgs-Boson aufzuspüren und herauszufinden, woraus Dunkle Energie und Dunkle Materie bestehen, aus denen sich das Weltall zu 96 Prozent zusammensetzt.

Der Teilchendetektor Compact Muon Solenoid enthält den größten Magneten seiner Art, eine 12 500 t schwere, supraleitende Magnetspule mit der 100 000fachen Feldstärke der Erde. Mit seiner Hilfe versucht man, bisher unbekannte Teilchen zu entdecken.

Es wird erwartet, dass jede der Laborstationen neue Informationen zu Zusammensetzung und Zusammenhängen des Weltalls liefert. Den bereits vorliegenden Erkenntnissen werden mit großer Wahrscheinlichkeit weitere folgen.

Bei dem Beschleuniger handelt es sich um einen unterirdischen Ringbeschleuniger in Tunnelform mit einem Umfang von 27 km, in dem zwei Strahlen mit 0,999997828facher Lichtgeschwindigkeit aufeinandertreffen.

linke Seite: CMS-Experiment: Absenken der Abschlusskappe YE+1 (Foto mit freundlicher Genehmigung von Maximilien Brice; © CERN)
links: Luftaufnahme des CERN (Foto mit freundlicher Genehmigung des AC-Teams; © CERN)
nächste Doppelseite: Zentralansicht des ATLAS-Detektors (Foto mit freundlicher Genehmigung von Maximilien Brice; © CERN)

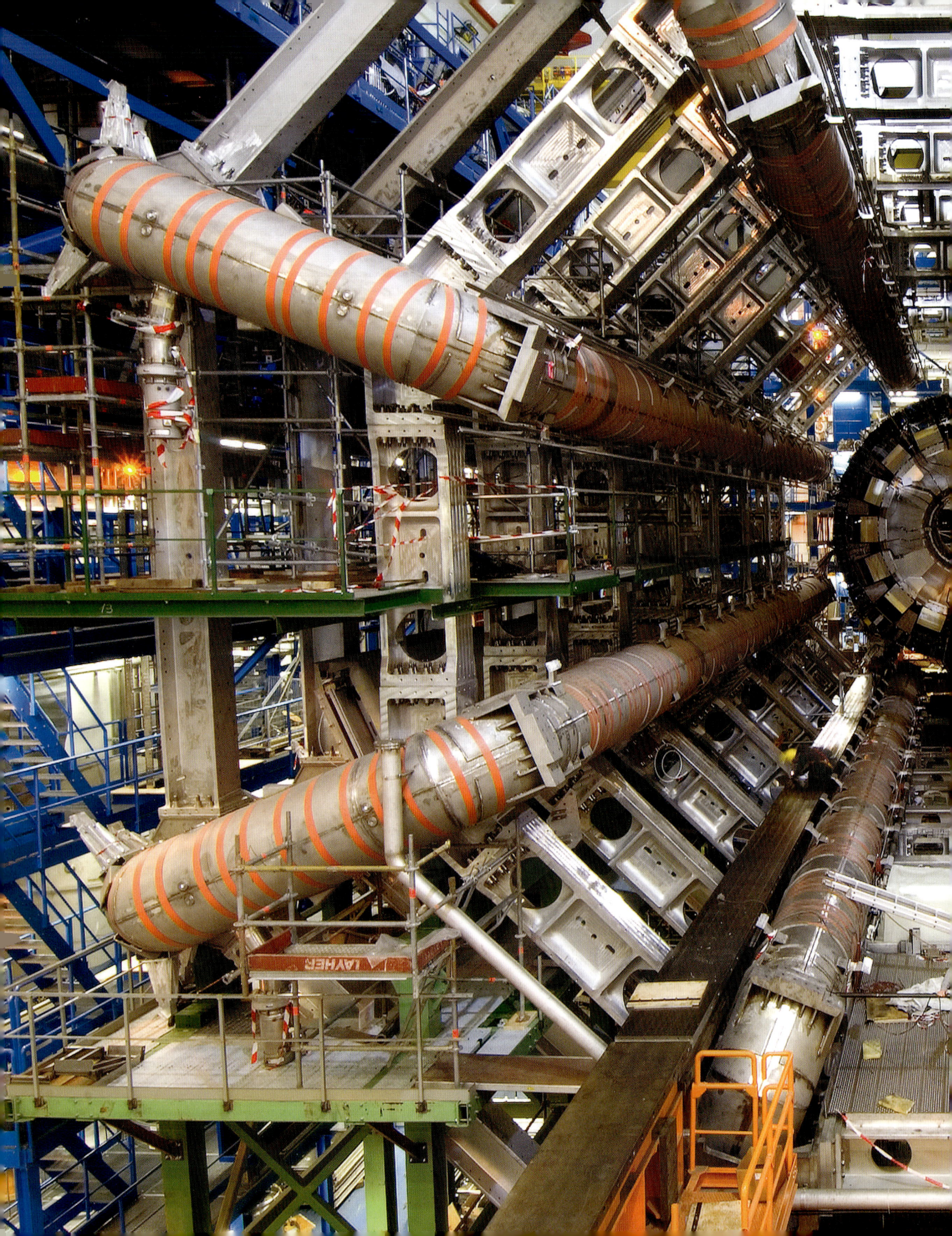

vorige Doppelseite, im Uhrzeigersinn von oben links:
Silbermöwe (Foto mit freundlicher Genehmigung von
Grahame Madge), Antarktisfisch und von einem gelben
Schwamm überwachsene Schlangensterne (Foto: © Julian
Gutt/Alfred-Wegener-Institut für Polar- und Meeres-
forschung), Amerikanischer Waldwasserläufer (Foto: ©
Brian S. Small/VIREO), Gelbscheitelgärtner (Foto: mit
freundlicher Genehmigung von Bruce Beehler, Conser-
vation International), *Bulbophyllum masdevalliaceum*
(Foto: © WWF/Wayne Harris), Borneo-Nebelparder
(Foto: © WWF-Canon/Alain Compost)

Neue Arten

Trotz aller Anstrengungen von Naturforschern und Forschungsreisenden während der vergangenen Jahrhunderte werden auch heute immer noch neue Tier- und Pflanzenarten entdeckt. Die überwiegende Mehrzahl davon in den Meeren und tropischen Regenwäldern, also in Gebieten der Erde, die besonders unzugänglich sind und dadurch eine Erforschung erschweren.

Speziell marine Lebensräume wurden bisher so spärlich erfasst, dass Biologen auf wissenschaftlichen Expeditionen gleich dutzendweise neue, bisher unbekannte Arten beschreiben können. Die tropischen Regenwälder sind zwar besser erforscht, können jedoch ebenfalls eine reiche Quelle neuer Entdeckungen sein.

Aber selbst die am besten erforschten Gebiete der Erde können noch Neuentdeckungen bereithalten. Sogar in Großbritannien – einem der wohl am eingehendsten erforschten Gebiete der Erde – werden fast Jahr für Jahr neue Insekten beschrieben, gelegentlich auch neue Pflanzenarten. Erst kürzlich hat Großbritannien Anspruch auf eine neue Vogelart erhoben, nachdem wissenschaftliche Untersuchungen ergeben hatten, dass es sich bei einer Kreuzschnabel-Art in Wirklichkeit um zwei verschiedene Arten handelt.

Mäusezähne

Neuentdeckungen bisher unbekannter Säugetiere sind extrem selten, kommen aber gelegentlich vor, zumeist in abgelegenen Gegenden der Erde wie den südamerikanischen Regenwäldern. Im Jahr 2006 fand man jedoch auf der Mittelmeerinsel Zypern eine bis dahin unbekannte Mäuseart und feierte dies als erste Entdeckung einer neuen Säugerspezies in Europa seit mehr als einem Jahrhundert.

Die Zypern-Maus (*Mus cypriacus*) wurde von dem französischen Forscher Dr. Thomas Cucchi von der Universität Durham in Großbritannien entdeckt. Er wollte durch vergleichende Untersuchungen der Zähne von Mäusen aus der Steinzeit mit denen moderner Mäuse feststellen, wann die Hausmaus auf die Insel eingewandert ist. Beim Fangen der Forschungsobjekte für seine Untersuchungen bemerkte er darunter Exemplare, die sich

von allen anderen bekannten Unterarten unterschieden. Kopf, Zähne, Ohren und Augen dieser Tiere waren größer als die der bekannten Mäuse auf der Insel. Genetische Untersuchungen bestätigten, dass es sich um eine völlig neue Art handelte.

Aus Vergleichen ihrer Zähne mit denen fossiler Mäuse folgerte Dr. Cucchi, dass *Mus cypriacus* schon Tausende von Jahren vor der Besiedlung durch den Menschen auf Zypern angekommen sein musste und sich an ihre Umgebung angepasst hat. Diese Entdeckung war umso erstaunlicher, als Europa jahrhundertelang von Naturforschern abgegrast wurde und man daher kaum glauben konnte, dass ein Tier der Größe einer Maus bislang unentdeckt geblieben war. Tiere wie diese graue Maus könnten sogar schon durch den Unterwuchs gehuscht sein, bevor der Mensch vor rund

10 000 Jahren Zypern besiedelte. Das macht diese Kreatur nur noch erstaunlicher, da sämtliche endemischen Säugetiere auf Mittelmeerinseln – mit Ausnahme zweier Spitzmausarten – durch die Ankunft des Menschen und der von ihm mitgebrachten Tiere, einschließlich der Hausmaus, ausgerottet wurden.

Ihr Kopf, ihre Zähne, Ohren und Augen waren größer als die der bekannten Mäuse der Insel.

Mus cypriacus
(Foto mit freundlicher Genehmigung von Anne-Marie Orth; © CNRS)

Wissenschaft auf dem Speisezettel

Die Erforschung der wenigen abgelegenen Gebiete, die sich bislang einer stärkeren Beachtung durch die moderne Gesellschaft entziehen konnten, bedeutet weitaus mehr, als zeitweilig auf Annehmlichkeiten wie warmes Leitungswasser und Wannenbäder zu verzichten. Die Forscher begeben sich gelegentlich sogar in Lebensgefahr und werden von ihren Forschungsobjekten angegriffen.

Dr. Enrico Bernhard hat seine Erfahrung damit und musste schon mehrmals schnell die Flucht vor gefährlichen Wildtieren ergreifen – so vor einem hungrigen Kaiman, der nach seinem Arm schnappte. Wie er sagt, ist es ebenso problematisch wie erbaulich, Regionen zu erforschen, in denen bisher nur wenige Menschen gewesen sind, weil die dort lebenden Tiere nicht wissen, wie sie auf Menschen reagieren sollen.

Tiere in anderen Teilen der Welt sind größtenteils durch bittere Erfahrungen darauf eingestellt, Menschen als Gefahr zu sehen, der man am besten aus dem Weg geht. In weitgehend unerforschten Gebieten wie dem unberührten, mit tropischem Regenwald bedeckten Bundesstaat Amapá in Brasilien haben jedoch nur wenige Tiere bislang überhaupt einen Menschen gesehen und deshalb auch nicht gelernt, den Menschen zu fürchten. Tiere wie Tapire, Wasserschweine und Klammeraffen hielten inne, statt zu fliehen, und musterten die Mitglieder der von Conservation International organisierten Expedition »Amazonien-Projekt«.

Solch ein enger Kontakt mit den Tieren hat seine Vorteile, da die Expeditionsteilnehmer näher als gewöhnlich an die Wildtiere herankommen – Dr. Bernhard bezeichnete es als »himmlische Verhältnisse für Wissenschaftler«. Allerdings kann es auch Nachteile haben, beispielsweise bei großen, hungrigen Raubtieren. So mussten zwei Expeditionsteilnehmer eine Nacht lang in einem hohlen Baum Unterschlupf vor einem auf Beutesuche umherstreifenden Jaguar suchen.

Trotz gelegentlicher Gefahren kehrte die Expedition aus der Region mit mehreren Tieren zurück, die zuvor noch niemand gesehen hatte. Die Liste ihrer Forschungsobjekte enthielt unter anderem eine Baumratte, einen Vogel, sieben Fische, zwei Garnelen, acht Amphibien und Reptilien

In manche der neu erforschten Gebiete kommen so selten Menschen, dass nur wenige Tiere ihnen jemals begegnet sind oder sie als Gefahr kennengelernt haben.

sowie acht Pflanzen, die der Wissenschaft alle noch nicht bekannt waren. Das neu entdeckte baumlebende Nagetier hat die Größe eines Meerschweinchens, gehört zur Stachelratten-Gattung *Makalata* und ernährt sich von Blättern und Früchten.

Die Arbeit der Forscher beschränkte sich jedoch nicht nur auf die Suche nach unbekannten Spezies. Eines der Tiere, die ungewöhnliche vierfingerige Echse *Amapafaurus petrabactulus*, war bis dahin nur ein einziges Mal im Jahr 1970 gesehen worden. Die Forscher fertigten umfangreiche Aufzeichnungen über sämtliche beobachteten Tiere und Pflanzen an; diese Daten liefern wertvolle Informationen über deren Verbreitung und Häufigkeit.

Man hatte zunächst angenommen, Amapá würde im Verhältnis zu anderen Amazonasregionen nur relativ wenige Arten beherbergen. Die Beobachtungen der Expeditionsteilnehmer widerlegten jedoch diese Vorstellung und deuteten stattdessen auf einen sehr hohen Artenreichtum hin. Sie verzeichneten über 1700 Arten, von denen mehr als 100 noch nie zuvor in Amapá gesehen worden waren. Überdies fanden sie die bekanntermaßen dort lebenden Arten in viel größerer Dichte als zuvor erwartet.

Die Katze mit

dem neuen Kleid

Die vielleicht spektakulärste Neuentdeckung ist der Borneo-Nebelparder, die erste neu entdeckte Großkatze seit 200 Jahren. Zoologen wussten schon seit mehr als einem Jahrhundert von Nebelpardern in den Wäldern Borneos, glaubten aber, es handele sich um dieselbe Art wie auf dem asiatischen Festland, die vor allem in China, Nepal und im Nordosten Indiens vorkommt. Durch eine genetische Analyse und einen genauen Vergleich der Fellmuster ergab sich jedoch, dass der Borneo-Nebelparder zwar vor mehr als einer Million Jahren der gleichen Art angehörte wie die Formen vom Festland, dass er aber in der Zwischenzeit buchstäblich sein Kleid gewechselt hat.

Vor etwa 1,4 Millionen Jahren versank eine Landbrücke zwischen den Inseln Borneo, Java und Sumatra und dem asiatischen Festland im Meer und trennte damit die Populationen des Nebelparders. Im Laufe der Zeit passten sich die Nebelparder auf den Inseln – die so lange mit dem Land verbunden gewesen waren – immer optimaler ihrem Lebensraum Regenwald an. In Java starben sie allerdings schon in der Jungsteinzeit aus. In der Wissenschaft der westlichen Welt wurden Nebelparder, die im Verhältnis zu ihrer Körpergröße die längsten Eckzähne aller Katzen besitzen, durch die Beschreibung des Naturforschers Edward Griffiths im Jahr 1821 bekannt.

Dr. Andrew Kirchner von der Naturwissenschaftlichen Abteilung des schottischen Nationalmuseums führte eine genaue Untersuchung des Fellmusters durch und fand deutliche Unterschiede zwischen den Nebelpardern des Festlands und den Inselformen. Die Nebelparder von Borneo und Sumatra – mittlerweile als Borneo-Nebelparder *(Neofelis diardi)* bezeichnet – haben einen doppelten statt einen einfachen Aalstrich auf dem Rücken, und ihr Fell ist dunkler als das der Festlandart *Neofelis nebulosa.* Zudem sind bei den auf Borneo lebenden, hauptsächlich nachtaktiven Raubkatzen die Wolkenzeichnun-

gen kleiner als bei der Festlandart, und sie enthalten mehr und klarer umrissene Flecken. Gestützt wurde die Folgerung, dass es sich beim Borneo-Nebelparder um eine eigene Art handelt und nicht nur eine Unterart, wie jahrzehntelang angenommen, durch die genetische Analyse unter Leitung von Dr. Stephen O'Brien vom US National Cancer Institute. Sein Team fand mehr als drei Dutzend signifikante Unterschiede in der DNA. Der genetische Code der beiden Nebelparder-Arten war derart unterschiedlich, dass es keineswegs eine grenzwertige Entscheidung war, sie zwei verschiedenen Arten zuzuordnen. Tatsächlich sind die beiden Spezies genetisch so unterschiedlich wie Löwen und Tiger.

Sie sind genetisch so unterschiedlich wie Löwen und Tiger.

Auf Borneo leben schätzungsweise 5000 bis 11 000 Nebelparder und weitere 3000 bis 7000 auf Sumatra. Die große Schwankungsbreite der Schätzungen spiegelt wider, wie schwer diese Tiere zu finden und wie wenig sie bisher erforscht sind. Obwohl es sich um die größten Raubtiere Borneos handelt, bekommt man die scheuen, nachtaktiven Nebelparder so selten zu Gesicht, dass die Untersuchung ihres Fellmusters anhand von 57 in Museen gelagerten Fellen und einer Handvoll Aufnahmen aus Fotofallen erfolgen musste. Dennoch zeigten sich die Forscher erstaunt darüber, dass bislang noch niemand die offensichtlichen Unterschiede im Fellmuster der Raubkatze bemerkt hatte.

links: Borneo-Nebelparder *(Neofelis diardi)*
(Foto: © WWF-Canon/Alain Compost)

Vor 1,4 Millionen
Jahren versank
eine Landbrücke im
Meer und trennte
die Populationen
der Nebelparder.

links: Borneo-Nebelparder (*Neofelis diardi*)
(Foto: © WWF-Canon/Alain Compost)

Eine geheimnis-volle Katze

Fotofallen erweisen sich oft als hilfreich, um Rätsel zu lösen; in der Heimat des Nebelparders haben sie jedoch ein neues geschaffen. Im Regenwald von Borneo ging 2005 ein rötliches katzenartiges Tier in eine von Wissenschaftlern des WWF installierte Fotofalle, als es nachts auf dem Waldboden vorbeilief. Experten aus aller Welt haben die Bilder betrachtet, aber keiner von ihnen war in der Lage, das etwas mehr als hauskatzengroße Tier zu identifizieren. Selbst die Einheimischen hatten bislang noch nichts Derartiges gesehen.

Die Naturschützer sind sich einig, dass es sich um eine neue Art handelt. Am ehesten um eine Art Schleichkatze oder Marder, es könnte jedoch auch so sehr von allem Bekannten abweichen, dass es eine eigene Gruppe bildet. Die Fotos lassen vermuten, dass es sich bei dem Tier um einen Fleischfresser handelt, manche Zoologen neigen allerdings dazu, es wegen seines langen buschigen Schwanzes in die Nähe der Lemuren zu stellen.

Mittlerweile wurden noch mehr Kameras installiert, um weitere Fotos zu bekommen. Außerdem hat man Lebendfallen ausgelegt, in der Hoffnung ein Exemplar des Tieres zu fangen – bislang jedoch ohne Erfolg. Das Bild stammt aus dem Kayan-Mentarang-Nationalpark in Kalimantan, dem indonesischen Teil der Insel. Naturschützer fürchten, dass das Tier aussterben könnte, bevor es noch einmal jemand zu Gesicht bekommt.

Niemand konnte das Tier identifizieren – selbst die Einheimischen hatten bislang noch nichts Derartiges gesehen.

oben: »Phantomzeichnung« der potenziellen neuen Raubtierart
(Abbildung mit freundlicher Genehmigung von Wahyu Gumelar; © WWF-Indonesien)

Dschungel-Punks

Die ersten neu entdeckten Primaten seit 20 Jahren erstaunten nicht nur durch ihre Irokesen-Frisur, sondern noch mehr durch die Tatsache, dass sie einer ganz neuen Gattung angehörten. Als sie 2003 und 2004 in einer Bergregion im Süden Tansanias entdeckt und 2005 durch zwei verschiedene Forscherteams erstmals beschrieben wurden, bezeichnete man die Kipunji-Affen anfangs als Hochlandmangaben und gab ihnen den wissenschaftlichen Namen *Lophocebus kipunji*.

Später ergaben jedoch morphologische und genetische Analysen, dass die Tiere näher mit Pavianen verwandt sind als mit Mangaben, wodurch es erforderlich wurde, sie im Klassifizierungssystem in eine eigene Gattung zu stellen. Das letzte Mal musste 1923 eine neue Primatengattung geschaffen werden, als man erkannte, dass die 1907 entdeckte Sumpfmeerkatze zu einer eigenen Gattung gehört.

Der nach den Untersuchungen unter der Leitung von Tim Davenport von der World Conservation Society zugesprochene Gattungsname der Kipunji-Affen leitet sich vom Mount Rungwe ab, dem Gebiet, in dem die ersten Tiere gesehen wurden. Der offizielle Artname lautet jetzt *Rungwecebus kipunji*.

Nachdem die Zoologen so lange nichts von der Existenz dieser Art gewusst hatten, waren sie nun umso erpichter darauf, so viel wie möglich über die Kipunji-Affen zu erfahren. Deren auffallendstes Merkmal ist ein Kamm langer, abstehender Haare auf dem Kopf, der an den in den 1970er Jahren bei Punks beliebten Irokesen-Haarschnitt erinnert. Dazu kommen noch lange Barthaare und ein dickes Fell, das ihnen vermutlich Schutz vor den niedrigen Temperaturen in ihrem hoch gelegenen Lebensraum bietet. Ein weiteres ungewöhnliches Merkmal der Kipunji-Affen ist ihr an Hundegebell erinnernder, lauter und tiefer

Das auffälligste Merkmal ist ein Kamm langer, abstehender Haare, der an den in den 1970er Jahren bei Punks beliebten Irokesen-Haarschnitt erinnert.

Ruf, der sich von den Rufen aller anderer Affen deutlich unterscheidet.

Im Rungwe-Livingstone Forest und dem Ndundulu-Forest-Reservat fand man mindestens 16 Gruppen aus 30 bis 36 erwachsenen Tieren. Sie leben auf Bäumen in bergigem Gelände bis in 2400 m Höhe.

Zwar waren die Kipunji-Affen der Wissenschaft bis vor kurzem noch nicht bekannt, der einheimischen Bevölkerung jedoch sehr wohl. Diese jagte sie als Nahrungsquelle, aber auch als eine Art Schädlingsbekämpfung, da die Einheimischen die Kipunji für Ernteschäden verantwortlich machten. Auch das Exemplar, aufgrund dessen man nach eingehender Untersuchung von Skelett und DNA die neue Gattung festlegte, wurde in der Falle eines Bauern gefangen. Bis dahin waren die Tiere lediglich anhand von Fotos analysiert worden.

links: Kipunji-Affen
(Foto mit freundlicher Genehmigung von Tim Davenport/WCS)

Viele unter einem Hut

Um neue Arten zu entdecken, müssen sich Wissenschaftler nicht unbedingt als unerschrockene Naturforscher mit der Machete ihren Weg durchs Unterholz in abgelegenen und menschenfeindlichen Gebieten bahnen. So fanden Wissenschaftler bei der Arbeit an einem Projekt zur Entschlüsselung des genetischen Codes sämtlicher Tierarten der Erde unter den Vögeln Nordamerikas, die zu den bestuntersuchten Tierpopulationen weltweit gehören, fünfzehn neue Arten.

Professor Paul Hebert von der Guelph-Universität in Ontario leitete das Projekt, bei dem die DNA von 643 Vogelarten Nordamerikas analysiert werden sollte – das entspricht in etwa 93 Prozent der Vogelwelt des amerikanischen Kontinents. Seinen Schätzungen zufolge werden wahrscheinlich etwa 1000 weitere neue Vogelarten hinzukommen, wenn man erst einmal bei sämtlichen der 10 000 bekannten Vogelarten der Erde in gleicher Weise die DNA analysiert hat. Gleichfalls werden aber auch manche vermeintlich bekannten Vögel ihren Status als eigene Art verlieren – so geschehen während des Projekts, als die Wissenschaftler feststellten, dass manche Arten doppelt oder sogar dreifach gezählt worden waren. So stellte sich zum Beispiel heraus, dass Vertreter einer einzigen Möwenart acht verschiedenen Spezies zugeordnet worden waren.

Die Untersuchung war der erste umfassende Versuch, die genetischen Daten einer großen Zahl von Arten zu ermitteln, und erwies sich auch für andere Tierarten und andere Teile der Welt als geeignet. Die Analyse des genetischen Codes machte die Schwächen der herkömmlichen Taxonomie deutlich; diese beschrieb die Tiere aufgrund ihrer Färbung sowie ihrer inneren und äußeren Gestalt. Insbesondere bei den Möwen zeigten sich anschaulich die Fallstricke der technologisch weniger konsequenten Methoden – vor allem bei Beschreibungen aus Tagen, als man für Entdeckungen Leib und Leben riskieren musste und Naturforscher ihre Entdeckungen Tausende von Kilometer entfernt von jeglicher Zivilisation oder den zuvor bekannten Lebensräumen der gleichen Vögel machten.

Im Laufe der Jahrhunderte wurden in verschiedenen Teilen der Welt acht Möwen beschrieben und als jeweils eigenständige Art aufgefasst. Als man nun deren Gene verglich, erwiesen sich diese als praktisch gleich. Die Indianermöwe (*Larus californicus*), die Silbermöwe (*L. argentatus*), die Thayermöwe (*L. thayeri*), die Polarmöwe (*L. glaucoides*), die Heringsmöwe (*L. fuscus*), die Westmöwe (*L. occidentalis*), die Beringmöwe (*L. glaucescens*) und die Eismöwe (*L. hyperboreus*) sollten ihrer DNA zufolge alle gemeinsam als eine Art klassifiziert werden oder zumindest lediglich als Unterarten.

In ähnlicher Weise fand man 28 sogenannte genetische Zwillinge, was bedeutet, dass diese tatsächlich als 14 Arten klassifiziert werden sollten, und sechs waren genetische Drillinge, die nur als zwei Spezies einzustufen sind. Die Schneegans und die Zwergschneegans sind ein Beispiel für solche Zwillingsvögel – den Untersuchungen zufolge sind sie zu 99,8 Prozent genetisch identisch.

Die von den Forschern als neue Arten entdeckten Vögel sind zwar äußerlich nicht von anderen Arten zu unterscheiden, genetisch jedoch deutlich verschieden. Die Amerikanischen Waldwasserläufer gehören zu der Gruppe, die in Wirklichkeit zwei Vogelarten repräsentieren. Die Wissenschaftler empfahlen eine zweite Art mit dem Namen »Zimtwasserläufer« (*cinnamon sandpiper*) anzuerkennen. Wie der genetische Code enthüllt hat, erfolgte die Auftrennung der beiden Vogelarten schon vor 2,5 Millionen Jahren.

Die genetischen Analysen waren Teil des Projekts »Barcode of Life«, mit dem man hofft, bis zum Jahr 2014 zehn Millionen Daten über 500 000 Tierarten zusammentragen zu können.

Die Analyse des genetischen Codes machte die Schwächen der herkömmlichen Taxonomie deutlich.

linke Seite: Amerikanischer Waldwasserläufer
(Foto: © Brian E. Small/VIREO)

Im Laufe der Jahrhunderte wurden acht Möwen als jeweils eigenständige Art aufgefasst. Als man nun deren Gene verglich, erwiesen sich diese als praktisch gleich.

rechts: Silbermöwen *(Larus argentatus)* streiten um einen Fisch im Meer (Foto: Graham Eaton/RSPB Images)
unten: Silbermöwe (Foto mit freundlicher Genehmigung von Grahame Madge)

Genießer mit der langen Zunge

Zeitgleich mit der Ermittlung des genetischen Codes der Vögel wurden die Gene von 87 Fledermausformen aus Guyana analysiert – mit dem Ergebnis, dass es sechs Arten mehr waren als zuvor bekannt. Die Fledermäuse Guyanas waren bereits zuvor Gegenstand umfangreicher Untersuchungen gewesen und mit großer taxonomischer Genauigkeit beschrieben worden; dennoch hatte man sechs Arten von ihnen vor der Ermittlung des genetischen Codes nicht erkannt. Sollte sich dieser Trend wiederholen, wenn die mehr als 1000 bekannten Fledermausarten der Welt getestet werden, ist mit der Entdeckung von weiteren 50 neuen Arten zu rechnen.

Manche Fledermäuse werden aber auch noch auf die althergebrachte Weise entdeckt – indem man einfach durch den Dschungel streift und auf sie stößt. In der Tat ist genau jene Fledermaus ins Netz gegangen und für weitere Untersuchungen ins Labor gebracht worden, die sich rühmen kann, von allen Säugetieren proportional zur Körpergröße die längste Zunge zu haben, und unter den Wirbeltieren nur knapp hinter dem Chamäleon den zweiten Platz belegt.

Im Gegensatz zu anderen Fledermäusen, bei denen die Zunge im hinteren Bereich des Mundes ansetzt, ist die Zunge der tropischen Blütenfledermaus *Anoura fistulata* so lang, dass sie diese bis in die Brusthöhle zurückziehen muss, wo sie zwischen Herz und Brustbein zu liegen kommt. Die kleinen Nektarsauger sind nur gut 5 cm lang, können aber ihre Zunge auf das Anderthalbfache ihrer Körperlänge herausstrecken; ein Tier erreicht sogar unglaubliche 8,6 cm. Hätte eine Hauskatze eine proportional ebenso gigantische Zunge, könnte sie aus einem 60 cm entfernten Milchschälchen trinken.

Die Länge der Zunge wurde durch Experimente unter der Leitung von Nathan Muchhala von der Universität Miami in den USA ermittelt, bei denen *Anoura fistulata* und zwei andere Arten nektarsaugender Fledermäuse darauf trainiert wurden, Zuckerwasser aus durchsichtigen Röhrchen zu saugen.

Entwickelt hat sich die übergroße Zunge, damit die Fledermäuse in den Regenwäldern Ecuadors den Nektar aus den Blüten von *Centropogon nigricans* trinken können. In dieser Region der Anden leben zahlreiche nektarsaugende Fleder-

Hätte eine Hauskatze eine proportional ebenso gigantische Zunge, könnte sie aus einem 60 cm entfernten Milchschälchen trinken.

mäuse, aber allein *Anoura fistulata* gelangt mit ihrer Zunge bis zum Nektar der Blüten. Man geht davon aus, dass die trompetenförmige, blassgrüne Blüte und die Fledermaus eine Koevolution durchgemacht haben, wobei *Centropogon nigricans* die einzige bekannte Pflanze ist, die für ihre Bestäubung auf eine einzige Fledermausart angewiesen ist.

Man würde annehmen, dass eine derart langzüngige Fledermaus zur Unterbringung dieser Zunge eine besonders lange Schnauze entwickelt hat. Tatsächlich ist die Schnauze der Fledermaus jedoch vergleichsweise kurz, was es den Tieren erleichtert, auch Insekten als zusätzliche Proteinquelle zu fangen.

linke Seite: *Anoura fistulata*
unten: Vergleichende Darstellung der Zungenlänge von Anoura fistulata und anderen nektarsaugenden Fledermäusen
(Foto und Abbildung mit freundlicher Genehmigung von Nathan Muchhala)

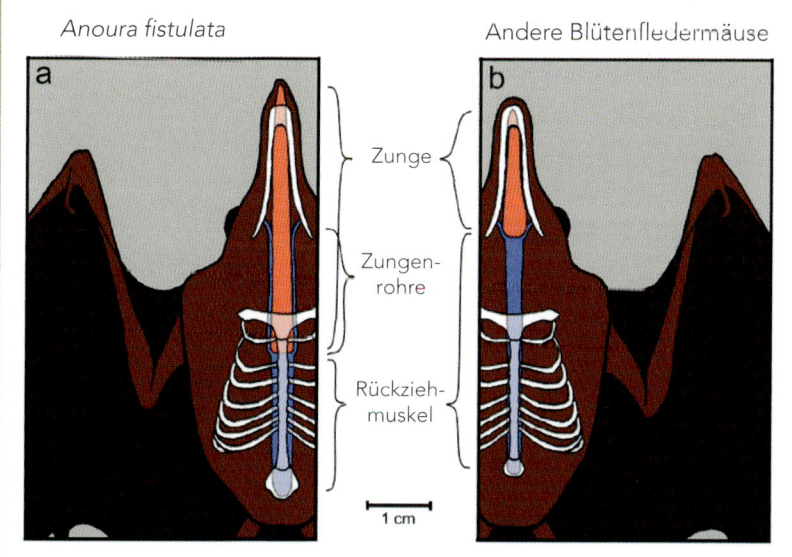

Anoura fistulata — Andere Blütenfledermäuse

a — b

Zunge

Zungenrohre

Rückziehmuskel

1 cm

Die Schatzinsel

Die Regenwalder Borneos sind eines der Wildnisgebiete, deren Erforschung der Wissenschaft immer noch neue Entdeckungen beschert. Charles Darwins Beschreibung als »großes, wildes, unordentliches und üppiges Treibhaus« gilt auch heute noch und ermöglicht es schon aufgrund der Größe der Insel sowohl kleinen als auch großen Arten, unentdeckt zu bleiben. In den letzten Jahren hat man die Bemühungen verstärkt, die Tiere und Pflanzen der Wälder zu beschreiben, besonders in jenen, deren Abholzung droht – mit dem Ziel, sie langfristig unter Schutz zu stellen. Erst kürzlich haben die Regierungen von Indonesien, Brunei und Malaysia Vereinbarungen über den Schutz des Regenwalds vor Abholzung getroffen, insbesondere in dem als »Herz von Borneo« bekannten Gebiet. Dennoch befürchten Naturschützer, dass die Regenwaldzerstörung viel zu schnell voranschreitet. Die Insel kann sich einer unglaublichen Artenvielfalt rühmen: Sie ist Heimat der höchsten Zahl an Pflanzenarten weltweit, und beim Kartieren der Biodiversität des Gebiets stoßen Botaniker und Zoologen immer noch auf eine Fülle neuer Tier- und Pflanzenarten.

Gemäß der vom WWF veröffentlichten Daten wurden zwischen 1994 und 2004 jeden Monat im Schnitt drei neue Arten entdeckt. Bis zum Jahr 2004 waren dies mindestens 361 neue Arten, und seitdem sind nochmals mehr als 50 weitere hinzugekommen, unter anderem eine Schlange, die ihre Farbe wechseln kann. Diese erhielt später die Bezeichnung Kapuas-Wassertrugnatter und wurde in die Gattung *Enhydris* gestellt. Die Schlange war rötlich-braun, als Dr. Mark Auliya vom Zoologischen Forschungsmuseum Alexander König in Bonn sie fing und in einen Korb steckte. Als er die Schlange wenige Minuten danach noch einmal betrachtete, war sie weiß.

Nur eine Handvoll Reptilien hat die Fähigkeit, ihro Farbe zu verändern, am bekanntesten ist das Chamäleon, bei Schlangen ist dies extrem selten.

Nur eine Handvoll Reptilien hat die Fähigkeit, ihre Farbe zu verändern, bei Schlangen ist dies extrem selten. Im Betung-Kerihun-Nationalpark in der Nähe des Kapuas-Flusses wurden zwei Exemplare von jeweils rund einem halben Meter Länge gefangen.

Auch sechs Siamesische Kampffische, ein Wels mit merkwürdigen Zähnen und einer Haftvorrichtung am Bauch, die es ihm ermöglicht, in Gewässern mit starker Strömung an Felsen zu haften, sowie ein Frosch mit besonders breitem Kopf waren unter den von den Forschern beschriebenen Arten.

Unter den neuen Pflanzenarten zählte zu den überraschendsten Entdeckungen eine Spezies mit weißen Blüten, aber nur einem einzigen Blatt. Für die Forscher war diese Pflanze mit dem Namen *Schuhmannianthus monophyllus* (ein Pfeilwurzgewächs) zwar neu, dem eingeborenen Iban-Volk jedoch war sie schon lange bekannt: Bei Festlichkeiten wickeln sie in das Blatt klebrigen Reis. Wahrscheinlich leben in dem unzugänglichen Gebiet mit seinen geschätzten 15 000 Pflanzenarten, 222 Säugetier-, 420 Vogel-, 100 Amphibien-, über 400 Fisch- und mindestens 150 Reptilienarten viele Hundert bisher noch unentdeckte Pflanzen- und Tierarten.

links: Kapuas-Wassertrugnatter
(Foto mit freundlicher Genehmigung von Mark Auliya)

Winzige Wirbeltiere

Von den 30 auf Borneo in letzter Zeit neu entdeckten Fischarten ist eine so winzig, dass sie als zweitkleinstes Wirbeltier der Erde einzustufen ist. *Paedocypris micromegethes* ist nur etwa 8,8 mm lang und lebt in den schattigen Bereichen der Flüsse und Teiche saurer Torfmoore. Das kleinste bekannte Wirbeltier ist sein Vetter *Paedocypris progenetica* von der Nachbarinsel Sumatra. Dessen Entdeckung wurde im Frühjahr 2006 verkündet.

Paedocypris progenetica misst weniger als 7,9 mm in der Länge und 1 mm in der Breite. Obwohl er zu den Karpfenfischen gehört, ist er so klein und durchsichtig, dass man ihn fälschlicherweise leicht für eine aquatische Larve halten könnte. Sein Lebensraum ist das trübe Wasser der Waldtorfmoore mit einem pH-Wert von 3, was ungefähr 100-mal saurer ist als Regenwasser. Man dachte, die Sümpfe seien zu sauer, um überhaupt Leben zu beherbergen, aber in neueren Untersuchungen haben sie sich als überraschend bevölkerter Lebensraum erwiesen, wenn auch nicht unbedingt für Arten, die den Zoologen bereits bekannt waren.

Der von Dr. Maurice Kottelat und Dr. Tan Heok Hui vom Raffles-Museum für Biodiversitätsforschung in Singapur entdeckte Fisch ist nicht nur außergewöhnlich klein, sondern hat auch durch ungewöhnliche körperliche Merkmale die Aufmerksamkeit der Forscher auf sich gezogen. Das Männchen, das geringfügig größer ist als das Weibchen, besitzt auf der Unterseite seines Körpers eine riesige Bauchflosse und direkt davor eine Reihe von Muskeln, die möglicherweise ein Greifen ermöglichen. Am wahrscheinlichsten scheint es, dass die Flosse und die Muskeln dazu dienen, während der Paarung das Weibchen festzuhalten. Genauso rätselhaft war die Feststellung, dass der größte Teil des oberen Schädels fehlt und das Gehirn damit freiliegt. Dr. Ralf Britz vom Naturhistorischen Museum in Großbritannien untersuchte den Bau des Fisches und zog als Resümee, dass es sich um »einen der merkwürdigsten Fische« handelt, die er je gesehen hat.

Die spezielle Bauchflosse und das freiliegende Gehirn veranlassten Dr. Britz zu dem Resümee, dass es sich um »einen der merkwürdigsten Fische« handelt, die er je gesehen hat.

Orchideen-Hotspot

Bisher unerforschte Regenwälder haben sich auf Papua-Neuguinea als wertvolle Jagdgründe für Botaniker erwiesen, da hier eine Fülle von Orchideen gedeiht. Mehr als 3000 Orchideenarten sind von der Insel bekannt, und bei mehreren Expeditionen in die Kikori-Region kamen noch weitere Neuentdeckungen hinzu. Im Rahmen einer Erhebung unter der Schirmherrschaft des WWF sammelten Botaniker von 1998 bis 2006 in diesem Gebiet 300 Arten; acht davon waren der Wissenschaft noch nicht bekannt, und weitere 20 werden als neue Arten vermutet, was aber noch durch weitere Untersuchungen bestätigt werden muss.

Mehr als 3000 Orchideenarten sind von Papua-Neuguinea bekannt.

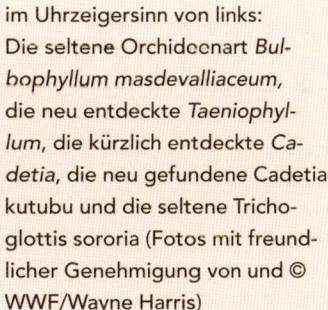

im Uhrzeigersinn von links: Die seltene Orchideenart *Bulbophyllum masdevalliaceum*, die neu entdeckte *Taeniophyllum*, die kürzlich entdeckte *Cadetia*, die neu gefundene Cadetia kutubu und die seltene Trichoglottis sororia (Fotos mit freundlicher Genehmigung von und © WWF/Wayne Harris)

Geburt eines Ökosystems

Durch die Zerstörung von Schelfeis in der Antarktis konnten Meeresforscher die Geburt eines neuen Ökosystems miterleben. Die Auflösung des Larsen-Schelfeises fand in zwei Etappen 1995 und 2002 statt und machte den Meeresboden zum Lebensraum für Tiere, die hier nicht hätten überleben können, solange das Meer über ihnen noch von einer Eisdecke überzogen war.

Eine Bestandsaufnahme des Meeresbodens im Rahmen der umfassenden Erhebung des Projekts »Census of Marine Life« offenbarte erste Anzeichen dafür, dass verschiedene Tiere in dieses Gebiet einwandern, das zuvor von einer 200 m dicken Eisschicht bedeckt war. Zu den bemerkenswertesten neuen Bewohnern des Meeresbodens gehören Seescheiden. An manchen Stellen sind sie zahlenmäßig die häufigsten Organismen und ein Zeichen dafür, dass die ursprünglichen

Bewohner unter den veränderten Bedingungen verdrängt werden.
Die Auflösung des 10 000 km² großen Larsen-Schelfeises führte zur Rückkehr von pflanzlichen und tierischen Planktonorganismen, die die Grundlage der Nahrungskette bilden. Mit ihnen kamen auch größere Tiere wie Krill, Robben und Wale. Die höhere Dichte an Lebewesen nahe der Oberfläche bedeutet auch, dass mehr Nährstoffe auf den Meeresboden absinken, was wiederum einer ganzen Reihe anderer Lebewesen die Chance bietet, sich anzusiedeln.

Leben entwickelt sich unter derart kalten Bedingungen nur langsam, aber im Laufe der nächsten Jahrzehnte wird der stellenweise über 850 m tiefe Meeresboden wahrscheinlich immer artenreicher werden. Während der Bestandsaufnahme in dem Gebiet und in der offenen See im nordwestlichen

Bereich des Weddell-Meeres wurden etwa 1000 Tier- und Pflanzenarten erfasst, davon 20 bisher unbekannte. Von den neuen Arten gehörten 15 zur Gruppe der Flohkrebse. Einer war 10 cm lang, was für Kleinkrebse riesig ist. Außerdem fand man noch vier Nesseltiere (zu denen auch Quallen und Korallen zählen) sowie eine Seeanemone mit einer symbiotischen Beziehung zu einer Meeresschnecke – die Anemone bietet Schutz, die Schnecke die Fortbewegung.

unten: Seegurken aus dem Larsen B-Gebiet
rechte Seite oben von links nach rechts: Meeresboden in der Nähe von Seymour- und Paulet-Island, Seestern aus Larsen A
rechte Seite Mitte von links nach rechts: Seeanemone aus Larsen B, Korallen aus Larsen B, Seescheiden aus Larsen A
rechte Seite unten von links nach rechts: Meeresboden in der Nähe von Seymour- und Paulet-Island; Antarktisfisch und Schlangensterne, die teilweise von einem gelben Schwamm überwachsen sind (alle Fotos: © Julian Gutt/Alfred-Wegener-Institut für Polar- und Meeresforschung)

Tiere wandern in ein Gebiet ein, das zuvor von einer fast 200 m dicken Eisschicht bedeckt war.

Lebendes Fossil

oben: *Neoglyphea neocaledonica* aus dem Korallenmeer (Foto mit freundlicher Genehmigung von B. Richer de Forges, © 2006)

Ein Krebstier, das schon seit 50 Millionen Jahren als ausgestorben galt, wurde quicklebendig im Korallenmeer gefunden; folgerichtig gab man ihm den Namen »*Jurassic shrimp*«.

Französische Meeresbiologen fingen den Zehnfußkrebs *Neoglyphea neocaledonica*, als sie ein Unterwasserplateau in den Gewässern vor der Nordostküste Australiens erkundeten. Er sah aus wie eine Kreuzung zwischen einer Garnele und einem Hummer und gehörte genau wie der 1938 entdeckte Quastenflosser einer Art an, die man zuvor nur aus Fossilfunden kannte.

Bislang hatte man nur ein einziges weiteres Krebstier dieser Gattung entdeckt, *Neoglyphea inopinata*. Die neu entdeckte Art hat jedoch viel größere Augen, was vermuten lässt, dass es sich um einen Räuber handelt, der auf gutes Sehvermögen angewiesen ist.

Das Krebstier, das schon seit 50 Millionen Jahren als ausgestorben galt, kannte man vorher nur von Fossilfunden.

Laufende Haie

Haie, die auf ihren Flossen laufen, gehören zu den 52 neuen Arten, die bei einer Bestandsaufnahme im so genannten »Korallendreieck« entdeckt wurden, einem 181 300 km^2 umfassenden Gebiet des Indischen Ozeans. Hierzu gehört auch die Meeresregion bei der Vogelkop-Halbinsel am Nordwestende von West-Papua, Indonesien, die Heimat von mehr als 1200 Fischarten und fast 600 Arten riffbildender Korallen – das entspricht etwa drei Vierteln aller weltweit vorkommenden Arten. Diese Region ist so reich an Lebewesen, dass an manchen Stellen von etwa der doppelten Größe eines Fußballfeldes viermal mehr Arten riffbildender Korallen leben als im gesamten Karibischen Meer.

Unter den neu entdeckten Spezies fanden sich auch zwei Arten von Bambushaien, die mit Hilfe ihrer muskulösen Brustflossen nachts über den Meeresboden wandern. Sie können bis zu 1,2 m lang werden. Man nimmt an, dass die Fähigkeit zu laufen ihnen ermöglicht, auf der Jagd dicht am Meeresboden zu bleiben und sich auf der Suche nach kleinen Fischen, Krabben oder Schnecken auch in enge Zwischenräume im Riff zu bewegen. Aufgrund ihrer im Verhältnis zu anderen Haien verhältnismäßig geringen Größe sind sie durch das Leben nah am Meeresboden besser vor größeren Räubern geschützt.

Inmitten dieser Artenvielfalt entdeckten Wissenschaftler von Conservation International im Rahmen von drei Bestandsaufnahmen in den Jahren 2001 und 2006 insgesamt 20 neue Korallenarten, 24 neue Fische und acht zuvor unbekannte Fangschreckenkrebse. Ein besonders interessanter Fund war ein »blinkender« Lippfisch. Die normalerweise braunen Männchen blitzen leuchtend pink oder gelb auf, um Geschlechtspartner anzulocken.

> Ihre Fähigkeit zu laufen ermöglicht ihnen, auf der Jagd nach kleinen Fischen, Krabben oder Schnecken dicht am Meeresboden zu bleiben.

unten: Auf dem Meeresboden laufender Hai bei Triton Bay, West-Neuguinea (Foto mit freundlicher Genehmigung von Gerry Allen)

Die Zahl der neu gefundenen
Arten war die größte im
Nordatlantik seit dem Zeitalter
der viktorianischen Sammler.

Schwämme

Als fast genauso farbenprächtig, wenn auch aus anderen Gründen, erwies sich eine Reihe von leuchtend roten und gelben Schwämmen, die man vor der Küste Irlands entdeckte. Taucher vom Ulster Museum fanden in etwa 35 m Tiefe in der Nähe von Rathlin Island im Bezirk Antrim bis zu 47 neue Arten von Schwämmen. Durch diese Funde, von denen bisher 28 als neue Arten bestätigt wurden, während bei den anderen die Analyse noch aussteht, erhöht sich die Zahl der bislang bekannten 350 Schwammarten in den Gewässern der Britischen Inseln beträchtlich.

Die weit unter der Meeresoberfläche als Strudler lebenden Schwämme gehören zu den ältesten Lebewesen und verbringen ihr Leben in fast völliger Dunkelheit. In hellem Sonnenlicht wären die Rot- und Gelbtöne der Schwämme deutlich zu sehen, aber in der Dunkelheit ihres natürlichen Lebensraumes sind diese Farben am schlechtesten von allen zu erkennen. Solange keine Taucher mit hellen Lampen erscheinen, sind die Schwämme fast unsichtbar, perfekt getarnt und müssen von jedem potenziellen Räuber erst einmal aufgespürt werden.

Die neuen Schwämme reichen in ihrer Größe von 2,54 cm im Durchmesser bis zu 7,62 cm. Das hört sich zwar winzig an, aber dennoch sind sie die Piraten des Meeresbodens und rauben allen Anemonen und Moostierchen, die zuerst da waren, die besten Felsen. In flacherem Wasser werden sie von Tang verdrängt; deshalb leben sie in tieferen Bereichen, wo sie in manchen Gebieten vor Rathlin Island bis zu 70 Prozent der gesamten Felsfläche bedecken.

Nach Ansicht des Kurators für marine Wirbellose des Museums, Bernard Picton, stellen sie in diesem Teil des Ozeans die dominierende Art auf dem Meeresboden dar. Das Gebiet ist so reich an Schwämmen, dass Taucher des Museums während einer sechswöchigen Expedition im Jahr 2006 128 verschiedene Arten ausmachen konnten. Die Zahl der neu gefundenen Arten war die größte im Nordatlantik seit dem Zeitalter der viktorianischen Sammler.

Die neuen Schwämme sind die Piraten des Meeresbodens und rauben allen Anemonen und Moostierchen, die zuerst da waren, die besten Felsen.

linke Seite: Eine der 28 neuen Schwammarten,
die vor Rathlin Island entdeckt wurden
(Foto: Ulster Museum)

Vergessene Welt

Schon seit mehr als einem Jahrhundert hat ein ornithologisches Rätsel die Wissenschaft beschäftigt. Es konnte endlich gelöst werden, als Naturschützer sich aufmachten, ein Gebiet der abgelegenen Foja-Berge Neuguineas zu erkunden. Der Berlepsche Strahlenparadiesvogel (*Parotia berlepschi*) war zwar schon im ausgehenden 19. Jahrhundert erstmals beschrieben worden, aber dennoch wusste die Wissenschaft nichts über seinen Lebensraum, da alle Bälge von eingeborenen Jägern geliefert worden waren.

Mehrfach hatte man sich vergeblich bemüht, diesen Vogel zu finden, bis eine von Conservation International und vom Indonesischen Wissenschaftsinstitut organisierte Expedition in den unberührten tropischen Regenwald der Foja-Berge vordrang. Schon am zweiten Tag landete das Team einen Volltreffer und musste dazu nicht einmal ihre Schlafstätte verlassen – zwei der Vögel spazierten direkt in das Lager, wo das prächtige Männchen für das Weibchen einen Balztanz aufführte. Dies war das erste Mal, dass westliche Wissenschaftler ein lebendes Männchen zu Gesicht bekamen, obendrein konnten sie es sogar beim Balzritual beobachten.

Einen ähnlichen Erfolg hatten sie mit dem Gelbscheitelgärtner, von dem bekannt war, dass er in dieser Region vorkommt; er war zuletzt bei einer Expedition im Jahr 1981 gesehen, aber noch nie während seiner Balz fotografiert worden. Dieses Mal konnte er in all seiner Pracht neben seinem Turm aus Zweigen und anderen Fundstücken aus dem Wald abgelichtet werden, den er errichtete, um Weibchen zu beeindrucken.

Neben 20 Frosch- und vier Schmetterlingsarten, die bislang unbekannt gewesen waren, entdeckte das Team die erste neue Vogelart auf Neuguinea seit 60 Jahren: einen Honigfresser der Gattung *Melipotes* mit einem charakteristischen orangefarbenen Fleck im Gesicht. Gleichermaßen aufregend für das internationale Forscherteam war eine riesige Rhododendronblüte – mit einem Durchmesser von 15 cm die wahrscheinlich größte der Welt –, sowie das Gold-

mantel-Baumkänguru, *Dendrolagus pulcherrimus*, das zuvor nur aus den Bergen des benachbarten Papua-Neuguinea bekannt war.

Für Bruce Beehler, einen der Expeditionsleiter, glich die Region einer vergessenen Welt, in der die meisten Tiere, unter anderem der seltene Langschnabeligel, so wenig an Menschen gewöhnt waren, dass die Forscher einfach hingehen und sie auflesen konnten. »Wie ein Garten Eden auf Erden«, so meinte er.

Die Tiere waren so wenig an Menschen gewöhnt, dass die Forscher einfach hingehen und sie auflesen konnten.

links: Gelbscheitelgärtner
unten: Paradiesvogel
(Fotos mit freundlicher Genehmigung von Bruce Beehler, Conservation International)

Unterschiedlicher Dialekt

Der Streit über die Einordnung des Schottland Kreuzschnabels schwelte schon mehr als 100 Jahre, bis die Forscher herausfanden, dass er einen schottischen Dialekt hat. Schließlich wurde der Vogel nach Analysen von Wissenschaftlern der Royal Society for the Protection of Birds (RSPB) in Großbritannien zu einer eigenen Art – *Loxia scotica* – erklärt, statt wie bisher als Unterart klassifiziert. Manche Ornithologen hatten ihn zwar bislang schon als eigene Art betrachtet, aber viele, einschließlich Vogelkundler, zogen dies so lange in Zweifel, bis der eigene Dialekt des Vogels festgestellt und als abweichend eingestuft wurde.

Der Vogel teilt seinen Lebensraum in den Wäldern Schottlands mit zwei anderen Kreuzschnabelarten – dem Fichtenkreuzschnabel, der mit seinem kleinen Schnabel die Samen aus Fichtenzapfen pickt, und dem Kiefernkreuzschnabel mit einem größeren Schnabel zum Erreichen der Samen in Kiefernzapfen. Die Schnabelgröße des Schottland-Kreuzschnabels liegt zwischen der der beiden anderen Arten und eignet sich zum Sammeln der Samen verschiedener Nadelbäume. Die Unterschiede in den Schnäbeln reichten jedoch nicht aus, um den Schottland-Kreuzschnabel als gesonderte Art abzutrennen, genauso wenig wie DNA-Proben, die eine hohe Ähnlichkeit zwischen den drei Vögeln aus der Familie der Finken aufwiesen.

Bei der Untersuchung der Rufe der Vögel wurde jedoch deutlich, dass es unverkennbare Unterschiede gab: Die drei Kreuzschnäbel reagierten jeweils nur auf ihre eigenen Paarungsrufe. Der Ruf des Schottland-Kreuzschnabel klingt wie »tschap, tschap«, während der Fichtenkreuzschnabel ein »tschip, tschip« ausstößt und der Kiefernkreuzschnabel ein tieferes »kop, kop«. Laut Dr. Ron Summers, der die Studie für die RSPB leitete, bedeutet dies letztendlich, dass Großbritannien eine neue Vogelart beheimatet, die es nirgendwo sonst auf der Welt gibt.

Es gab unverkennbare Unterschiede in den Rufen der Vögel: Die drei Kreuzschnäbel reagierten jeweils nur auf ihre eigenen Paarungsrufe.

linke Seite: Männchen des Schottland-Kreuzschnabels *(Loxia scotica)* auf einer Waldkiefer, Speyside, Schottland (Foto: Danny Green/RSPB Images)

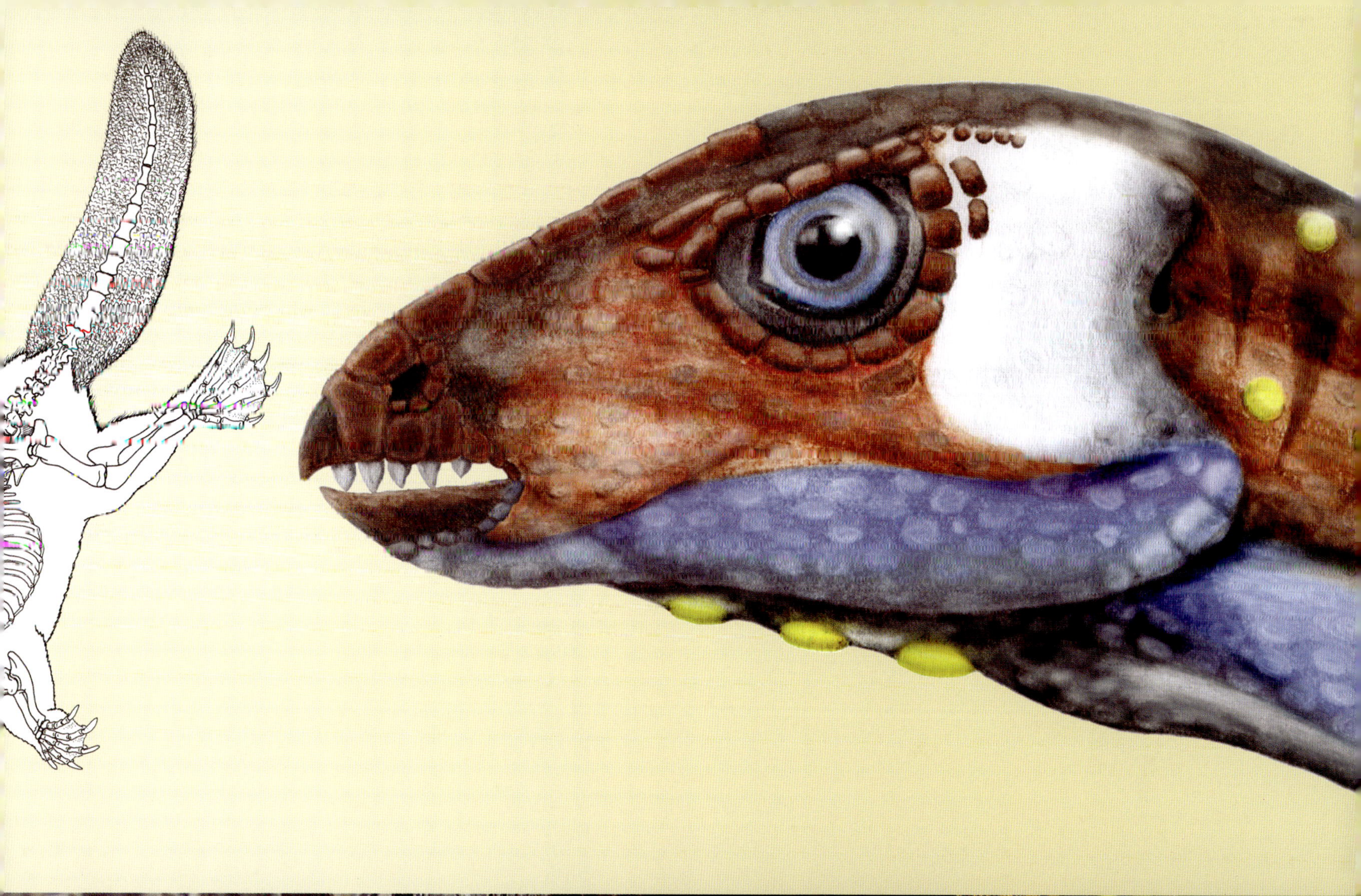

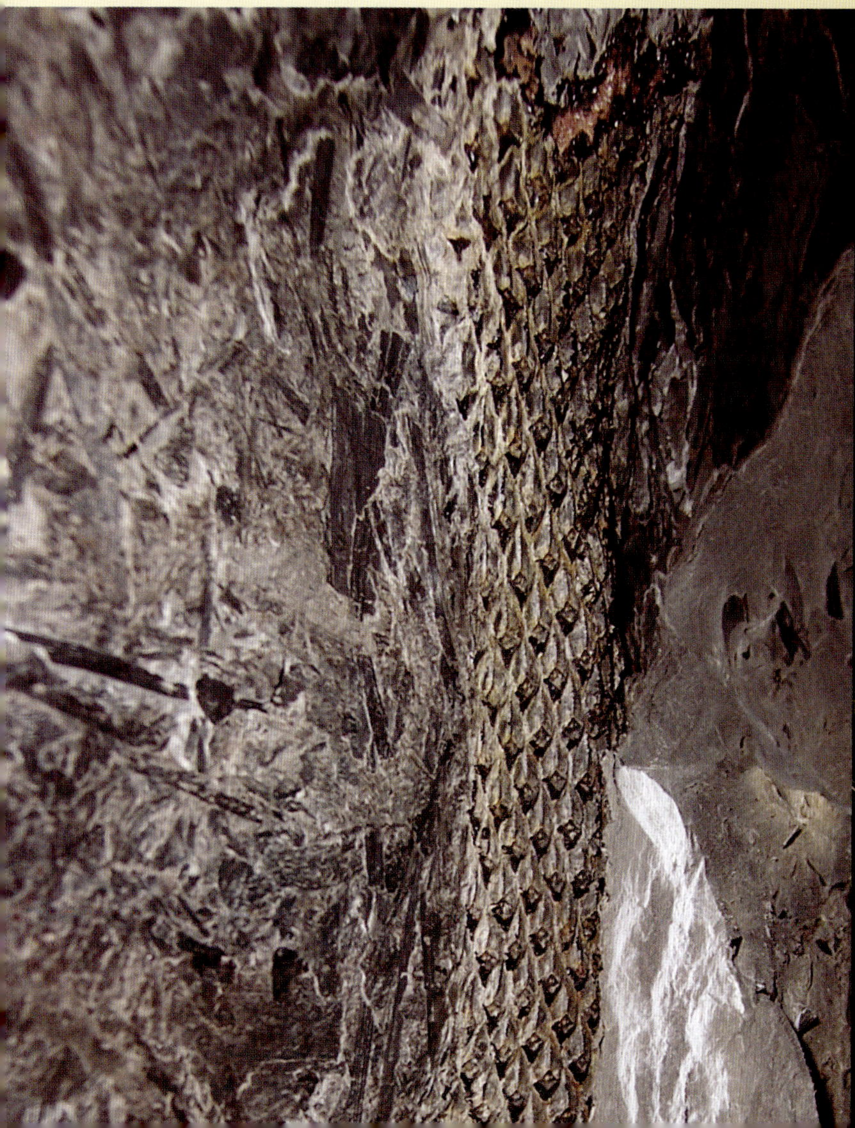

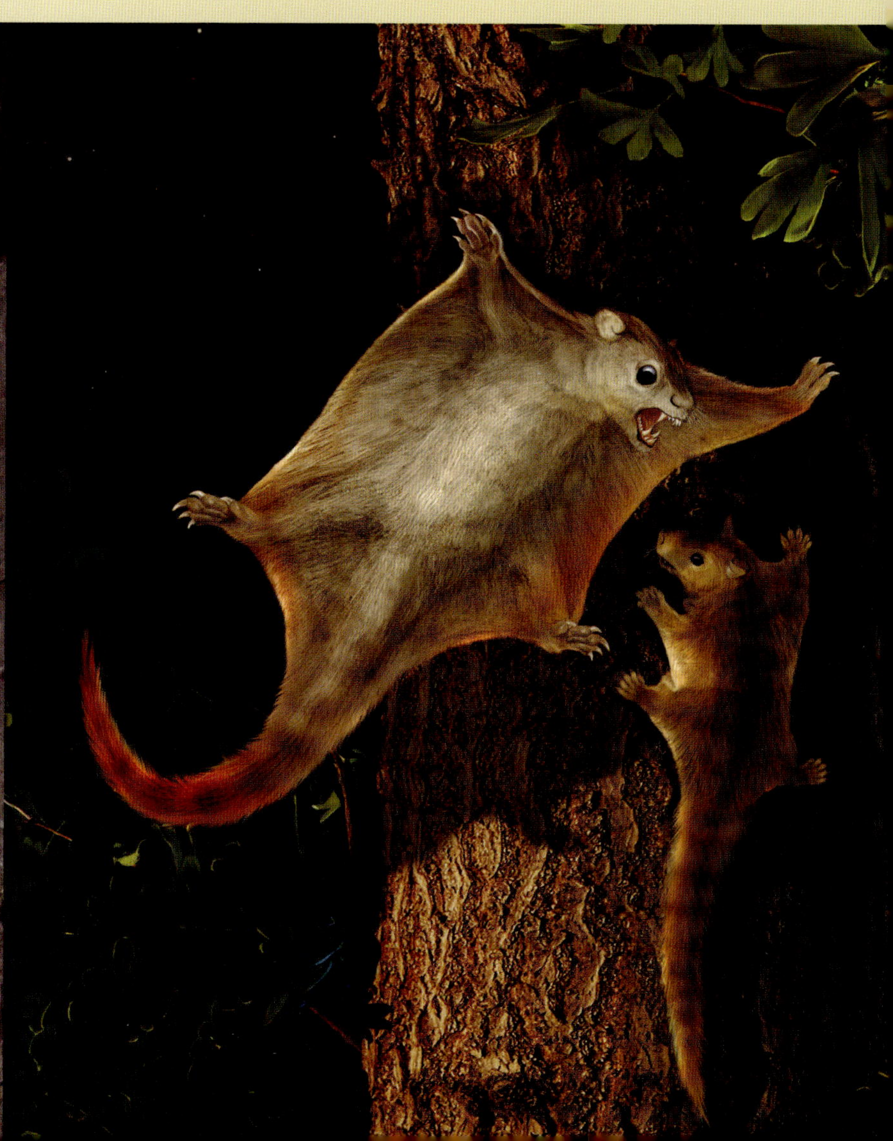

vorige Doppelseite, im Uhrzeigersinn von oben links: Ein Modell von *Baryonyx* (Foto: © Natural History Museum, London), Zeichnung von *Microraptor gui* (© Andrey Atuchin/NHM), Skelettrekonstruktion von *Gansus yumenensis* (mit freundlicher Genehmigung von Mark A. Klingler/CMNH), *Castorocauda lutrasimilis*-Skelettrekonstruktion (mit freundlicher Genehmigung von Quiang Ji; © Mark A. Klingler/CMNH), Zeichnung eines *Oryctodromeus cubicularis*-Kopfes (mit freundlicher Genehmigung von Lee Hall, Montana State University), Zeichnung von *Volaticotherium antiquus* (mit freundlicher Genehmigung von Zhao Chuang und Xing Lida), Ein versteinerter Zweig aus der Krone eines Bärlapps (Foto mit freundlicher Genehmigung von Howard Falcon-Lang, Universität Bristol), Fossilteil eines *Wattieza*-Baumes (Foto mit freundlicher Genehmigung von William Stein, Universität Binghamton), Drei Beispiele für Stromatolithen aus der Shark Bay, Australien (Fotos mit freundlicher Genehmigung von Abby Allwood)

Vergangenes Leben

Fossilien öffnen ein Fenster zur Vergangenheit. Durch sie können wir uns vergegenwärtigen, wie das Leben aussah, lange bevor Menschen begannen, die Welt rundum aufzuzeichnen. Diese Sicht ist jedoch zwangsläufig unvollständig, und Paläontologen mussten ihre Schlussfolgerungen nach neuen Funden häufig revidieren.

Im Jahr 1854 eröffnete eine Reihe von Dinosauriermodellen, die im Londoner Kristallpalast ausgestellt wurden, dem viktorianischen Publikum einen ersten Eindruck vom Aussehen dieser furchterregenden Geschöpfe. Die Ausstellung wurde mit Begeisterung aufgenommen, und bis heute sind Besucher von den »Schreckensechsen« fasziniert.

Die Modellungeheuer in Südlondon waren ein kühner und innovativer Versuch einer ersten lebensgroßen Darstellung von Dinosauriern, doch bald stellte sich heraus, dass sie alles andere als lebensgetreu waren.

Als immer mehr Fossilien entdeckt wurden und das Verständnis für ihren Körperbau wuchs, wurde es möglich, sich ein getreueres Bild davon zu machen, wie diese Tiere wohl zu Lebzeiten ausgesehen hatten. Ebenso haben neue Entdeckungen in den Vereinigten Staaten, in Schoharie County, New York, Paläontologen eine gute Vorstellung davon vermittelt, wie die ersten Wälder aussahen.

Die Fossilien datierten 385 Millionen Jahre zurück, also in eine Zeit 140 Millionen Jahre vor Auftauchen der Dinosaurier, als selbst die Amphibien den Sprung an Land noch nicht geschafft hatten.

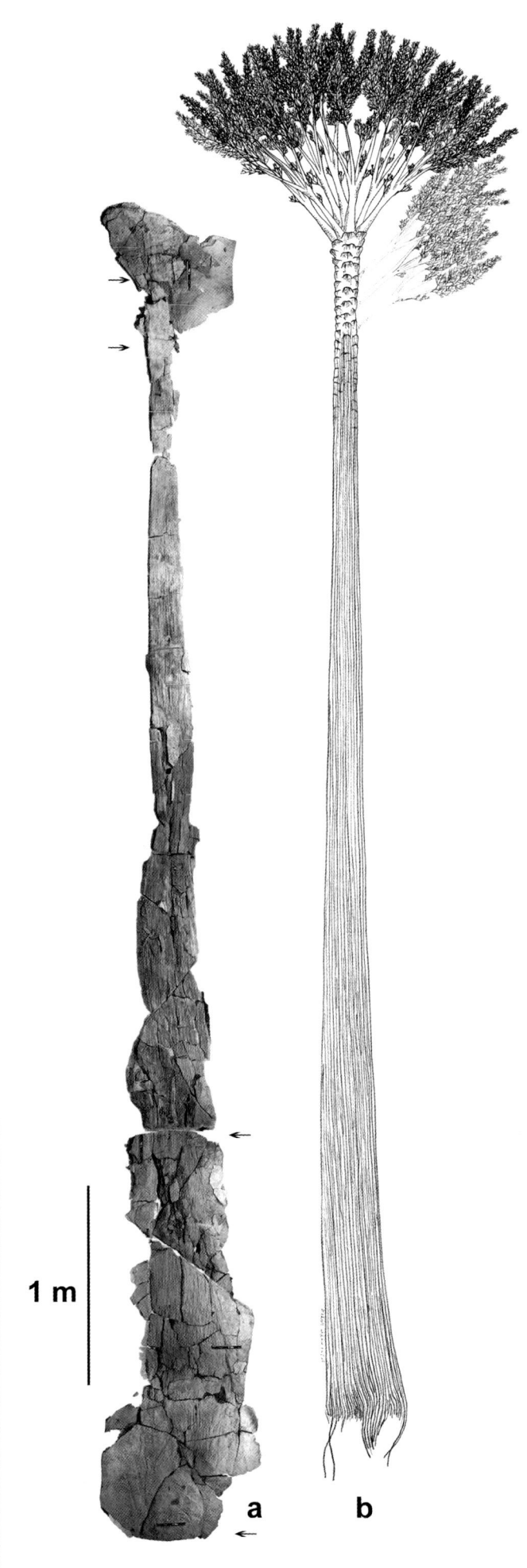

rechts: *Wattieza*-Fossil und Rekonstruktion
rechte Seite: Fossile *Wattieza*-Krone (a),
Rekonstruktion (b), fossiler Zweig (c)
(Bilder mit freundlicher Genehmigung von
William Stein, Universität Binghamton)

1 m

a   b

Baumgiganten

Eine Sprengung in einem Steinbruch in Gilbao, New York (USA), legte im Juli 1870 die versteinerten Stümpfe von Bäumen frei. In den 1920er Jahren, als das Schoharie-Staubecken angelegt wurde, entdeckte man mehr als drei Dutzend weitere Stümpfe, und eine darauffolgende Analyse zeigte, dass sie den ältesten bekannten Wald auf Erden gebildet hatten. Da aber nur die Baumstümpfe erhalten geblieben waren, deren Durchmesser bis zu 1 m betrug, ließ sich ohne neue Funde nicht sagen, wie die Blätter und Zweige ausgesehen hatten.

Das 137 Jahre alte Rätsel wurde 2007 mit der Bekanntmachung gelöst, man habe eben solche Fossilien in Schoharie County gefunden, nämlich eine versteinerte Baumkrone und einen Stamm, an dem noch Blattmaterial hing. Wie Analysen zeigten, handelte es sich um die fossilen Überreste von *Wattieza*-Bäumen aus dem mittleren Devon, und sie waren vom selben Typ wie die Gilboa-Stümpfe, die etwa 16 km entfernt gefunden worden waren. Sie datierten 385 Millionen Jahre zurück, also in eine Zeit 140 Millionen Jahre vor Auftauchen der Dinosaurier, als selbst die Amphibien den Sprung an Land noch nicht geschafft hatten.

Markierungen an den Stämmen zeigten, dass die Zweige abfielen, während der Baum heranwuchs, sodass nur die Krone einen Blätterschopf aufwies. Im Lauf seines Lebens warf jeder Baum rund 200 Äste ab, die anschließend den Waldboden bedeckten. Die *Wattieza*-Bäume im Gilboa-Wald waren die größten Lebensformen ihrer Zeit und überragten andere Pflanzen weit. Mit ihren hohen Stämmen und ihrer Blätterkrone sahen sie ähnlich wie moderne Baumfarne aus.

Das versteinerte Exemplar war rund 8 m hoch, doch die Dicke an der Stammbasis lässt vermuten, dass es im Vergleich zu einer Reihe anderer Stümpfe in Gilboa ein Knirps war. Einige dieser Bäume müssen mindestens 12 m hoch geworden sein, möglicherweise noch höher. Die Blätter der *Wattieza*-Gattung sahen eher wie Zweige denn wie die flachen, grünen Blätter unserer heutigen Eichen und Buchen aus, daher war das Walddach wohl viel weniger dicht und ließ mehr Sonnenlicht auf den Boden fallen.

Der Einfluss der *Wattieza*-Bäume auf die Umwelt war enorm. Sie bedeckten nicht nur riesige Landflächen, vor allem an der Küste und im Tiefland, sondern sie veränderten auch die chemische Zusammensetzung der Atmosphäre. Mitte des Devons war der Kohlendioxidgehalt der Luft viel höher als heute. Als die Bäume heranwuchsen und neue Territorien eroberten, absorbierten sie Kohlendioxid und legten es fest, was die Temperatur senkte und den Anteil der verschiedenen Gase in der Atmosphäre so veränderte, dass das Gasgemisch annähernd heutigen Verhältnissen entsprach. *Wattieza*-Bäume entzogen der Atmosphäre so erfolgreich Kohlendioxid, dass sich breitblättrige Pflanzen entwickeln konnten, die dann 20 Millionen Jahre später das Land von ihnen übernahmen.

Die Kronen- und Stammfossilien wurden bei Grabungen gefunden, die 2004 und 2005 von Forschern der Universität Binghamton, New York, und vom New York State Museum durchgeführt wurden, und von einem *Wattieza*-Experten, Dr. Christopher Berry von der Universität Cardiff in Großbritannien, identifiziert.

Nach Dr. Berrys Ansicht ermöglicht die Entdeckung dieser Fossilien, die Zeiten im Sediment eines Flussdeltas überdauert haben, Wissenschaftlern ein viel besseres Verständnis der ersten Wald-Ökosysteme. Durch weitere Grabungen hoffen die Wissenschaftler, mehr über die Geschöpfe zu lernen, die den Wald bewohnten. Wir wissen, dass ein großer Tausendfüßer über die verrottende Streu des Waldbodens kroch, und vermutlich haben dort auch die Vorfahren der ersten Spinnen gelebt.

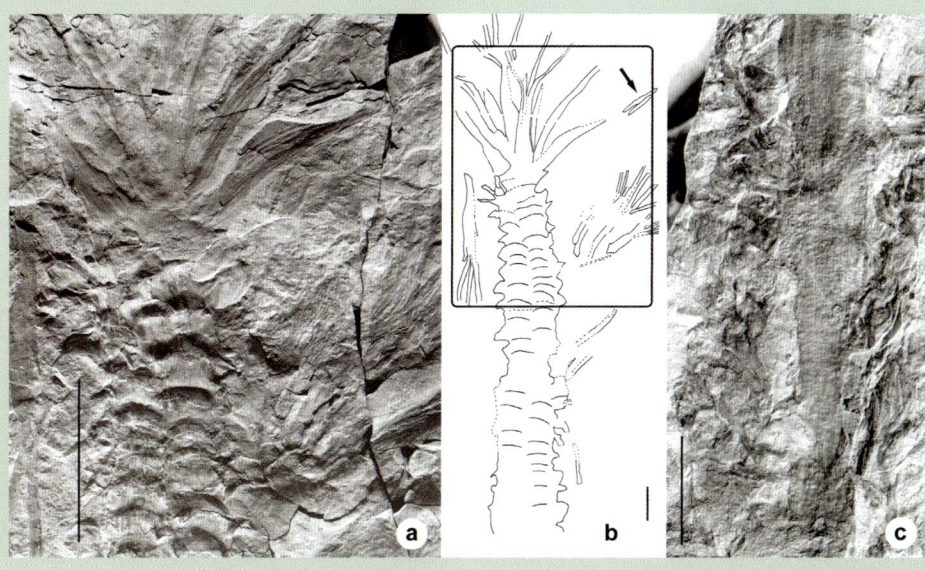

Der ertrunkene Wald

Die Bärlappgewächse, die man heute auf der Erde findet, werden höchstens 5 cm hoch, aber vor 300 Millionen Jahren hatten sie die Landschaft als 40 m hohe Riesen dominiert. Fossile Überreste dieser riesigen Gewächse sind in einem Netzwerk von Stollen tief unter der Erdoberfläche gefunden worden, das Bergleute in Illinois (USA) in die Kohlenflöze geschlagen haben. Diese Überreste gehörten zu 50 verschiedenen Arten urtümlicher Pflanzen, die vor 300 Millionen Jahren einen Wald bildeten und versteinerten, als sich die Reptilien gerade entwickelt hatten; die dominierenden Tiere damals waren Gliederfüßer, wie 1,8 m lange Asseln, und riesige Insekten, wie Libellen mit einer Flügelspannweite von 60 cm.

Die Überreste in den Kohleminen sind so umfangreich, dass sie den größten bisher entdeckten versteinerten Wald bilden, der einst eine Fläche vom 10 000 ha bedeckte – etwa so groß wie die Stadt Kassel. Die Konservierung wurde durch ein Erdbeben möglich, das dazu führte, dass ein riesiges Küstensegment plötzlich 4,5–9 m absackte. Ein großer Teil des Waldes wurde sofort von Wasser und, noch wichtiger, einer dicken Schlammschicht begraben, und viele weitere Pflanzen sanken im Lauf der folgenden Monate unter die Oberfläche. Die vielen tausend Bäume und Pflanzen, die fast gleichzeitig im Schlamm versanken und zu Fossilien wurden, liefern uns einen bemerkenswerten Schnappschuss des Waldlebens im Karbon, vor 300 Millionen Jahren.

Paläontologen können den ertrunkenen Wald unter der Erde betrachten. Im Verlauf von Millionen Jahren bildete sich aus den Überresten der Torfwälder, die Bäume und Sträucher ernährten, Kohle. Bergleute haben diese Kohle gefördert, und die Fossilien blieben in der Decke der Stollen sichtbar, die sie 61 m unter der Erde anlegten. Die Konservierung ist derart vollkommen, dass man ganze umgestürzte Bäume samt Ästen und Blättern erkennen kann.

Das Spektrum der Pflanzenarten im Wald hat das moderne Verständnis der Waldlandschaft im Karbon stark verändert. Die Forscher staunten über die Zahl der Bäume und Pflanzen im ertrunkenen Wald. Auch wenn er weniger als ein Zehntel der 600 Arten aufwies, die man pro Hektar in einem modernen tropischen Regenwald findet, war die Vielfalt doch deutlich größer als zuvor vermutet.

Neben den riesigen Bärlappgewächsen, die alles rundum in den Schatten stellten, gab es Schachtelhalme und Baumfarne, die bis zu 18 m hoch wurden, dazu Farnsamer, samentragende Pflanzen, die heute ausgestorben sind, aber das evolutionäre Bindeglied zu den heutigen Nadelhölzern und Farnen darstellen. So viele fossile Pflanzen sind über einen so großen Bereich verstreut gefunden worden, dass Forscher hoffen, analysieren zu können, wie sich das Verbreitungsgebiet der Arten mit der Landschaft und der lokalen Umgebung verändert hat.

Den Wald zu sehen, war für Dr. Howard Falcon-Lang von der Universität Bristol nach eigenen Worten eine »erstaunliche Erfahrung«, die nur einer Handvoll Menschen zuteil wird. Während er und andere Wissenschaftler viele hundert Kilometer unterirdischer fossiliengefüllter Stollen kartierten, mussten vor jedem Versuch, die Fossilien zu fotografieren, aus Sicherheitsgründen Gasmessungen durchgeführt werden, um sicherzustellen, dass der Blitz der Kamera nicht eine Explosion auslöste. Auch ohne Explosionen werden die Stollen in der stillgelegten Mine nicht lange überdauern. Die Deckenabstützungen werden wahrscheinlich innerhalb eines Jahrzehnts nachgeben, und viele Millionen Tonnen Gestein werden in die Gänge stürzen und sie verschließen.

Es handelt sich um den größten bisher entdeckten versteinerten Wald, der einst eine Fläche vom 10 000 ha bedeckte – etwa so groß wie die Stadt Kassel.

linke Seite, von oben links im Uhrzeigersinn: Drei Fossilfunde aus einem 300 Millionen Jahre alten Wald – ein sporenproduzierender Zapfen eines Kalamiten, eines ausgestorbenen Schachtelhalms, ein kleiner Ast aus der Krone eines Bärlapps und belaubte Zweige eines Kalamiten (Fotos mit freundlicher Genehmigung von Howard Falcon-Lang, Universität Bristol)

Erstes Leben

Hinweise auf erste Lebensformen auf der Erde kommen aus Westaustralien; dort glauben Forscher, die ältesten existierenden Fossilien gefunden zu haben. Diese Stromatolithen sind ganz unterschiedlich geformt – manche sehen wie Eishörnchen, andere wie Eierkartons aus – und datieren 3,43 Milliarden Jahre zurück, in eine Zeit rund 1,1 Milliarden Jahre nach Bildung des Planeten.

Eine Studie der Macquarie-Universität in Sydney, die neue Belege dafür erbrachte, dass diese Strukturen, die sich über eine Strecke von 10 km ziehen, nicht etwa chemischen, sondern biologischen Ursprungs sind, fand sieben Stromatolithenklassen. Der Ursprung dieser urtümlichen Formen wird seit drei Jahrzehnten heftig diskutiert: Die eine Partei ist überzeugt, sie seien durch chemische Prozesse an hydrothermalen Schloten entstanden, die andere akzeptiert sie als Hinweise auf mikrobielles Leben.

Die Mikroben-Theorie erhielt Unterstützung durch neue Forschungsergebnisse. Diese führten zu dem Schluss, dass die Komplexität der Strukturen in der Strelley-Pool-Chert-Gesteinsformation in der Region Pilbara das Ergebnis einer Interaktion von Mikroorganismen und Sediment in einer marinen Umwelt war. Das Forschungsteam fühlte sich an Riffstrukturen erinnert und zeigte sich überzeugt, dass die Stromatolithen nicht nur ein Beweis für mikrobielles Leben waren, sondern auch eine Vielfalt aufwiesen, wie sie für ein Ökosystem kennzeichnend ist. Abigail Allwood von der Macquarie-Universität wies darauf hin, dass sich die Stro-

matolithenstruktur veränderte, je nachdem, wie nah an der Meeresoberfläche die Stromatolithen lagen, was zeigt, dass jeder der sieben Typen seine eigene ökologische Nische besaß. Der Studie zufolge wies das mikrobielle Riffsystem unter denjenigen Stromatolithen, denen mehr Sonnenlicht zur Verfügung stand, eine größere Vielfalt und Komplexität auf.

Stromatolithen datieren 3,43 Milliarden Jahre zurück, in eine Zeit rund 1,1 Milliarden Jahre nach Bildung des Planeten.

rechts, von oben: Drei Beispiele für Stromatolithen in der Shark Bay, Australien – pilzförmig, unregelmäßig geformte und große, kuppelförmige Stromatolithen (Fotos mit freundlicher Genehmigung von A. Allwood)

Die erste Mutter

Das früheste Beispiel für mütterliche Fürsorge (Brutpflege) wurde im englischen Hertfordshire aus Vulkangestein geborgen. Im Inneren eines versteinerten Krebses, der 425 Millionen Jahre zurückdatiert, wurden 20 Eier mit einem Durchmesser von je 0,5 mm sowie zwei Jungtiere gefunden. Die Präsenz juveniler Muschelkrebse (Ostracoden) in einem Weibchen spricht dafür, dass die Mutter nicht nur einfach Eier legte und ihren Nachwuchs dann sich selbst überließ, sondern sich auch nach der Geburt noch um ihn kümmerte.

So gut erhalten war das kleine trächtige Muschelkrebsweibchen, dass die Forscher nicht nur Eier und Junge, sondern auch Beine und Augen identifizieren konnten. Das englisch-amerikanische Forscherteam unter Leitung von Professor David J. Siveter von der Universität Leicester war erstaunt über den Detailreichtum, den das Fossil erkennen ließ.

Eier und Weichteile sind bei den Fossilien großer Tiere nur selten erhalten, noch ungewöhnlicher ist es, sie bei einem Wirbellosen zu finden. Die urtümliche Mutter erhielt den Namen *Nymphatelina gravida* oder »schwangere junge Frau aus dem Meer«, und die Forscher erklärten, das Fossil biete einen einzigartigen Einblick in die Entwicklung der Brutfürsorge im Silur. Inzwischen sind sogar noch ältere Embryonen entdeckt worden, und ein neues bildgebendes Verfahren erlaubt den Forschern, erstmals 500 Millionen Jahre alte Exemplare in drei Dimensionen zu untersuchen. Die Embryonen einer urtümlichen wurmähnlichen Art gehören zu den frühesten tierischen Vielzellern auf der Erde, und einem Wissenschaftlerteam unter Leitung der Universität Bristol in England gelang es per Synchrotron-Röntgen-Tomographie, 3-D-Aufnahmen dieser Organismen herzustellen. Man kann die Entwicklung der Embryonen von der ersten Zellteilung an verfolgen,

oben: *Nymphatelina gravida*
(Bild mit freundlicher Genehmigung von David J. Siveter, Derek J. Siveter, M. D. Sutton und D. E. G. Briggs)

und die Technik erlaubt, winzige Unterschiede zwischen eng verwandten Arten zu beobachten und zu analysieren.

Ein Krebs mit Hörnern

Am selben Ort wie *Nymphatelina* wurde ein Vorfahr des Hummers entdeckt, der mehr als 100 Beine besaß und auf dem Kopf sechs Hörner trug. Das bizarre neue Geschöpf, *Tanazios dokeron*, ist offenbar ein Bindeglied zwischen Krebstieren (Crustaceen) und Insekten. Professor Siveter, ein Mitglied des Teams, das den Fund analysierte, beschrieb ihn als »einen echt verrückten Typ«. Vermutlich handelte es sich bei *Tanazios*, der kaum 2,5 cm maß, um einen Aasfresser, der vor 425 Millionen Jahren auf dem Boden tropischer Meere lebte. Obgleich der Krebs blind war, gehen die Forscher davon aus, dass er ein aktiver Schwimmer war.

Das Tier war ein Vorläufer von Crustaceen wie Krabben und Garnelen und wies zwei Körperanhänge, sogenannte Epipoditen, auf, die sich bei Insekten schließlich in Flügel umwandelten. Dieser Befund stützt genetische Analysen, die für eine enge Verwandtschaft zwischen Insekten und Crustaceen sprechen.

Den Forschern gelang es nicht, das Fossil aus dem Kalkgestein zu befreien, von dem es umgeben war, deshalb benutzten sie modernste Technik, um den Bau des Tieres zu rekonstruieren. Die Gesteinsoberfläche wurde in 20 μm 1,5 mm) dicken Scheiben abgetragen, und von jedem Schnitt wurden Digitalaufnahmen gemacht. Das bedeutete zwar eine Zerstörung des Fossils, doch durch Zusammenführung sämtlicher Aufnahmen konnte das Forscherteam das geheimnisvolle Geschöpf in all seiner Detailfülle in drei Dimensionen untersuchen.

Pelzige Gleiter

Ein Gleithörnchen, das in der Mongolei ausgegraben wurde, hat den Zeitpunkt der ersten flugfähigen Säuger um mehr als 70 Millionen Jahre zurückverlegt. Bis zur Entdeckung von *Volaticotherium antiquus* (»urtümliches Gleittier«) war das älteste Säugetier, das sich in die Luft erhob, eine Fledermaus, die vor 51 Millionen Jahren lebte. *V. antiquus* bewegte sich jedoch bereits vor 125 Millionen Jahren per Gleitflug zwischen Bäumen, zu einer Zeit, als selbst die Vorfahren der Vögel noch damit beschäftigt waren, die Kunst des Fliegens zu meistern.

Ein solcher früher Beleg für Fliegen bei Säugern spricht nach Ansicht der Wissenschaftler, die das Fossil untersuchten, dafür, dass frühe Säuger vielfältiger waren als bisher angenommen. Die Überreste des Tieres, einer Mischung zwischen Fledermaus und Hörnchen, waren so gut erhalten, dass im Gestein, das das Fossil enthielt, Abdrücke von Haut und Fell gefunden wurden. Ähnlich wie Fledermäuse hatte *V. antiquus* scharfe Zähne, mit denen es Insekten fangen und zerbeißen konnte, wenngleich sein Flugvermögen wahrscheinlich nicht hoch genug entwickelt war, um sie in der Luft zu fangen. Seine Extremitäten waren an das Erklettern von Bäumen angepasst, von denen aus es sich in die Luft warf. Zwischen Vorder- und Hinterextremitäten spannte sich eine Hautfalte, und dank seines geringen Körpergewichts von nur 70 g konnte *V. antiquus* von einem Baum zum nächsten gleiten, wobei es seinen langen steifen Schwanz zur Kontrolle der Flugrichtung einsetzte.

Wie Analysen des Fossils zeigten, stammt das Geschöpf aus einer zuvor unbekannten Säugerordnung, was bedeutet, dass es den Gleitflug unabhängig von den Vorfahren moderner Flughörnchen, Fledermäuse und anderer fliegenden Säuger entwickelt hat. Dem Forscherteam vom Amerikanischen Naturkundemuseum in New York (USA) und der Chinesischen Akademie der Wissenschaften in Peking zufolge lebte dieser zum Gleitflug fähige Säuger zur selben Zeit in den kreidezeitlichen Wäldern, als die Proto-Vögel gerade zu fliegen begannen.

Der Säuger bewegte sich bereits vor 125 Millionen Jahren im Gleitflug zwischen Bäumen, zu einer Zeit, als selbst die Vorfahren der Vögel noch damit beschäftigt waren, die Kunst des Fliegens zu meistern.

Ein prähistorischer »Jaws«

Wie sich herausgestellt hat, verfügte ein urtümliches Seeungeheuer über den kraftvollsten Biss, der bisher in der Geschichte der Evolution entdeckt worden ist. Seine Zähne konnten mit solcher Kraft zuschnappen, dass es aus allem in seiner Reichweite große Brocken Fleisch hätte herausreißen können.

Beim Zubeißen entwickelte der Fisch solche Kräfte, dass ein Biss von »Jaws«, dem großen Weißhai, der eine ganze Generation Kinogänger in Angst und Schrecken versetzt hat, im Vergleich wie ein Knabbern wirken würde. *Dunkleosteus terrelli* konnte mit seinen Vorderzähnen einen Druck von 5,6 t/cm² entwickeln.

Aber Kraft war nicht sein einziger Vorteil. Der Fisch konnte sein Maul so rasch – innerhalb einer Fünftelsekunde – öffnen, dass die Beute einfach eingesaugt wurde. Selbst der König aller räuberischen Dinosaurier, *Tyrannosaurus rex*, hätte da nicht mithalten können. Berechnungen zufolge brachte er es beim Zubeißen auf einen Druck von 1,36 t/cm² etwa ein Viertel dessen, was das Seeungeheuer schaffte.

Von den heute lebenden Tieren hat der Mississippi-Alligator den kraftvollsten Biss; er entwickelt eine Kraft von 963 kg. Menschen bringen es auf 77 kg, doch eine 63 kg schwere Frau mit Pfennigabsätzen übt auf den Boden eine Kraft von 127 kg aus.

Das gepanzerte Seeungeheuer lebte vor rund 440 Millionen Jahren im Devon und wurde 10 m lang, wobei es ein Gewicht von 4 t erreichte. Es gehörte zur Klasse der Panzerfische (Placodermi) und ernährte sich möglicherweise von frühen Haien, die sich erstmals im Devon entwickelten. Mit einem einzigen kraftvollen Biss hätte er jeden Hai in zwei Hälften zerteilen können. Dennoch war eine derart außergewöhnliche Kraft keine Überlebensgarantie, und der Konkurrenzdruck durch die kleineren, aber beweglicheren und schnelleren Haie gilt als mögliche Ursache für das Aussterben von *D. terrelli*.

Um herauszufinden, wo die Muskeln ansetzten und wie dick sie waren, und die Kraft zu berechnen, mit der dieser Panzerfisch zubeißen konnte, haben Forscher vom Field Museum in Chicago (USA) fossile Schädel benutzt. Im Kiefer des Fisches entdeckten sie vier Scharniergelenke, die für die Geschwindigkeit verantwortlich waren, mit der er sein Maul öffnen und schließen konnte.

Ein Biss von »Jaws« wäre im Vergleich nicht mehr als ein Knabbern.

unten: *Dunkleosteus terrelli*, Kopf und Rückenplatte (Foto: © Natural History Museum, London)

Euro-Monster

Eines der größten Tiere, das jemals auf Erden wandelte, wurde 2006 von einem Paläontologenteam in Spanien entdeckt. *Turiasaurus riodevensis*, wie sie ihren Fund nannten, maß von der Schnauzen- bis zur Schwanzspitze 30–37 m und wog 40–48 t. An Größe kommen ihm nur an-dere langhalsige Sauropoden gleich, wie *Argentinosaurus*, ein 36 m langer Dinosaurier aus Südamerika, der es auf 100 t brachte, und der afrikanische *Paralititan stromeri*, der 30 m maß und 75 t wog.

Während *Argentinosaurus* seine Stellung als größtes Landtier der Welt behauptete, kann *T. riodevensis* nach seiner Ausgrabung die Position des größten Landtieres beanspruchen, das jemals in Europa gelebt hat. Dieser Dinosaurier lebte vor rund 150 Millionen Jahren und war ein Pflanzenfresser. Sein Oberschenkelknochen war so lang wie ein Mensch, und sein Gewicht entsprach mindestens dem sechs heutiger Elefanten.

T. riodevensis wurde in der Nähe der Stadt Riodeva in der Region Teruel entdeckt, wo die Felsformationen zu den ergiebigsten in Europa gehören, die Fossiljäger kennen. Dr. Luis Alcalá vom Dinopolis-Museum in Teruel leitete die Grabung, die 2003 begann, und erklärte, es seien so viele fossile Knochen des Tieres gefunden worden, dass man es als Teil einer neuen Gruppe identifizieren konnte, nicht nur als eine neue Dinosaurierart. Wie Analysen zeigten, ähnelten seine Zähnen denen vieler anderer Fossilien, die in anderen Teilen Europas, darunter Frankreich, Portugal und Großbritannien, ausgegraben worden waren, was dafür spricht, dass diese Tiere über einen großen Teil des Kontinents streiften.

Ebenso spricht eine Analyse der Zähne von *Baryonyx*, einem fischfressenden Dinosaurier, der erstmals in Surrey, England, ausgegraben wurde, für einen größeren Lebensraum als zunächst vermutet. Seine Entdeckung 1983 hat eine Neuberwertung vieler urtümlicher Krokodilzähne erzwungen, die in den letzten 150 Jahren ausgegraben wurden. Viele den Krokodilen zugeschriebene Zähne erwiesen sich identisch mit den Zähnen von *Baryonyx*, und rund einer von zehn dieser Zähne im Naturkundemuseum in London ist inzwischen dem Fischfresser zugeordnet worden.

Baryonyx, der vor rund 125 Millionen Jahren lebte, hat zu mehr Umwälzungen geführt als nur zu einer Neuzuordnung fossiler Zähne. Ein Exemplar, das in Thailand gefunden wurde, hat Wissenschaftler dazu gezwungen, zu überdenken, wann die Landmassen von Asien und Europa zusammenkamen.

Möglicherweise war das Geschöpf, das an den Ufern von Flüssen, Seen und Meeren lebte, wo es in flachem Wasser

Baryonyx-Exemplare, die in Großbritannien und in Thailand ausgegraben wurden, haben Wissenschaftler gezwungen zu überdenken, wann die Landmassen von Asien und Europa zusammenkamen.

Fische jagte, auch der Vorfahr des größten Fleischfressers überhaupt. Ein in Afrika gefundener 2,1 m langer Schädel wurde als derjenige eines Spinosauriers identifiziert, eines direkten Nachfahren von *Baryonyx*, doch da nichts vom Körper gefunden wurde, ließ sich die Gesamtgröße des Tieres nicht schätzen. Mit einem derartig großen Schädel könnte das Tier jedoch größer als *Gigantosaurus* gewesen sein, der mit einem 1,8 m langen Schädel als der größte bisher gefundene Fleischfresser gilt.

linke Seite und unten: Ein animatronisches Modell von *Baryonyx* (Fotos: © Natural History Museum, London)

Ein animatronisches Modell von *Baryonyx*
(Fotos: © Natural History Museum, London)

Grabende Dinos

Der Fund eines erwachsenen Tieres und zweier Jungtiere, die 95 Millionen Jahre nach ihrem Tod in einer Höhle entdeckt wurden, lieferten den ersten soliden Beleg dafür, dass Dinosaurier graben konnten. Nach dem Tod der Tiere hatte Sand die gewundene, mehr als 2 m lange Höhle gefüllt und sich mit der Zeit in Sandstein verwandelt. Da sich der Sandstein durch drei separate Gesteinsschichten zog und die fossilen Knochen dreier Tiere enthielt, kamen die Forscher rasch zu dem Schluss, dass es sich um eine Dinosaurierhöhle handeln müsse.

Der Leiter der Studie, Dr. David Varricchio von der Montana State University in den USA, meinte, die Entdeckung zeige, dass kleine Dinosaurier ein breiteres Spektrum von Territorien nutzen konnten, weil sie sich in Höhlen vor den Elementen schützen konnten. Zu den Lebensräumen, in denen eine Höhle kleinen Dinosauriern ein Überleben ermöglicht hätte, gehören größere Höhenlagen, wo ein solcher Bau beim Wärmesparen hilft, und Wüstengebiete, wo er vor extremer Hitze schützen kann. Natürlich bietet eine Höhle in jedem Terrain vor Raubfeinden Schutz. Die Fossilhöhle wurde in einem alten Überschwemmungsgebiet in Montana entdeckt und besaß mit 40 cm Höhe und 30 cm Breite eine ideale Größe für den Dinosaurier – groß genug, um hineinzuschlüpfen, doch zu eng für massigere Geschöpfe.

Die in der Höhle entdeckten drei Dinosaurier gehörten zu einer zuvor unbekannten Art, die heute *Oryctodromeus cubicularis* (»grabender und rennender Höhlenbewohner«) genannt wird. Eine Analyse der Knochenstruktur bestätigte, dass die Dinosaurier Körpermerkmale mit modernen grabenden Tieren teilten, sodass sie wahrscheinlich nicht in einer Höhle starben, die von einem anderen Tier angelegt worden war. Diese Dinosaurier liefen vermutlich auf zwei Beinen, besaßen jedoch kräftige, zum Graben geeignete Schultern und Vordergliedmaßen und setzten vielleicht auch ihre Schnauze ein, um Erde aus dem Weg zu räumen.

Dass das erwachsene Tier zusammen mit zwei Jungtieren gefunden wurde, spricht zudem sehr dafür, dass sich zumindest einige Dinosaurier nach dem Schlüpfen um ihre Jungen kümmerten, wie es moderne Vögel tun. Das erwachsene Tier maß 2,1 m – wobei mehr als die Hälfte der Länge auf den Schwanz entfiel – und hat schätzungsweise 22–32 kg gewogen; damit war es etwa so groß wie ein moderner Kojote. Die Jungtiere waren etwa halb so groß.

Die tierischen Überreste in der Höhle liefern einen überzeugenden Beleg dafür, dass *O. cubicularis* graben konnte und könnten damit auch andere Befunde erklären. Als Dr. Varricchio einen verwandten Dinosaurier namens *Orodromeus* untersuchte, stieß er auf eine Reihe von Fällen, wo Knochen aus einem Überschwemmungsgebiet zusammengeblieben waren. Hätten sie an der Oberfläche gelegen, wäre zu erwarten gewesen, dass sie weit verstreut und vereinzelt aufgefunden worden wären; dass man sie zusammen fand, könnte ein Hinweis sein, dass sie in einer Höhle gelegen hatten.

Kleine Dinosaurier konnten möglicherweise ein breiteres Spektrum von Territorien nutzen, weil sie sich in Höhlen vor Raubfeinden und den Elementen schützen konnten.

oben: Kopf eines *Oryctodromeus cubicularis*
unten: Zeichnung eines erwachsenen *O. cubicularis*, die die gefundenen Knochen in ihrer vermuteten Position zeigt, sowie die Silhouette eines Jungtiers (grau) (Bilder mit freundlicher Genehmigung von Lee Hall, Montana State University)

Der frühe Vogel fängt den fettesten Fisch

Die Vorfahren der modernen Vögel setzten zum Überleben mehr aufs Schwimmen als aufs Fliegen.

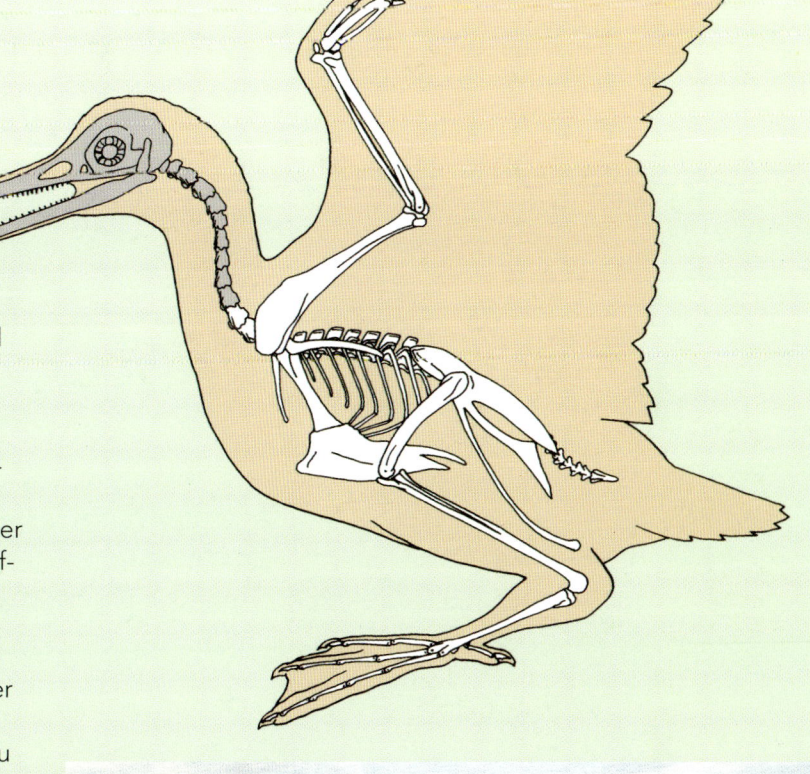

110 Millionen Jahre alte Fossilien sprechen dafür, dass die Vorfahren der modernen Vögel zum Überleben mehr aufs Schwimmen als aufs Fliegen setzten. Wie Analysen von fünf Fossilien zeigen, die in der chinesischen Region Gansu in der Nähe von Changma entdeckt wurden, schwammen frühe Vögel ähnlich wie Enten und tauchten wie Kormorane – und hätten eher einen Fisch als einen Wurm gefangen.

Gansus yumenensis war ein Wasservogel und gilt als ältester Vertreter der Ornithurae-Linie, zu der auch die modernen Vögel gehören. Diese Linie spaltete sich von der anderen frühen Vogellinie, den Enantiornithen, ab, deren Schultergelenk anders gebaut war. Diese »gegensätzlichen Vögel« starben vor 65 Millionen Jahren ohne Nachkommen aus. Abgesehen vom fehlenden Kopf der Fossilien ist der Erhaltungszustand so gut, dass man Federn und sogar Schwimmfüße erkennen kann.

Der Leiter der Ausgrabungen, Hai-lu You von der Chinesischen Akademie der geologischen Wissenschaften, geht davon aus, dass es sich um einen Wasservogel handelt, der ähnlich wie moderne Enten, Reiher und Eistaucher lebte. Die Schwimmfüße und der Bau der Beine sprechen dafür, dass dieser frühe Vogel häufig tauchte, ein guter Schwimmer war und von der Oberfläche der Seen, in denen er umherschwamm, abheben konnte. Professor Peter Dobson von der Universität Pennsylvania in den USA half im Rahmen eines chinesisch-amerikanischen Forschungsprojekts bei der Analyse der Fossilien und meinte, die Fossilien belegten, dass *Gansus* der älteste bekannte »fast-moderne« Vogel ist.

rechts oben: Skelettrekonstruktion von *G. yumenensis*; die grauen Knochen sind nach eng verwandten fossilen Vögeln ergänzt
rechts: *Gansus yumenensis*
(Zeichnungen mit freundlicher Genehmigung von Mark A. Klingler/CMNH)

Wespenartige Bienen

Ein Insekt, das vor 100 Millionen Jahren starb und eingeschlossen in Bernstein überdauerte, gilt als das fehlende Glied zwischen Wespen und Bienen. Seine Entdeckung stützt die Theorie, dass sich Bienen aus urtümlichen fleischfressenden Wespen zu den heutigen Pflanzenbestäubern entwickelt haben.

Das Insekt erscheint wie eine Kreuzung aus Bienen und Wespen, doch nach einer sorgfältigen Analyse seines Baues wurde es zur ältesten Biene der Welt erklärt. Es weist einige Körperteile auf, die typisch für Wespen sind, hat aber auch verzweigte Härchen, die vermutlich zum Pollensammeln dienten, und andere bienentypische Merkmale. Dieses Insekt geht der nächstältesten bekannten Biene um mindestens 35 Millionen Jahre voraus und wurde in einer Mine im Hukawng-Tal in Birma, eingeschlossen in Bernstein, entdeckt. Die männliche Biene der Art *Melittosphex burmensis* starb, als sie am Baumharz festklebte, und wurde so gut konserviert, dass sich selbst einzelne Härchen identifizieren lassen. Ein Flügel, Beine, Brustteil, Kopf und Hinterleib sind deutlich zu erkennen.

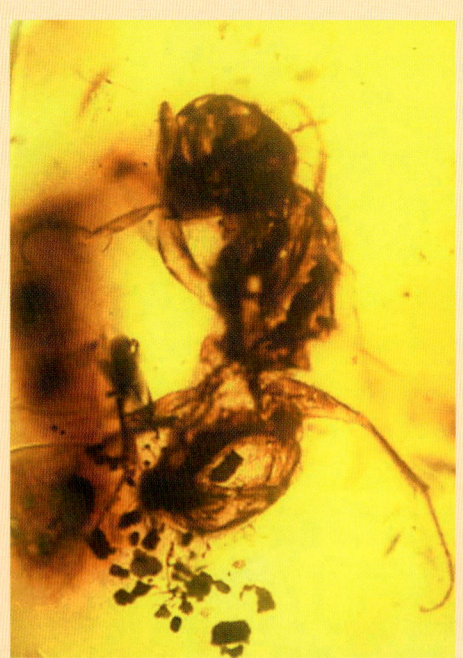

Pollentragende Blüten entwickelten sich erst vor rund 125 Millionen Jahren, und als Bienen umherzuschwirren begannen, wurde die Windbestäubung der Nadelhölzer als wichtigste Methode der pflanzlichen Fortpflanzung von der Bienenbestäubung abgelöst. Die Biene im Bernstein ist nur 3 mm lang, doch ihre geringe Größe passt zur Kleinheit der Blüten, die Pflanzen vor 100 Millionen Jahren hervorbrachten.

Professor George Poinar von der Oregon State University in den USA war Leiter des Teams, das das Bernsteininsekt analysierte, und kam zu dem Schluss, es ähnele stärker einer Biene als einer Wespe. Seiner Ansicht nach spielt das Bernsteininsekt eine entscheidende Rolle für das Verständnis der Bienenevolution. Die vorhandenen Wespen- und Bienenmerkmale des Exemplars stützen die Vorstellung, dass die beiden Insektengruppen einen gemeinsamen Vorfahr haben. Und die Forscher hoffen, dass das Bernsteininsekt hilft, den Zeitpunkt zu identifizieren, als sich beide Linien trennten, und Einblicke in die plötzliche Ausbreitung von Blütenpflanzen in der Kreide vermittelt.

Bienen haben sich aus urtümlichen fleischfressenden Wespen zu den heutigen Pflanzenbestäubern entwickelt.

rechts oben: *Melittosphex burmensis*, eingeschlossen in Bernstein (Foto mit freundlicher Genehmigung von George Poinar)

Die Bernstein-spinne

Eine Spinne, die irgendwann vor 115 bis 121 Millionen Jahren in Bernstein eingeschlossen wurde, datiert den Zeitpunkt, seit dem Spinnen Netze spinnen, wie wir sie heute häufig im Garten finden, um mehr als 20 Millionen Jahre zurück. Bis das Exemplar von Dr. David Penney von der Universität Manchester in Großbritannien identifiziert wurde, nahm man an, die ersten Spinnen wären vor 94 Millionen Jahren aufgetreten.

Wie die erste Biene ist die Spinne bemerkenswert gut erhalten, und ihre Augen, ihre Tarsalklaue sowie die Fortpflanzungsorgane ließen sich identifizieren. Dr. Penney, der den Bernstein in einer Kollektion des Museo de Ciencias Naturales de Álava in Vitoria, Spanien, entdeckte, meinte, der Fund zeige, dass sich bis zur Unteren Kreide alle wichtigen Webspinnenfamilien entwickelt hatten.

Und das bedeutet, so Penney, dass das Spinnennetz, das vor allem zum Fang von fliegenden Insekten dient, schon zu einer Zeit in Gebrauch war, bevor viele der pflanzenbestäubenden Insekten existierten. Die Bernsteinspinne gehört zu den Radnetzspinnen (Araneidae) und ist die erste, von der man weiß, dass sie in der Unteren Kreide lebte.

Das Spinnennetz, das vor allem zum Fang von fliegenden Insekten dient, war schon zu einer Zeit in Gebrauch, bevor viele der pflanzenbestäubenden Insekten existierten.

unten: Die Spinne, die nur 2 mm misst, ist im Bernstein konserviert worden (Foto: David Penney)

Der Doppeldecker-Vogel

Rund 125 Millionen Jahre, bevor die Gebrüder Wright 1903 mit dem ersten Doppeldecker vom Boden abhoben, hatten vierflüglige Vögel dieses Bauprinzip bereits entdeckt. Fossilien vom *Microraptor gui* wurden erstmals 2000 gefunden, wobei den Forschern ungewöhnlich angeordnete Federn an den Beinen auffielen. Zunächst nahmen sie an, die Beinbefiederung bilde hinter den Hauptflügeln, den Armflügeln, eine Art zweites Flügelpaar, ähnlich der vierflügligen Anordnung bei Libellen, doch 2007 erbrachte eine neue Analyse von Wissenschaftlern der Texas-Tech-Universität in den USA, dass der Vogel tatsächlich wie ein Doppeldecker konstruiert war.

Das Team untersuchte die Aerodynamik des Proto-Vogels und fand, dass es zu viele Turbulenzen gegeben hätte, wenn die Flügel nach Libellenart angeordnet gewesen wären. Vielmehr kamen die Forscher zu dem Schluss, dass der Vogel viel besser zwischen Bäumen hätten umhergleiten können, wenn er seine beiden Flügelpaare wie ein Doppeldecker angeordnet und das Beinflügelpaar unterhalb des Hauptflügelpaars gehalten hätte. *Microraptor gui*, der rund 1 kg wog und eine Flügelspannweite von rund 1 m aufwies, konnte vermutlich selbst mit Anlauf nicht vom Boden abheben, wohl aber von Ästen herabgleiten.

Die Fossilien aus China stützen die Vorstellung, dass sich das Fliegen über Tiere entwickelte, die sich die Schwerkraft zunutze machten, um zu Boden zu gleiten, statt der Theorie, dass sich das Flugvermögen vom Boden aus via Laufen, Hüpfen und Flügelschlagen entwickelt hat. Das Doppeldecker-Design bei Vögeln war vielleicht einfach ein evolutionäres Ex-

Mit nach Doppeldeckerweise angeordneten Flügelpaaren hätte der Vogel zwischen Bäumen umhergleiten können.

periment, das fehlschlug, doch es könnte die Federn erklären, die man an den Beinen moderner Greifvögel findet. Eine Beinbefiederung trägt zur Stromlinienförmigkeit von Greifvögeln bei, wenn sie aus der Luft auf ihre Beute herabstoßen. Eine allmähliche Verlagerung vom Doppeldecker- zum Zweiflügelmodell unter Beibehaltung einiger der aerodynamischen Vorteile einer Beinbefiederung ist eine Theorie, die auch von anderen Fossilien gestützt wird.

oben: Zeichnung von *Microraptor gui*
(© Andrey Atuchin/NHM)

Ein jurassischer Biber

Ein Biber, der fast 100 Millionen Jahre vor dem Aussterben der Dinosaurier lebte, ist als der erste Säuger mit einer aquatischen Lebensweise identifiziert worden. *Castorocauda lutrasimilis* (»otterartiger Biberschwanz«) wurde mindestens 42,5 cm lang und war, als er vor 164 Millionen Jahren auf Fischfang ging, der größte Säuger, den es bis zu diesem Zeitpunkt jemals gegeben hatte.

Seine fossilen Überreste wurden in China gefunden, und dies ist eine von mehreren Entdeckungen, die dafür sprechen, dass die Säuger der Jurazeit deutlich vielfältiger waren als bisher angenommen. Bis vor kurzem war man der Meinung, die Säugerformen dieser Zeit beschränkten sich auf insektenfressende ratten- und spitzmausartige Geschöpfe.

Der Leiter der Forschergruppe, die das Fossil entdeckte, Dr. Quiang Ji von der Chinesischen Akademie der geologischen Wissenschaften in Peking, meinte, das fischfressende Tier habe sich paddelnd durch Wasser bewegen können, und Reste von Weichgewebe sprechen dafür, dass es an den Hinterfüßen Schwimmhäute trug. Darüber hinaus wurden bei diesem Geschöpf aus der Jurazeit erstmals bei Säugern Fell und Schuppen nachgewiesen, die als Abdrücke im Fossil erhalten geblieben waren. Kräftige Gliedmaßen sprechen dafür, dass es schwimmen konnte, während die robbenähnlichen Zähne auf einen Fischjäger hinweisen. Obgleich das Skelett demjenigen moderner Otter ähnelt, erinnert der abgeplattete Schwanz sofort an heutige Biber.

Als er vor 164 Millionen Jahren auf Fischfang ging, war er der größte Säuger, den es bis zu diesem Zeitpunkt jemals gegeben hatte.

6 cm

rechts: *Castorocauda lutrasimilis*,
Skelettrekonstruktion
unten: *C. lutrasimilis* mit eingezeichneten
Fellresten
(Zeichnungen mit freundlicher Genehmigung
von Quiang Ji; © Mark A. Klingler/CMNH)

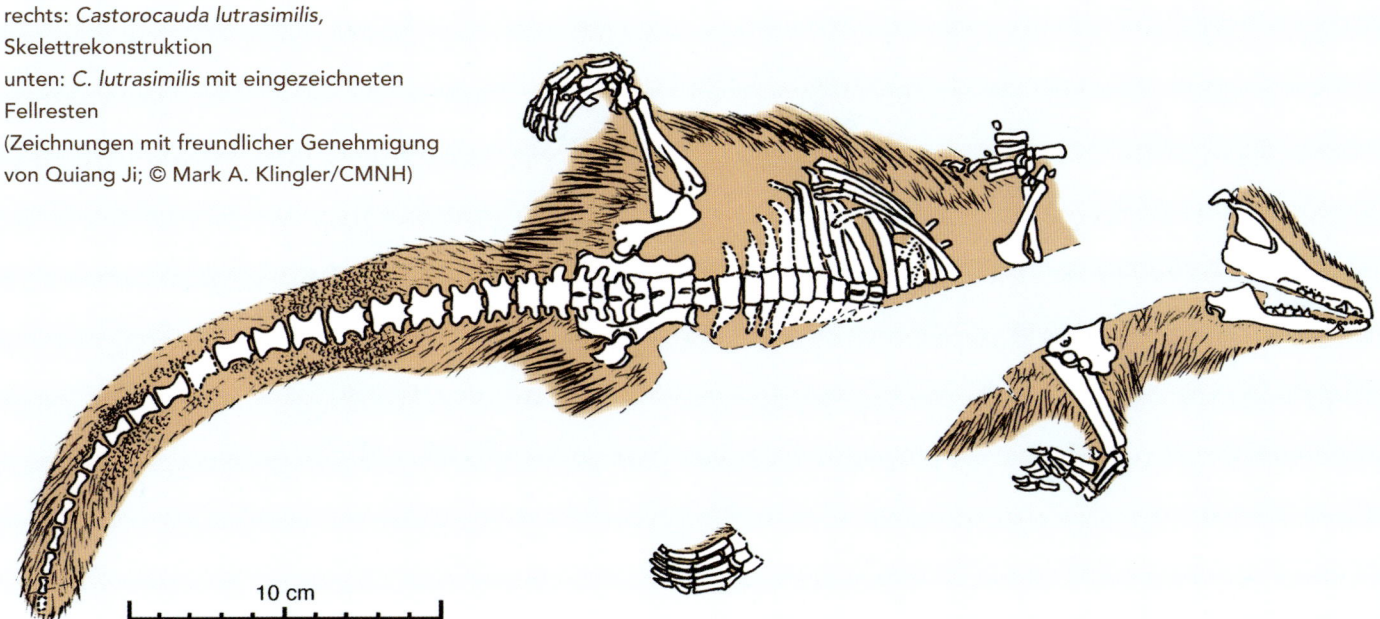

10 cm

Fisch oder Vierbeiner?

Ein Raubtier mit einem Kopf wie ein Krokodil, aber Kiemen wie ein Fisch ist als das wohlmöglich erste Tier identifiziert worden, das Liegestütze machen konnte. *Tiktaalik roseae* ist ein »missing link«, ein fehlendes Glied in der Stammlinie zwischen fleischflossigen Fischen und mit Gliedmaßen ausgerüsteten Landwirbeltieren oder Vierbeinern (Tetrapoden).

Dieses Mittelding zwischen einem Fisch und einem Vierbeiner, scherzhaft *fishapod* genannt, hat vermutlich vor 375 Millionen Jahren in seichten, langsam fließenden Gewässern im Bereich von Flussmündungen gelebt und konnte vielleicht kurzzeitig an Land kriechen. Seine Vordergliedmaßen waren noch flossenartig, besaßen aber Handgelenke und Schultern, sodass das Tier Kopf und Brustbereich anheben und sein eigenes Körpergewicht tragen konnte. Die fossilen Überreste wurden in der kanadischen Arktis in Gesteinsschichten gefunden, die im späten Devon vor 380 bis 365 Millionen Jahren in einer subtropischen Region entstanden waren.

Paläontologen waren wegen der Lücke in den Fossildaten zwischen Fisch und Landwirbeltieren überzeugt, dass ein solches Geschöpf existiert haben musste. Nachdem Ellesmere Island als erfolgversprechender Ort für ihr Vorhaben ausgewählt worden war, machte sich ein amerikanisches Team unter Leitung von Dr. Neil Shubin von der Universität Chicago, Dr. Edward Daeschler von der Academy of Natural Sciences in Philadelphia und Dr. Farish A. Jenkins Jr. von der Universität Harvard daher auf die Suche nach dem »missing link«.

Die Fähigkeit des Tieres, sein Körpergewicht an Land zu tragen, war ein Schlüsselfaktor dafür, es als evolutionäres Bindeglied zwischen Fischen und Landwirbeltieren zu iden-

tifizieren, aus denen sich schließlich auch der Mensch entwickeln sollte. Kräftige Rippen sind für einen stämmigen Körper, wie ihn Landwirbeltiere brauchen, von großer Bedeutung. Fische, die vom Wasser getragen werden, kommen mit dünneren Rippen aus. *Tiktaalik roseae* besaß jedoch einen robusteren Rippenkasten.

Zu den anderen Merkmalen, die dafür sprechen, dass dieses Geschöpf die anatomischen Verschiebungen repräsentiert, die erforderlich waren, um vom Wasser- zum Landleben überzugehen, gehören der flache, an ein Krokodil erinnernde Kopf, während es die fischtypischen Schuppen beibehielt. Außerdem ist *T. roseae* der einzige Fisch, der einen Hals besitzt; dieser Hals trennt den Kopf vom Schultergürtel und erhöht dadurch dessen Bewegungsfreiheit.

> Dieses Geschöpf war ein evolutionäres Bindeglied zwischen Fischen und Landwirbeltieren, aus denen sich schließlich auch der Mensch entwickeln sollte.

unten links: *Tiktaalik* und seinen fossilen Überresten
unten rechts: Diagramm, das *Tiktaalik roseae* als eine Übergangsart zwischen fleischflossigen Fischen und Landwirbeltieren des Devons zeigt (Zeichnungen: Kalliopi Monoyios)

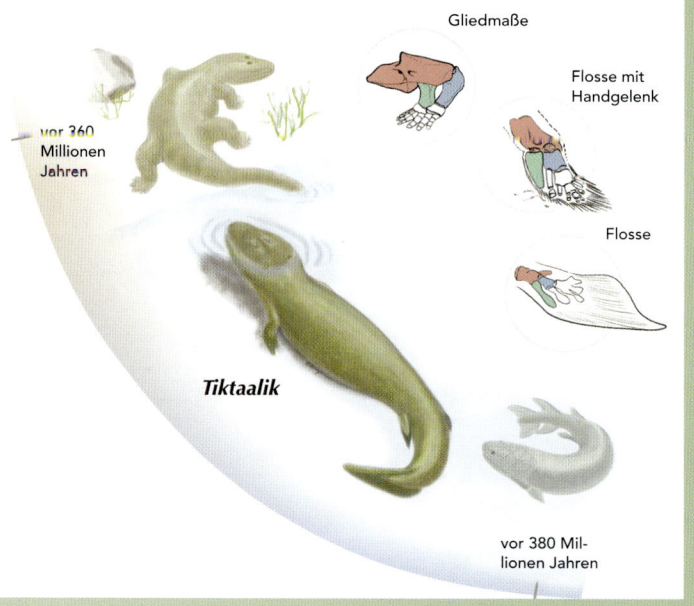

Schrumpfende Dinosaurier

Als der Meeresspiegel stieg und Inseln schuf, mussten sich die riesigen Geschöpfe anpassen und kleiner werden.

Ein Dinosaurier, der 6,2 m maß, war im Vergleich zu seinen Verwandten ein bloßer Zwerg und liefert vielleicht das beste Beispiel für evolutionäres Schrumpfen.

Sauropoden waren die größten Tiere, die jemals über die Erde streiften, doch der kleinste Vertreter dieser Gruppe, *Europasaurus holgeri*, wog kaum mehr als ein Drittel eines modernen Elefanten. Zum Vergleich: Der nahe mit ihm verwandte *Brachiosaurus* wurde bis zu 27 m lang und wog bis zu 80 t, während *Europasaurus* ein Leichtgewicht von nur 1 t war.

Die Vorfahren von *Europasaurus* waren deutlich größer, doch sie saßen in einem langsam schrumpfenden Territorium im Niedersachsenbecken in Deutschland wie in einer Falle. Ihr Territorium waren Inseln in der Region, die wie ein großer Teil Mitteleuropas weitgehend unter Wasser lag.

Als der Meeresspiegel stieg und Inseln schuf – die größte besaß eine Ausdehnung von 200 000 km^2 – mussten sich die riesigen Geschöpfe anpassen und kleiner werden, sonst wäre das Territorium einfach zu klein gewesen, um sie zu unterhalten.

Eine Analyse der fossilen Knochen unter Leitung von Dr. Martin Sander von der Universität Bonn ergab, dass das 6 m lange *Europasaurus*-Exemplar, das vor 150 Millionen Jahren gelebt hatte, kein Jungtier war, wie zunächst angenommen, sondern vielmehr ausgewachsen war.

oben: *Europasaurus holgeri* (Zeichnung © Gerhard Boeggemann, verwendet unter der Creative Commons License)

vorige Doppelseite, im Uhrzeigersinn von oben links:
Computermodell eines doppelsträngigen DNA-Moleküls
(Bild: © Laguna Design/Science Photo Library), Kolorierte
rasterelektronenmikroskopische Aufnahme von *Clostridium difficile*-Bakterien (Bild: © D. Phillips/Science Photo
Library), Irischer Wolfshund und Border-Terrier (Foto mit
freundlicher Genehmigung von Kenneth Sutter), Kalifornische Purpur-Seeigel (Foto mit freundlicher Genehmigung von Alex Lin, Eileen Fong, Jin-Hong Kim/Californian
Institute of Technology), Rafflesia-Blüte im Mount-Kinabalu-Nationalpark, Borneo (Foto: © Mark Bowler/NHPA),
Verschiedenfarbige Äpfel (Foto mit freundlicher Genehmigung von Scott Bauer)

Die Macht der Gene

In kaum mehr als einer Generation hat unser Wissen über die Rolle und Identität der Gene von Mensch und Tieren gewaltige Fortschritte gemacht. Der Biochemiker und zweifache Nobelpreisträger Dr. Fred Sanger und seine Kollegen entwickelten im Jahr 1975 als Erste ein Verfahren zur schnellen genetischen Sequenzierung – eine Technik, die auch heute noch angewendet wird und einen Großteil der genetischen Forschung erst ermöglicht.

Seither kamen noch weitere Meilensteine der Genetik hinzu, nicht zuletzt die Technik des genetischen Fingerabdrucks, die sich mittlerweile als wichtiges Instrument zur Verbrechensbekämpfung erwiesen hat. Hierbei hat Professor Sir Alec Jeffrey Pionierarbeit geleistet. Außerdem konnte das Genom – die Gesamtheit des genetischen Materials einer Art – des Menschen und einer wachsenden Anzahl von Tierarten erfolgreich kartiert werden.

Innerhalb weniger Jahrzehnte hat sich die Genetik von einem kleinen Forschungsbereich zu einem enorm weiten Feld der Wissenschaft entwickelt, das sich immer tiefgreifender auf unser aller Leben auswirkt – sei es, um Heilungsmöglichkeiten für Krankheiten zu finden, Tiere vor dem Aussterben zu bewahren, oder einfach nur, um die Abstammung von Menschen aufzuklären.

Evolution ohne Sex

Lange ging man davon aus, die ungeschlechtliche Vermehrung sei eine Sackgasse der Evolution; widerlegt wurde diese Annahme von Organismen, die schätzungsweise schon seit mindestens 100 Millionen Jahren ohne Sex überlebt haben. Die Vertreter der Rädertierchen-Ordnung Bdelloida sind mikroskopisch kleine Tiere, kaum dreimal größer als ein menschliches Spermium. Obwohl sie sich ausschließlich ungeschlechtlich fortpflanzen, haben sie fast 400 verschiedene Arten hervorgebracht.

Der Nachweis der Diversifikation der Bdelloida in unterschiedliche Arten gelang mittels genetischer Analysen, ergänzt durch Messungen der Kiefergröße im Rasterelektronenmikroskop. Durch Sequenzierung der DNA erstellte man ein Profil von verschiedenen Typen dieser wasserlebenden Tierchen und konnte zeigen, dass sie sich ausreichend unterscheiden, um als eigenständige Arten gelten zu können. Darüber hinaus hatten sich die verschiedenen Arten an eine Vielzahl unterschiedlicher ökologischer Nischen in ihren jeweiligen Lebensräumen in Flüssen, Teichen, Böden, Flechten und Moosen angepasst. Zunächst hatte man angenommen, dass die Unterschiede zwischen den Bdelloida durch zufällige Mutationen entstanden seien. Der neueren Untersuchung zufolge evolvierten sie jedoch durch natürliche Selektion.

Im Allgemeinen geht man davon aus, dass eine Art bei ausschließlich ungeschlechtlicher Vermehrung nach etwa

einer Million Jahren zum Aussterben verurteilt ist. Fossilfunden zufolge existieren die Bdelloida jedoch seit rund 40 Millionen Jahren ohne sexuelle Fortpflanzung – laut DNA-Analysen kann man ihren Ursprung sogar schon mindestens 100 Millionen Jahre zurückdatieren. Wahrscheinlich haben sie die Kunst der divergenten Selektion gemeistert – jenen Vorgang, durch den sich Lebensformen in verschiedene Arten auseinanderentwickeln, um unterschiedliche Lebensräume optimal nutzen zu können. Bei ungeschlechtlichen Lebensformen kommt es in der Regel zu strukturellen Änderungen durch unvollkommene Klonierung auf Kosten ihrer ursprünglichen Form.

Als bemerkenswertestes Beispiel für die Evolutionsfähigkeit dieser Rädertiere führt Dr. Tim Barraclough vom Imperial College London, der zusammen mit Dr. Diego Fontaneto von der Universität Mailand in Italien an diesem Projekt gearbeitet hat, die Funde

an Wasserasseln an. Eine Bdelloida-Art lebt an deren Beinen, eine zweite auf deren Brust. Zunächst besiedelte nur eine Art die Assel; aus dieser entwickelten sich dann zwei unterschiedliche Spezies, um jede Nische optimal nutzen zu können.

Obwohl sich die Bdelloida ausschließlich ungeschlechtlich fortpflanzen, haben sie fast 400 verschiedene Arten hervorgebracht.

linke Seite: Die rasterelektronenmikroskopischen Aufnahmen zeigen die Variationen der Bdelloida und ihrer Kiefer.
folgende Doppelseite: Rasterelektronenmikroskopische Aufnahmen der Kiefer verschiedener Bdelloida
(Bilder mit freundlicher Genehmigung von Diego Fontaneto)

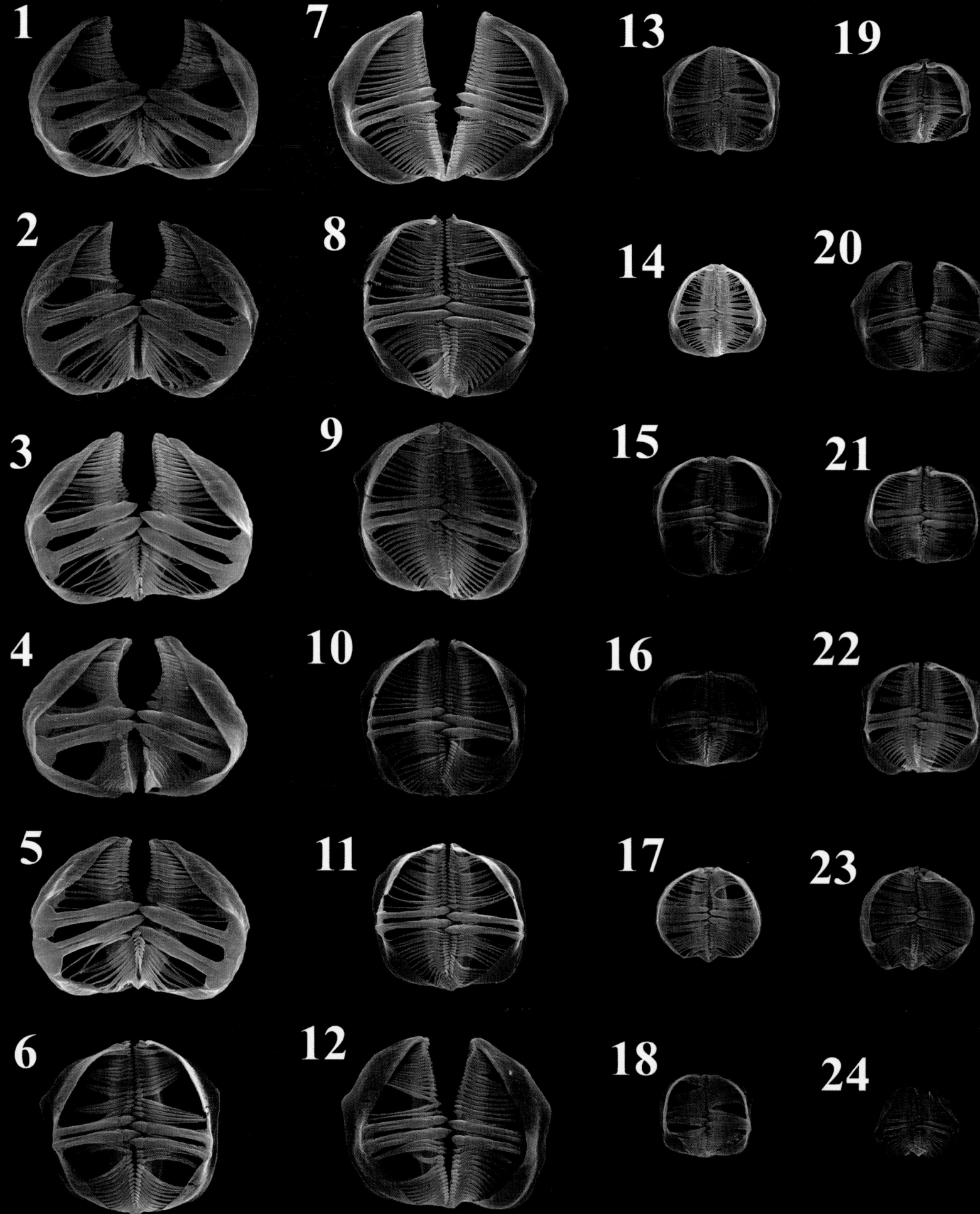

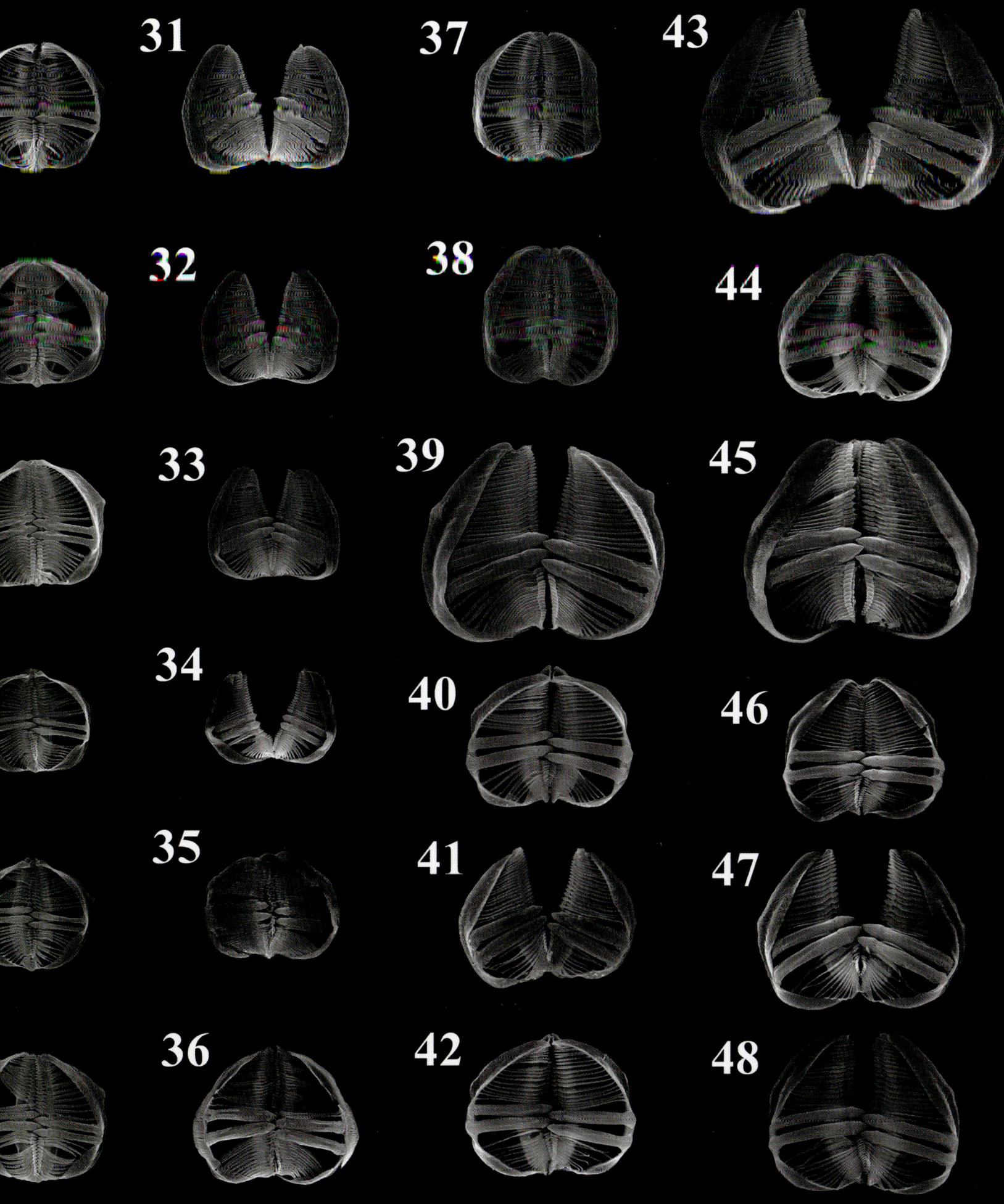

Plötzlich Mutter

Manche Fische können sich parthenogenetisch – durch Jungfernzeugung – fortpflanzen. Das ergaben DNA-Analysen von drei weiblichen Haien und den Überresten eines Hai-Babys. Diese Entdeckung beweist, dass sich von allen großen Wirbeltiergruppen der Erde allein die Säugetiere nicht ungeschlechtlich vermehren können.

Der junge Schaufelnasen-Hammerhai (*Sphyrna tiburo*) kam im Jahr 2001 im Henry-Doorly-Zoo in Omaha, USA, zur Welt. Zwar war schon zuvor mehrmals anekdotenhaft von angeblich parthenogenetischen Hai-Geburten berichtet worden, nachweisen konnte man dies aber erst 2007 durch Analysen der Hammerhaie dieses Zoos. Die Ergebnisse der DNA-Sequenzierung ergaben eindeutig, dass das Jungtier – oder das, was von ihm übrig war, nachdem ein Stechrochen es getötet hatte – keinerlei väterliche DNA besaß. Die Wissenschaftler konnten auch feststellen, wer die Mutter war, denn diese hatte deutlich mehr DNA mit dem Jungtier gemeinsam als die anderen beiden Haie im Becken.

Vorherige Fälle, in denen Jungtiere in Abwesenheit eines Männchens geboren worden waren, hatte man einer verzögerten Befruchtung zugeschrieben. Dabei werden die Spermien nach der Kopulation zunächst im Körper der Mutter gespeichert, statt sofort die Eizelle zu befruchten. Von den weiblichen Hammerhaien im Henry-Doorly-Zoo war lückenlos dokumentiert, dass sie seit drei Jahren im Aquarium gehalten wurden und keinerlei Kontakt zu Männchen hatten. Alle drei Weibchen waren vor Erreichen der Geschlechtsreife in der Natur gefangen worden. Zudem hatten frühere Untersuchungen ergeben, dass die Spermien für maximal fünf Monate im Körper der Weibchen gespeichert werden können.

Erst die vom Guy-Harvey-Forschungsinstitut in den USA und der Queens-Universität in Belfast, Nordirland, durchgeführte Studie bestätigte, dass sich Fische parthenogenetisch fortpflanzen können, was vorher als unvorstellbar galt. Die genetische Sequenzierung lieferte den Beweis, und laut Dr. Mahmood Shivji vom Guy-Harvey-Institut ist Parthenogenese auch die »wahrscheinlichste« Erklärung für andere Hai-Geburten in Aquarien, die vermeintlich ohne Männchen erfolgten.

Man muss sich jedoch fragen, welchen Wert die Fähigkeit zur ungeschlechtlichen Vermehrung in einer Welt hat, in der die Haie stark bedroht sind. Den Jungtieren fehlt dabei nämlich nicht nur die vom Vater weitergegebene genetische Variabilität, sondern auch ein großer Teil des Erbmaterials der Mutter. Nach Schätzungen des Forscherteams erbt das Jungtier nur etwa die Hälfte der genetischen Variabilität seiner Mutter. Diese Form der ungeschlechtlichen Fortpflanzung wird als automiktische Parthenogenese bezeichnet. Sie mag auf kurze Sicht für die weiblichen Haie von Vorteil sein, wenn in ihrem Lebensraum nur wenige oder gar keine Männchen leben; auf Dauer jedoch hat sie aller Wahrscheinlichkeit nach wegen des Verlusts an genetischer Variabilität katastrophale Folgen.

Das Jungtier, dessen Mutter drei Jahre lang keinen Kontakt zu Männchen hatte, besaß keinerlei väterliche DNA.

links: Schaufelnasen-Hammerhai
(Foto: © NHPA/Trevor McDonald)

Der falsche Blutegel

Jahrelang verwendeten Medizinforscher einen bestimmten Blutegel, hielten ihn aber für eine ganz andere Art.

Genetische Analysen haben sich als wertvolles Werkzeug zur Identifizierung erwiesen, wenn Taxonomen an traditionellen Beobachtungskriterien scheitern. Alle Medizinischen Blutegel besitzen drei Kiefer mit jeweils mehr als 100 Zähnen, bereiteten aber schon immer Schwierigkeiten bei der Katalogisierung und Beschreibung. Das zeigt sich unter anderem daran, dass Mediziner jahrelang einen bestimmten Blutegel verwendeten, ihn aber für eine ganz andere Art hielten. Im Jahr 1758 beschrieb der schwedische Botaniker und Zoologe Carl von Linné erstmals den Medizinischen Blutegel (*Hirudo medicinalis*). Seitdem wurde dies noch mehrfach mit nur unbefriedigendem Erfolg versucht.

Schon während des 19. Jahrhunderts, als Blutegel ganz selbstverständlich in der Medizin eingesetzt wurden, kam gelegentlich der Verdacht auf, dass man es bei *H. medicinalis* mit bis zu sieben verschiedenen Arten zu tun habe. Da man jedoch Schwierigkeiten hatte, die Unterschiede genau zu beschreiben, beließ man es letztendlich bei einer Art. In den letzten Jahrzehnten haben sich die Medizinischen Blutegel wegen ihrer natürlichen Betäubungsmittel und Gerinnungshemmer, die sie bei ihrem Biss einsetzen, als lohnende Forschungsobjekte erwiesen. Als Ergebnis dieser Studien konnten mindestens 115 chemische Verbindungen entwickelt werden, von denen viele mittlerweile als wertvolle Inhaltsstoffe in Medikamenten dienen. Vor allem wurden sie in Gerinnungshemmern wie Hirudin und Antistatinen verwendet, die zur Vorbeugung gegen Virusinfektionen wie HIV und Hepatitis C eingesetzt werden. Im 19. Jahrhundert waren die Blutegel selbst eine Hauptstütze der Medizin und wurden zu Millionen in den Krankenhäusern von London und Paris angesetzt. Heutzutage kommen sie als Behandlungsmethode bei der plastischen Chirurgie und der Wiederherstellungschirurgie wieder in Mode.

Im Laufe des letzten Jahrzehnts haben Egel-Spezialisten festgestellt, dass man die Medizinischen Blutegel in mindestens drei Arten unterteilen sollte: Zu *H. medicinalis* kommen noch *H. verbana* und *H. orientalis* hinzu, wahrscheinlich aber sogar noch weitere Spezies. Dass es mehr europäische Egel gibt als gedacht, wurde zum ersten Mal 1999 deutlich, als der führende Taxonom Dr. Hasko Nesemann und Dr. Eike Neubert vom Senckenberg-Museum in Frankfurt am Main den erstmals 1820 beschriebenen *H. verbana* neu identifizierten. Fünf Jahre später konnten genetische Untersuchungen unter der Leitung von Dr. Peter Trontelj von der Universität Ljubljana (Laibach) in Slowenien diese Ergebnisse bestätigen. Weitergehende Forschungen an Egel-Genen von Dr. Trontelj zusammen mit Dr. Serge Utevsky von der Nationalen Universität Charkiw (Charkow) in der Ukraine ergaben, dass die Gattung *Hirudo* fünf Arten umfasst. Diese Ergebnisse blieben allerdings von vielen Wissenschaftlern unbeachtet, bis man 2007 herausfand, dass die Mediziner *H. verbana* statt – wie angenommen – *H. medicinalis* verwendet hatten.

Forschungen unter Leitung von Dr. Mark Siddall vom American Museum of Natural History – unter anderem unterstützt von Dr. Trontelj und Dr. Utevsky – bestätigten deutliche Unterschiede in den Genen von *H. verbana* im Vergleich zu denen von *H. medicinalis*. Auch *H. orientalis* wurde als unterschiedlich erachtet. Die in der Studie untersuchten Egel waren in Deutschland, Frankreich, Italien, Slowenien, Kroatien, Mazedonien, Aserbaidschan und in der Ukraine in der Natur gesammelt und teilweise bei kommerziellen Züchtern bestellt worden.

Die Unterschiede zwischen *H. medicinalis* und *H. verbana* warfen die Frage auf, von welcher Art die chemischen Verbindungen stammen, die zur Medikamentenentwicklung dienen. Die in den letzten drei Jahrzehnten in der Forschung verwendeten Medizinischen Blutegel wurden weitgehend als *H. medicinalis* angesehen. Als die Forscher jedoch im Handel erhältliche Zucht-Egel untersuchten, stellte sich heraus, dass es sich in Wirklichkeit um *H. verbana* handelte.

Beide Arten werden medizinisch genutzt, und beide stammen ursprünglich aus Europa. Die Feststellung, dass es sich um verschiedene Arten handelt, ließ allerdings Bedenken aufkommen bezüglich ihres Schutzes und ihrer medizinischen Anwendung. In den USA beispielsweise wurde speziell *H. medicinalis* von der Arzneimittelzulassungsbehörde (Food and Drug Administration) zur medizinischen Anwendung zugelassen, um nach chirurgischen Eingriffen den Blutfluss wiederherzustellen. Die Verwendung von *H. verbana* wäre streng genommen gesetzeswidrig, auch wenn es sich dabei um die im Handel erhältliche Art handelt. Gleichermaßen kamen Zweifel an der Herstellung einer ganzen Reihe von Medikamenten auf, da diese unter der Voraussetzung erforscht wurden, dass sie von *H. medicinalis* stammen. In weiteren Studien muss nun festgestellt werden, ob die Verwendung von *H. verbana* beziehungsweise *H. medicinalis* eine unterschiedliche Wirksamkeit von Medikamenten zur Folge hat, die von Blutegeln gewonnen werden.

Auf lange Sicht gesehen hat die Tatsache, dass es sich bei den europäischen Blutegeln um mehr als eine Art handelt, wahrscheinlich Vorteile, denn dies erweitert das Spektrum an Eigenschaften, das man auf medizinische und technische Anwendungsmöglichkeiten hin untersuchen kann. In erster Linie sind dies die Unterschiede in den Aminosäuren beider Arten. Möglicherweise ist auch eine Änderung der Naturschutzrichtlinien erforderlich. Da *H. medicinalis* gesetzlich geschützt ist, *H. verbana* jedoch nicht, könnten skrupellose Pharmakonzerne auf die Idee kommen, diese in der Natur abzusammeln, und damit einen Zusammenbruch der Population herbeiführen.

linke Seite: Medizinischer Blutegel (*Hirudo medicinalis*) – oder ist es *Hirudo verbana*? (Foto: © Louise Murray/Science Photo Library)

Die DNA der »Leichenblume«

Schmarotzende Rafflesiazee (Brugmansia Zipelli) auf einer Cissus-Wurzel. (Zu S. 378 und 379.)

Genau wie sich äußerlich nicht erkennbare Aspekte des tierischen Lebens nur durch eine DNA-Analyse aufdecken lassen, kann diese auch in der Botanik dazu dienen, Stammbäume von Pflanzen zu erstellen. Parasitisch lebende Pflanzen aus der Gattung *Rafflesia* bringen bekanntlich die größten Blüten der Welt hervor, blieben Botanikern aber dennoch fast 200 Jahre lang ein Rätsel, wenn es um die Aufklärung ihrer Verwandtschaftsverhältnisse ging. Diese konnten erst geklärt werden, als Forscher der Harvard-Universität in den USA die DNA von *Rafflesia* und einer Reihe anderer Pflanzen analysierten. Erschwert wurde die genetische Analyse, weil *Rafflesia* sämtliche Blätter und Wurzeln reduziert hat; in erster Linie aber dadurch, dass sie einen Teil der DNA ihres Wirtes übernimmt, einer tropischen Liane.

Sorgfältige Vergleiche offenbarten, dass *Rafflesia* am engsten mit Wolfsmilchgewächsen verwandt ist. Die meisten Vertreter dieser Pflanzenfamilie bringen viele winzige Blüten hervor, die mehrere Hundert Mal kleiner sind als die von *Rafflesia*. *Rafflesia* entwickelte sich vor 46 Millionen Jahren aus einem gemeinsamen Vorfahren. In diesem Zeitraum haben sich die Blüten um das 79fache vergrößert. Zu ihrer, wie man heute weiß, näheren Verwandtschaft zählen Weihnachtsstern, Kautschuk- und Wunderbaum.

Zwar scheint das Rätsel um die Verwandtschaftsverhältnisse gelöst, dennoch bleibt

Rafflesia eine geheimnisvolle Pflanze, um die sich viele unbeantwortete Fragen ranken – nicht zuletzt diejenige, wie und warum sie so groß geworden ist. *Rafflesia* ist in vielerlei Hinsicht ungewöhnlich und rief bei ihrer Entdeckung durch einen westlichen Naturforscher ungläubiges Staunen hervor. Joseph Arnold, der die Pflanze zusammen mit ihrem Namensgeber Stamford Raffles 1818 auf Sumatra fand, beschrieb sie als »größtes Wunder der Pflanzenwelt«, zögerte aber anfangs, jemandem davon zu erzählen – aus Angst, man würde ihm nicht glauben.

ter, Sprosse sind gänzlich reduziert, ebenso die Photosynthese; daher ist die Pflanze völlig auf die Nährstoffversorgung durch ihren Wirt angewiesen. Nur die Blüte zeigt sich dem Außenstehenden. Sie ist mit einem Durchmesser von mehr als 1 m und einem Gewicht von rund 7 kg die größte Blüte der Welt. Selbst als Knospe erreicht sie die Größe eines Fußballs. Als wolle sie ihre Außergewöhnlichkeit noch weiter unterstreichen, stinkt sie wie verwesendes Fleisch und lockt ihre Bestäuber an: Aasfliegen. In ihrer Heimat nennt man sie deshalb auch »Leichenblume«.

> Wurzeln, Blätter und Sprosse sind gänzlich reduziert, ebenso die Photosynthese; daher ist die Pflanze völlig auf die Nährstoffversorgung durch ihren Wirt angewiesen.

Wie Dr. Charles Davis, der Leiter der genetischen Studie, meint, weiß man zunächst einmal gar nicht, wo man mit der Aufzählung der Besonderheiten bei *Rafflesia* beginnen soll. Mit Ausnahme der Blüte lebt sie vollständig im Inneren eines tropischen Weinrebengewächses. Wurzeln, Blät-

oben: *Rafflesia*-Zeichnung aus *Pflanzenleben*. Band 1: *Der Bau und die Eigenschaften der Pflanzen*, Anton Kerner von Marilaun, Adolf Hansen (1913), S. 378
rechte Seite: *Rafflesia*-Blüte im Mount-Kinabalu-Nationalpark, Borneo (Foto: © NHPA/Mark Bowler)

Die Farbe von Äpfeln

Das entscheidende Kontroll-Gen, das die Entstehung der Färbung von Äpfeln aktiviert, ist identifiziert. Forscher der australischen Behörde für wissenschaftliche und industrielle Forschung CSIRO isolierten das Gen aus der Sorte Cripps Pink und maßen, wie aktiv es an der Färbung von Äpfeln beteiligt ist. Je mehr MdMYB1-Gene aktiviert waren, desto intensiver war die Rotfärbung der Schale. Vielleicht können diese Erkenntnisse Apfelbauern helfen, noch rötere Äpfel zu erzeugen.

Licht regt das Gen an, die Produktion von Anthocyanen zu aktivieren. Das sind natürliche Pflanzenstoffe, die für die Blau- und Rotfärbung in vielen Früchten und Blüten verantwortlich sind und die Schale rot färben. Die Stärke der Genaktivität hängt davon ab, wie viel Sonnenlicht auf den Apfel fällt.

Die Wissenschaftler hoffen, dass es Erzeugern durch die Entdeckung des Kontroll-Gens für die Färbung möglich wird, die Fruchtfarbe bei neuen Sorten stärker zu beeinflussen. Denn diese stellt im Supermarktregal einen wesentlichen Kaufanreiz dar. Wenn sich die Version des Gens schon in den Keimlingen nachweisen lässt, sollte man voraussagen können, wie rot die Frucht schließlich werden wird. So könnte man potenzielle Sorten schon Jahre vor dem ersten Fruchten aussortieren. Das würde die Kosten für die Entwicklung neuer Apfelsorten erheblich verringern und diese merklich beschleunigen.

Erzeuger werden die Fruchtfarbe stärker beeinflussen können – einen wesentlichen Kaufanreiz in den Supermarktregalen.

linke Seite: Verschiedenfarbige Äpfel (Foto mit freundlicher Genehmigung von Scott Bauer) rechts: In der CSIRO-Studie verwendete Äpfel (Foto mit freundlicher Genehmigung von Mandy Walker/CSIRO)

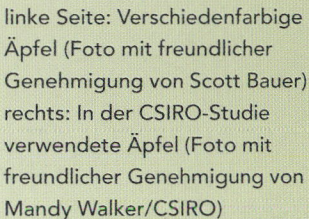

Mit den Füßen sehen

Seeigel haben keine Augen, wie wir sie kennen. DNA-Analysen zufolge besitzen sie aber in ihren winzigen schlauchartigen Füßchen, den sogenannten Ambulakralfüßchen, Gene, die mit dem Sehvermögen in Zusammenhang stehen. Diese Entdeckung war nur eine von vielen Besonderheiten, die innerhalb eines dreijährigen internationalen Projekts zur Sequenzierung des Seeigel-Genoms zum Vorschein kamen. Zwar werden Seeigel schon seit mehr als 150 Jahren erforscht, aber erst durch die Gen-Sequenzierung erkannte man, dass die Sehfähigkeit dieser Meerestiere ausreicht, um hell und dunkel zu unterscheiden.

Die Tiere waren für die Wissenschaft jahrzehntelang insbesondere hinsichtlich der Fortpflanzung von unschätzbarem Wert, weil man ihre Entwicklung an den transparenten Embryonen deutlich verfolgen konnte. Beobachtungen zur Entwicklung von Seeigel-Eiern lieferten auch Einblicke in die menschliche Embryonalentwicklung, etwa im Hinblick auf das Entstehen eineiiger Zwillinge und künstliche Befruchtung.

linke Seite: Kalifornische Purpur-Seeigel (Foto mit freundlicher Genehmigung von Alex Lin, Eileen Fong, Jin-Hong Kim/Californian Institute of Technology)

An dem Sequenzierungsprojekt waren rund 240 Wissenschaftler aus elf Ländern beteiligt; sie entzifferten 814 Millionen Basenpaare der DNA des kalifornischen Purpur-Seeigels (*Strongylocentrus purpuratus*). Insgesamt identifizierten die Forscher 23 300 Gene; 7077 davon kommen auch beim Menschen vor.

Die besondere Aufmerksamkeit der Wissenschaftler erregten einige Gene, die beim Menschen mit bestimmten Krankheiten verbunden sind, etwa Muskeldystrophie und Chorea Huntington. Man hofft, durch Erforschen der Wirkungsweise dieser Gene bei Seeigeln neue Erkenntnisse über die Krankheiten beim Menschen zu gewinnen und neue Behandlungsmethoden entwickeln zu können – genau wie die Erforschung des Zellwachstums der Eier und Embryonen zu einer besseren Fruchtbarkeitstherapie beim Menschen geführt hat.

Auch das Immunsystem der Seeigel ist eine Besonderheit und könnte bei der Suche nach Heilungsmöglichkeiten, insbesondere von Infektionskrankheiten, hilfreich sein. Im Gegensatz zu kiefertragenden Wirbeltieren, deren Immunsystem auf Antikörpern basiert, besitzen Seeigel ein raffiniertes »angeborenes Immunsystem«. Proteine erkennen eindringende Bakterien und warnen die Zellen in Gegenwart der unerwünschten Eindringlinge. Die Komplexität dieser angeborenen Immunität ist vielleicht eine Erklärung dafür, dass Seeigel regelmäßig ein Alter von 60 Jahren erreichen und sogar 100 Jahre oder älter werden können.

In den schlauchartigen Füßchen der Seeigel fand man Gene, die mit dem Sehvermögen in Zusammenhang stehen.

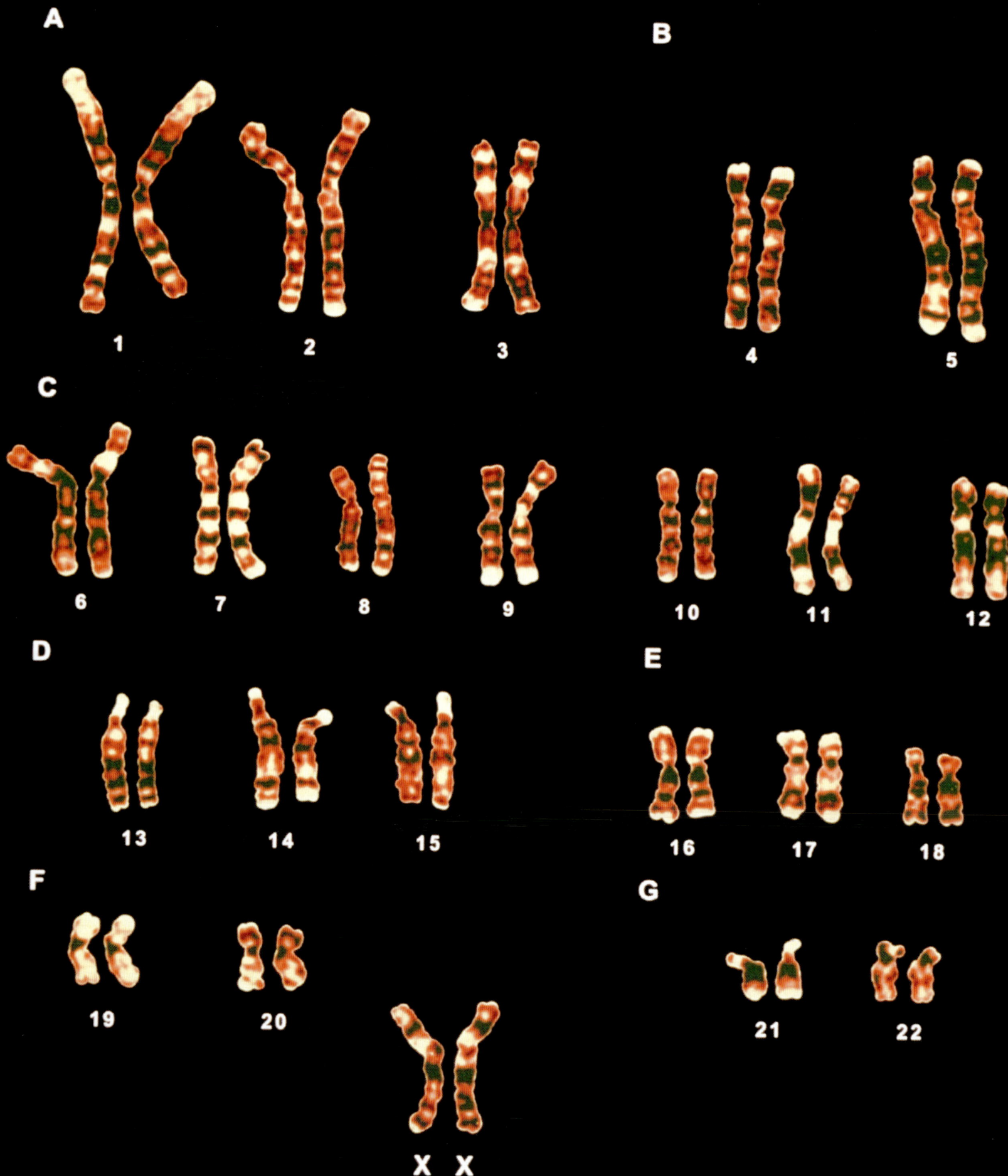

Das Buch des Lebens

Das 1990 angelaufene Humangenomprojekt hatte sich zum Ziel gesetzt, sämtliche Gene des Menschen zu kartieren bzw. zu sequenzieren. Zu Beginn ging man davon aus, dass das menschliche Genom rund 100 000 Gene umfasst. Nach Sequenzierung des letzten und größten Chromosoms zeigte sich jedoch, dass viel weniger einen Menschen ausmacht als ursprünglich angenommen. Wie sich bei dem Projekt und anschließenden Studien zeigte, besitzt der Mensch rund 23 000 Gene; die meisten davon hat er mit anderen Organismen gemeinsam.

Die 23 Chromosomenpaare des Menschen bestehen aus Strängen von Desoxyribonukleinsäure (DNS oder DNA). Darin enthalten sind die Gene. Allerdings machen diese nur etwa zwei Prozent der DNA aus. Welchem Zweck der ganze Rest dient, ist nach wie vor rätselhaft. Die DNA besteht aus vier chemischen Bausteinen, den Basen Adenin (A), Guanin (G), Cytosin (C) und Thymin (T). Im menschlichen Genom finden sich ungefähr 3,2 Milliarden Paare dieser Basen (oder »Buchstaben«). Entscheidend für das Gen ist jeweils die Reihenfolge oder Sequenz der Basenpaare. Die Sequenz bestimmt die Funktion, ähnlich wie die Buchstaben eines Wortes dessen Bedeutung ausmachen – vergleichbar mit Anagrammen, die zwar die gleichen Buchstaben enthalten, aber eine vollkommen andere Bedeutung haben.

Die Entschlüsselung des Genoms wurde im Jahr 2003 mit der Sequenzierung des letzten Chromosoms (Chromosom 1) abgeschlossen, 2006 wurden dann die endgültigen Ergebnisse veröffentlicht. Im Vergleich zur Gesamtzahl der Gene enthielt Chromosom 1 mit 3141 Genen sehr viel mehr Gene als erwartet. Durch die Sequenzierung sämtlicher Chromosomen konnte man die Gene lokalisieren, welche die Produktion oder Expression entscheidender Proteine regulieren –

etwa zur Steuerung grundlegender Funktionen des Körpers wie Bildung von Haut und Knochen, Verdauung und Sauerstofftransport.

Die Kartierung des menschlichen Genoms ist ein Beispiel für eine umfangreiche internationale Zusammenarbeit. Nachdem die Sequenzierung weitestgehend abgeschlossen ist, können sich die Wissenschaftler nun darauf konzentrieren, die genaue Rolle und Bedeutung jedes einzelnen Gens zu erforschen.

Nach Sequenzierung des letzten und größten Chromosoms zeigte sich, dass viel weniger einen Menschen ausmacht als ursprünglich angenommen.

linke Seite: Chromosomensatz einer Frau
(Bild: © Science Photo Library)

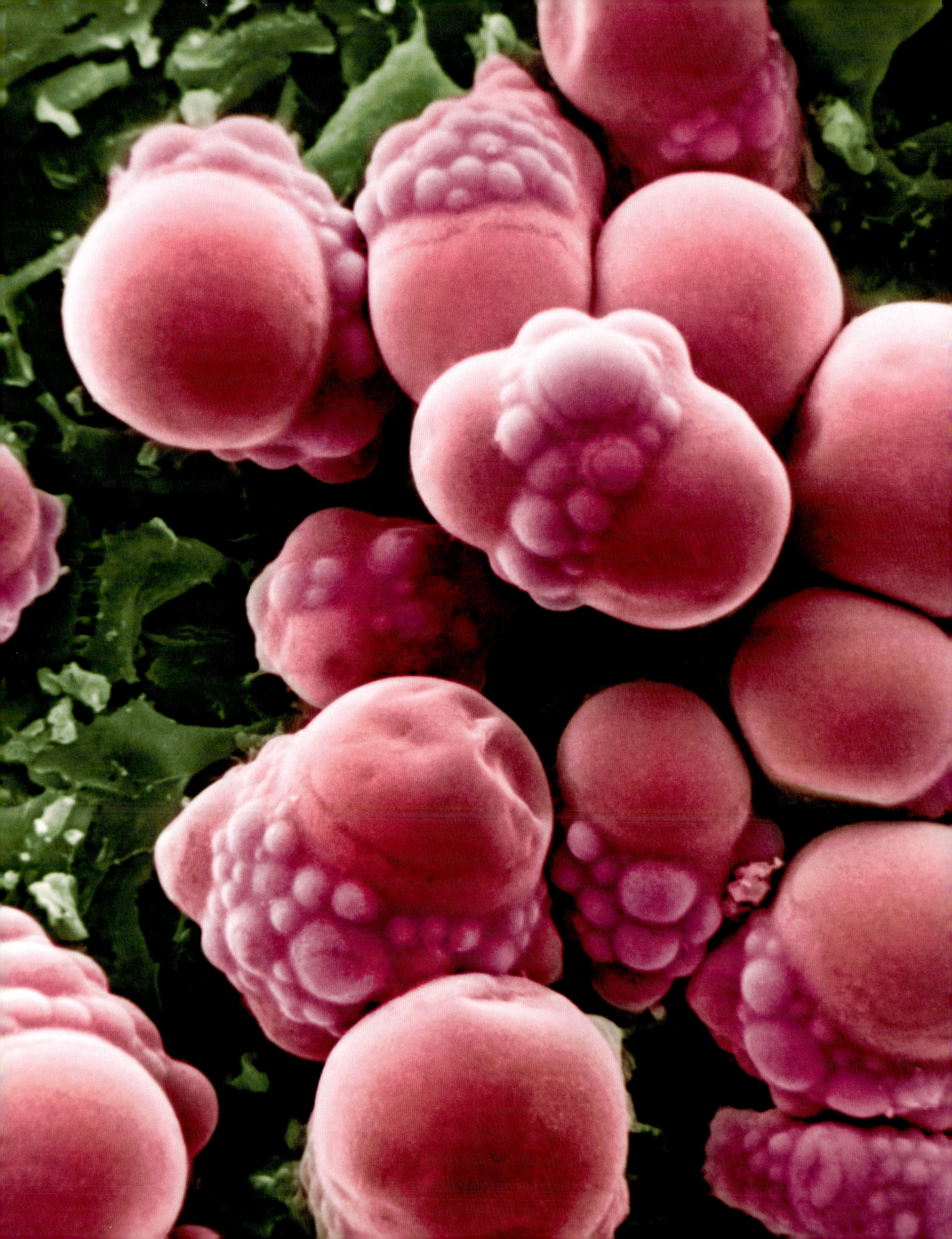

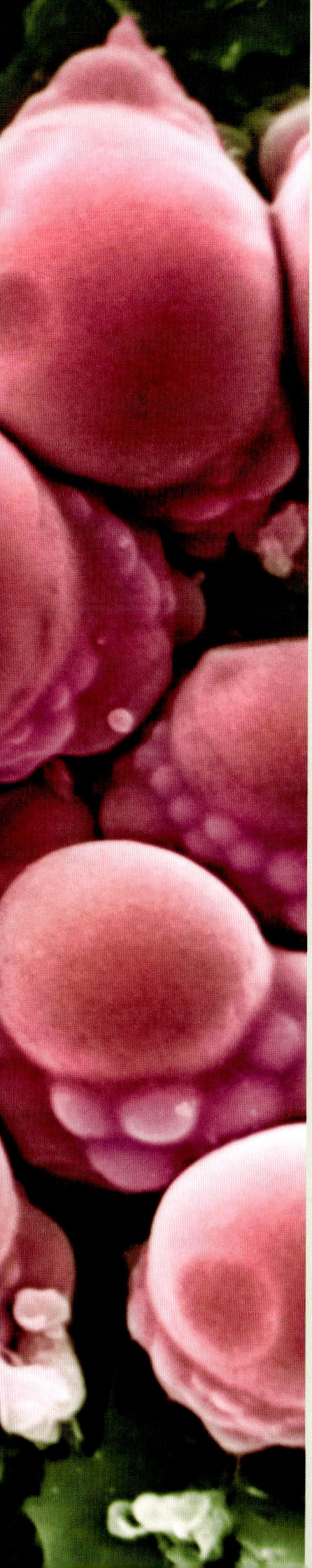

Fett-Gene

Seit der Entdeckung der Fett-Gene im Jahr 2007 haben nun alle, die mit einer Diät gescheitert sind, eine perfekte Ausrede. Alle Menschen mit einer bestimmten Kombination des FTO-Gens haben eine Prädisposition, übergewichtig zu werden, und müssen

Elternteil stammt jeweils eine Kopie oder ein Allel –, gibt es bei FTO vier verschiedene Kombinationsmöglichkeiten. Die Hochrisikogruppe besitzt zwei Allele, die die Wahrscheinlichkeit für Übergewicht erhöhen, die Gruppe mit dem geringsten Risiko dagegen

eine Kopie, was ihr Risiko für Übergewicht auf 30 Prozent erhöht. Sie wiegen durchschnittlich 1,2 kg mehr als die Gruppe mit dem geringsten Risiko.

Die von der Universität Oxford und der Peninsula Medical School in Exeter, Großbritannien, durchgeführte Studie basierte auf Analysen des genetischen Materials von 43 000 Menschen aus Großbritannien und Finnland. Die Proben wurden während einer Studie über Diabetes gesammelt, nachdem man Übergewicht als einen gemeinsamen Nenner bei Patienten mit Typ-2-Diabetes ausgemacht hatte. Ursprünglich war man davon ausgegangen, dies könne ein auslösender Faktor für die Krankheit sein. Nach einem Vergleich der Ergebnisse mit dem Gewicht der Patienten wurde deutlich, dass die gemeinsame Verbindung der Fettspiegel war und nicht der Diabetes.

16 Prozent der weißen Europäer besitzen zwei Kopien des sogenannten Fett-Allels und haben dadurch ein 70 Prozent höheres Übergewichtsrisiko.

deshalb besonders hart daran arbeiten, schlank zu bleiben. Im Durchschnitt sind Menschen mit der ungünstigsten Kombination 3 kg schwerer als solche ohne diese Kombination.

Es existieren zwei Varianten des FTO-Gens, von denen aber nur eine mit einem erhöhten Risiko für Übergewicht in Zusammenhang steht. Weil Gene paarweise vererbt werden – von jedem

zwei Allele ohne erhöhtes Übergewichtsrisiko. Die Gruppe mit mittlerem Gefährdungsrisiko weist jeweils eines der Allele auf.

Wissenschaftlern zufolge besitzen 16 Prozent der weißen Europäer zwei Kopien des Fett-Gens – oder genauer gesagt »Fett-Allels« – und haben dadurch ein 70 Prozent höheres Übergewichtsrisiko. 50 Prozent der weißen Europäer erben nur

links: Kolorierte rasterelektronenmikroskopische Aufnahme von Fettzellen aus Knochenmarkgewebe
(Bild: © Science Photo Library)

Ein Genom wird durchkämmt

Die Entdeckung des sogenannten Fett-Gens war eine von vielen Erkenntnissen aus Studien im Jahr 2007, die vom Wellcome Trust in Großbritannien finanziell gefördert wurden und an denen etwa 50 Forschungszentren beteiligt waren. Ziel war es, das menschliche Genom nach häufig vorkommenden Faktoren zu durchkämmen, statt eine einzelne Gruppe von Genen zu untersuchen und festzustellen, was diese bewirken. So konnten sie genetische Verbindungen zu schwerwiegenden Krankheiten feststellen.

Für eine der Testreihen lieferten 17 000 Freiwillige DNA-Proben ab. Dem Forscherteam unter der Leitung von Professor Peter Donnelly von der Universität Oxford gelang es, eine noch nie dagewesene Zahl von Genen zu identifizieren, die mit häufigen Krankheiten assoziiert sind. Bei dieser bislang größten Bestandsaufnahme des menschlichen Genoms wurden 24 genetische Varianten lokalisiert, die bei bis zu 40 Prozent der Bevölkerung Großbritanniens auftreten und sechs Krankheiten beeinflussen.

Es wurden Gene identifiziert, die in Verbindung mit Herzkrankheiten, rheumatoider Arthritis, Typ-1- und Typ-2-Diabetes, Morbus Crohn und Bipolarer Störung stehen, möglicherweise auch noch mit Bluthochdruck als siebter Krankheit. Zu den wertvollsten Aspekten dieser Methode der Genom-Assoziierung gehört die Lokalisierung häufig vorkommender Gene, die nur ein geringes Risiko beinhalten. Zuvor hatte man stets nach seltenen Genen gesucht, die für ihren Träger ein hohes Erkrankungsrisiko bedeuten.

Bei dieser bislang größten Bestandsaufnahme des menschlichen Genoms wurden 24 genetische Varianten lokalisiert, die sechs Krankheiten beeinflussen.

unten: Darstellung einer Basenpaar-Sequenz, die einen Teil des genetischen Codes des Menschen bildet, auf einem Computermonitor (Bild: © David Parker/Science Photo Library)

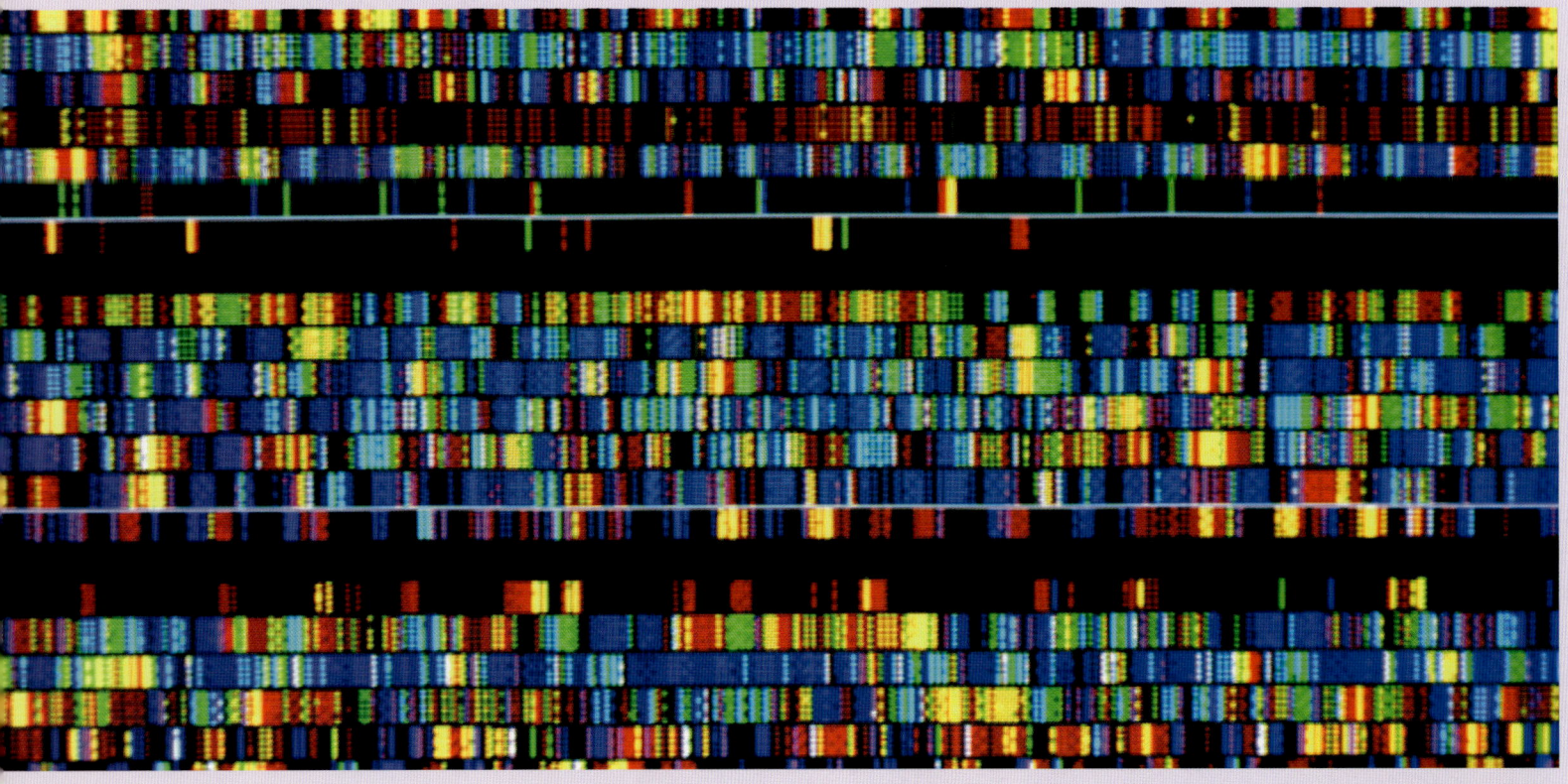

Verbreiteter Krebs

In einer ähnlichen Studie, geleitet von Professor Bruce Ponder von der Universität Cambridge in Großbritannien, fand man auch Gene, die mit einem erhöhten Brustkrebsrisiko in Zusammenhang stehen. Das Forscherteam suchte große Bereiche des Genoms ab – in diesem Fall 200 000 DNA-Abschnitte – und konnte vier mit diesem Krebs verbundene Gene identifizieren und ein fünftes lokalisieren. Allein in einem Versuchsabschnitt gelang es den Forschern, fast ebenso viele mit der Entwicklung von Brustkrebs assoziierte Gene zu identifizieren wie in den 14 Jahren zuvor. Wie sich herausstellte, hatten Frauen mit einer mutierten Form eines dieser Gene ein Risiko von 1:10, bis zum Alter von 70 Jahren an Brustkrebs zu erkranken. Das durchschnittliche Risiko beträgt dagegen 1:18.

Zu den bedeutendsten Entdeckungen der Studie gehört, dass die identifizierten Gene in der weiblichen Bevölkerung häufig vorkommen und somit Auswirkungen auf einen Großteil der Gesellschaft haben, nicht nur auf eine Handvoll Frauen. In früheren Studien hatte man andere Gene gefunden, insbesondere die Hochrisiko-Gene BSCA1 und BRCA2. Zwar entwickelt sich bei etwa 80 Prozent aller Frauen mit mutierten Varianten dieser Gene später Brustkrebs, aber diese Varianten treten lediglich bei einer von 500 Frauen auf. Sämtliche neu identifizierten Gene sind in der Bevölkerung jedoch weit verbreitet und haben somit wahrscheinlich eine akkumulierende Wirkung. Individuell steigern sie das Risiko zwar nur gering, aber viele Frauen tragen wahrscheinlich mehr als eines dieser Gene in sich.

Die Studie an den Brustkrebs-Genen hat zusammen mit den vom Wellcome Trust koordinierten Untersuchungen die Aussichten erhöht, bei einzelnen Patienten eine Untersuchung zur Risikoeinschätzung durchführen zu können. Wenn man erst einmal alle Risikofaktoren von Genvariationen für bestimmte Krankheiten ermittelt hat, ergibt sich vielleicht die Möglichkeit, einen Patienten auf alle Gene hin zu untersuchen, die ein erhöhtes Risiko mit sich bringen. Mit einem derartigen Gesundheits-Prüfsystem könnte man einschätzen, wie hoch das Risiko für eine ganze Reihe von Krankheiten ist.

Sämtliche neu identifizierten Gene sind in der Bevölkerung weit verbreitet und haben wahrscheinlich eine akkumulierende Wirkung.

rechts: Kolorierte rasterelektronenmikroskopische Aufnahme eine Brustkrebszelle (Bild: © Steve Gschmeissner/Science Photo Library)

Nur Ramsch zwischen den Genen?

Mutationen in der nichtkodierenden DNA
sind ebenso folgenschwer wie die in Genen.

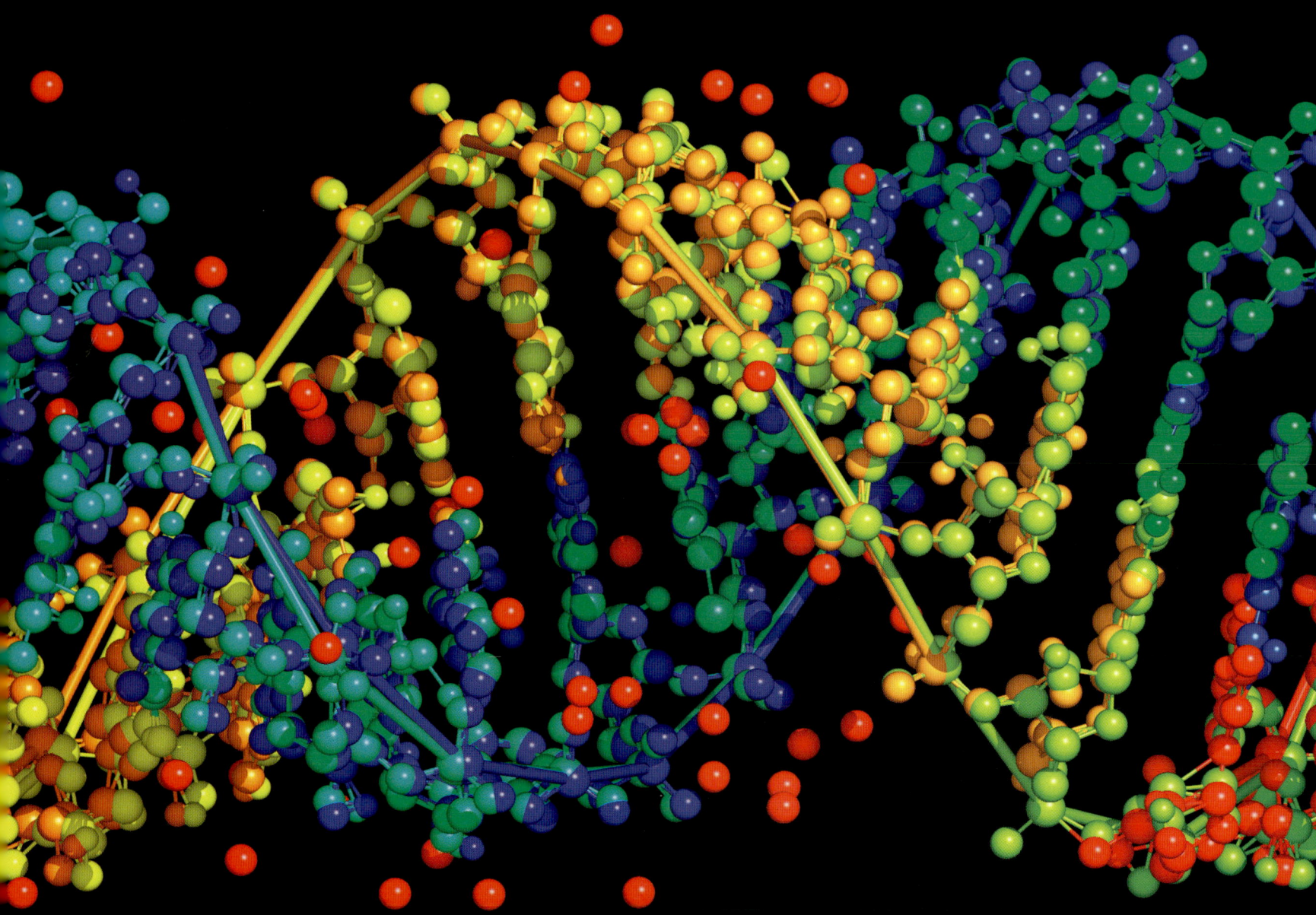

Ein großer Teil des genetischen Materials zwischen den Genen wurde als sogenannte »Junk-DNA« oder nichtkodierende DNA beschrieben. Laut einer amerikanischen Studie spielt es jedoch wahrscheinlich eine weitaus wichtigere Rolle als bisher angenommen. Als die Wissenschaftler versuchten, die erste »Stückliste« zur Beschreibung sämtlicher funktionellen Elemente von einem Prozent des Genoms zusammenzustellen, fanden sie dabei heraus, dass der größte Teil der »Junk-DNA« letztlich doch biologisch aktiv ist.

Die vier Jahre dauernde Studie stellte die traditionelle Ansicht in Frage, dass Gene die einzigen Elemente im Genom sind, auf die es wirklich ankommt; viel mehr legte sie nahe, dass viele Sequenzen eine Rolle spielen. Wie eingehende Analysen an einem Prozent des Genoms zeigten, unterstützt die nichtkodierende DNA die Gene bei der Produktion von Proteinen. Der Studie zufolge wird der Großteil der nichtkodierenden DNA ebenfalls in der Ribonukleinsäure (RNS oder RNA) verschlüsselt und stellt sicher, dass die von den

Genen gesendeten Signale zur Bildung von Proteinen an die richtige Stelle transportiert und ausgeführt werden. Geleitet wurde die Studie vom Europäischen Laboratorium für Molekularbiologie und Europäischen Bioinformatik-Institut (EMBL-EBI) mit Sitz in Großbritannien. Sie war Bestandteil des Projekts ENCODE (ENCyclopedia Of DNA Elements – Enzyklopädie der DNA-Elemente), einem internationalen Forschungskonsortium unter Leitung des Nationalen Humangenom-Forschungsinstituts NHGRI in den USA. Die

Ergebnisse sind von Bedeutung bei der Suche nach Heilungs- und Behandlungsmöglichkeiten für Krankheiten, da Mutationen in der nichtkodierenden DNA vielleicht ebenso folgenschwer sein können wie Mutationen in Genen.

unten: Computermodell eines doppelsträngigen RNA-Moleküls (Bild: © Laguna Design/Science Photo Library)

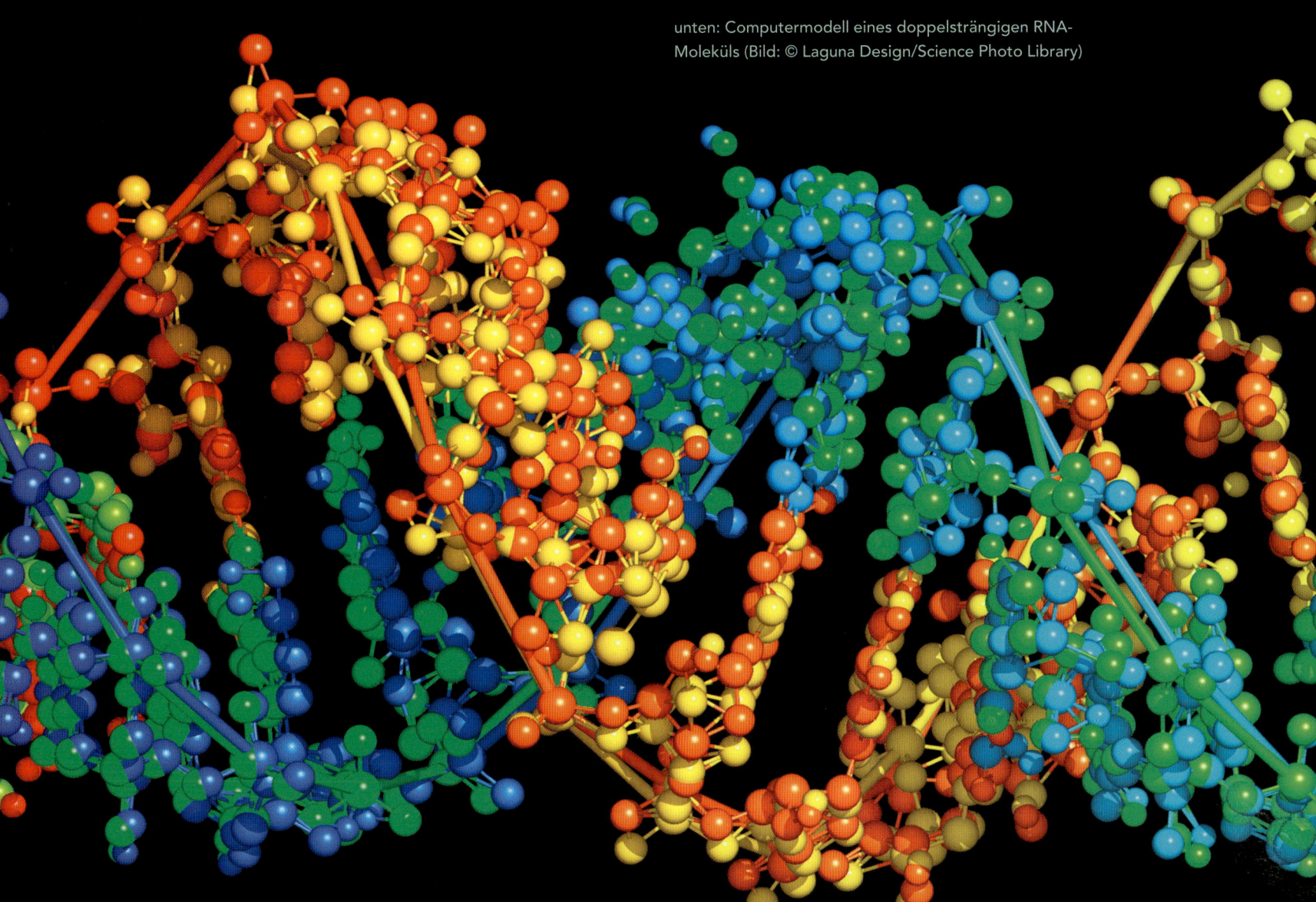

Kartierung eines

Der Erreger hat sich schon als resistent gegenüber verschiedenen Antibiotika erwiesen, und es ist zu befürchten, dass er noch weitere Resistenzen entwickelt.

Um die Schwachpunkte des in Krankenhäusern gefürchteten multi-resistenten Erregers *Clostridium difficile* auszumachen, haben Wissenschaftler dessen Genom kartiert. Diese Bakterienart ist die Hauptursache für krankenhaustypische Infektionen von Patienten und führt häufiger zu einem tödlichen Verlauf als MRSA (multi-resistenter *Staphylococcus aureus*), ein weiterer berüchtigter Erreger. *C. difficile* hat sich schon als resistent gegenüber verschiedenen Antibiotika erwiesen, und es ist zu befürchten, dass es noch weitere Resistenzen entwickelt.

Wissenschaftler des vom Wellcome Trust unterstützten Sanger-Instituts in Großbritannien haben den genetischen Code des Bakteriums kartiert – in der Hoffnung, durch genauere Kenntnis seiner Struktur bessere Behandlungsmöglichkeiten entwickeln zu können. Den Ergebnissen zufolge bestehen mehr als zehn Prozent des Genoms aus Sequenzen, die von einem Organismus zum anderen weitergegeben werden können. Auf diese Weise kann das einzelne Bakterium Gene erhalten, die seine Resistenz gegen Antibiotika verbessern und ihm helfen, im Darm des Menschen zu überleben.

Zu den nächsten Verwandten von *C. difficile* gehören die bakteriellen Erreger von Botulismus, Tetanus und Gasbrand. Untersuchungen haben jedoch gezeigt, dass es nur etwa die Hälfte seiner Gene mit ihnen gemeinsam hat. Außerdem gibt es auch innerhalb der eigenen Stämme eine erhebliche genetische Variabilität. Des Weiteren stellte man bei dem Kartierungsprojekt fest, dass *C. difficile* die Substanz para-Kresol produziert, um andere Bakterien abzutöten und sich selbst damit mehr Raum im menschlichen Körper zu verschaffen.

rechts: Kolorierte rasterelektronenmikroskopische Aufnahme von *Clostridium difficile*-Bakterien (Bild: © D. Phillips/Science Photo Library)

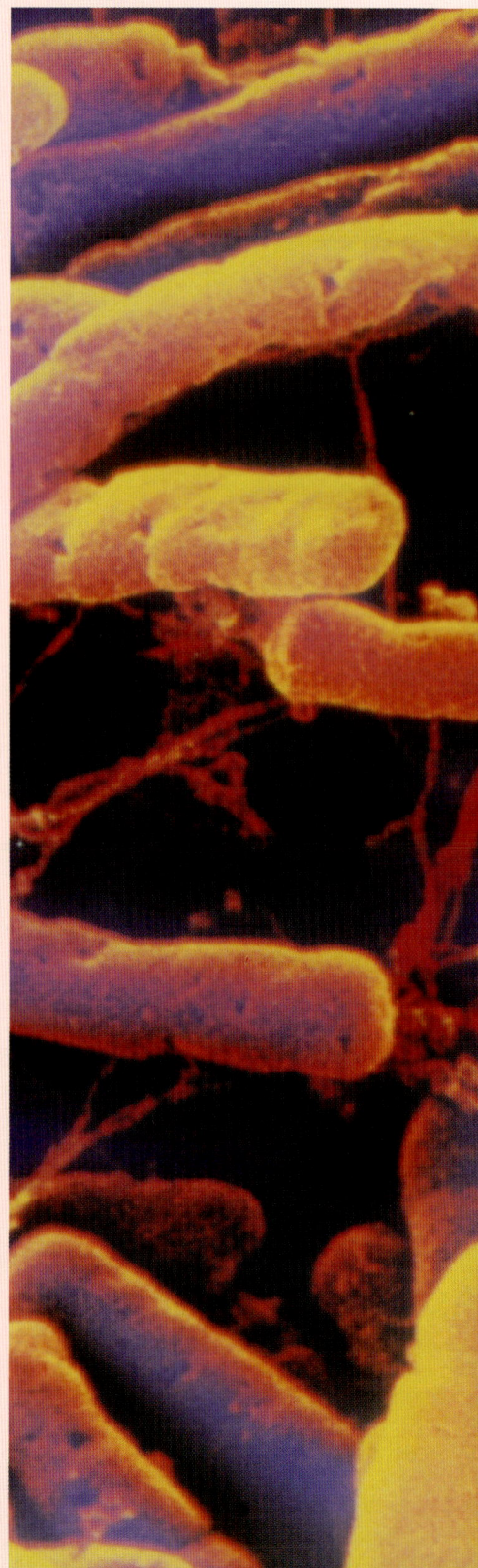

Erregers

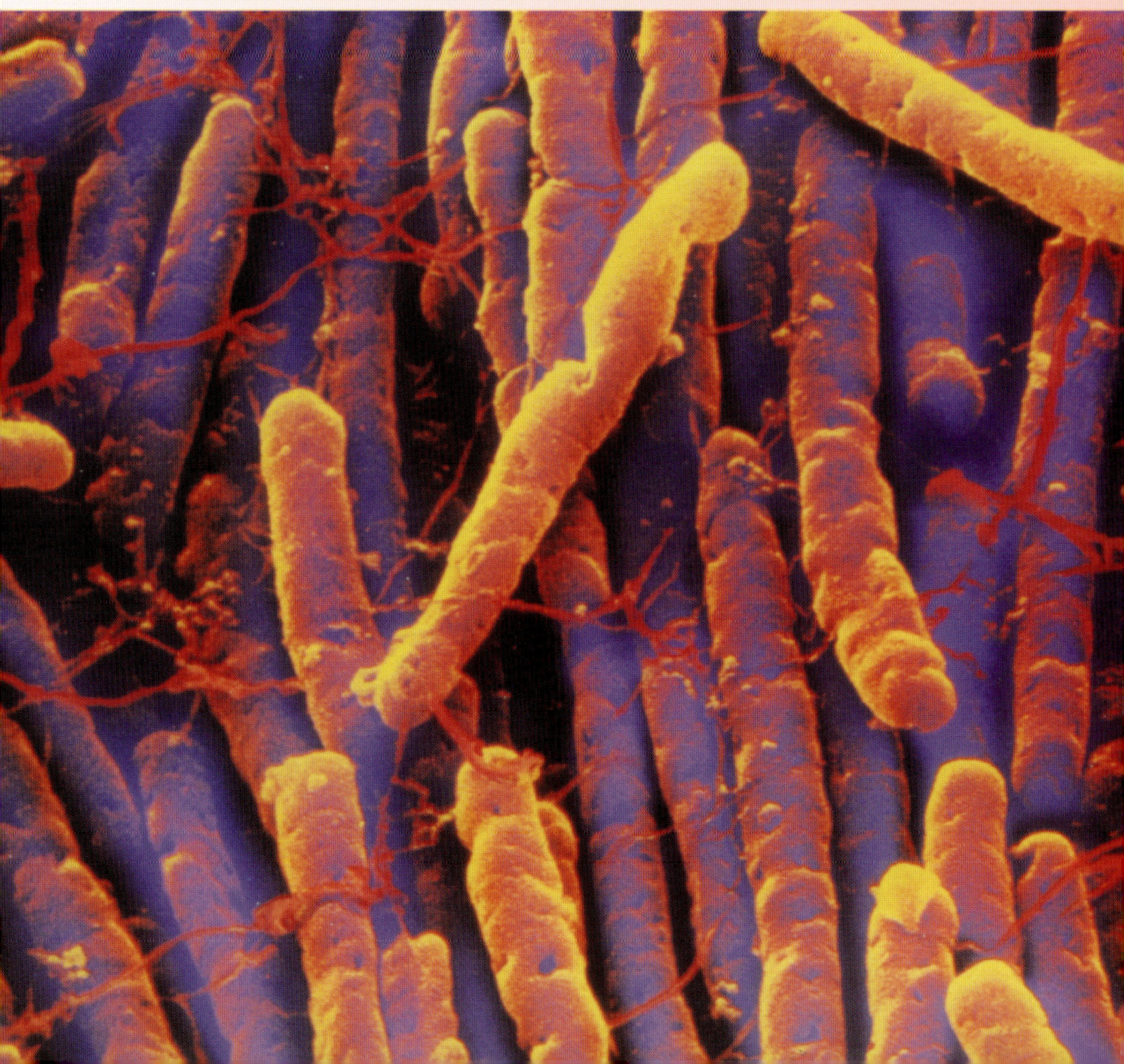

Muntermacher Milch?

oben: Bei der Untersuchung an der Universität Mainz benutzter Schädel aus der Neusteinzeit (Bild mit freundlicher Genehmigung von Joachim Burger, Paläogenetik-Gruppe)

Um auch als Erwachsener Milch gut verdauen zu können, braucht man eine Genmutation, die Laktose-Toleranz bedingt.

Wie eine Studie an Knochen aus der Jungsteinzeit ergab, hat sich die Fähigkeit der Nordeuropäer, auch als Erwachsene Milch zu verdauen, erst im Laufe der letzten 8000 Jahre entwickelt. Bei der Mehrzahl aller Menschen weltweit hat der Genuss eines Glases Milch fast augenblicklich Durchfall, Magenkrämpfe und Blähungen zur Folge – für Nordeuropäer wurde Milch im Laufe der Zeit jedoch lebenswichtig. Um auch als Erwachsener Milch gut verdauen zu können, war die Entwicklung einer Genmutation entscheidend, die Laktose-Toleranz bedingt. Die meisten Menschen und andere Säugetiere verlieren diese Fähigkeit nach dem Entwöhnen. Die Toleranz funktioniert durch Produktion des Enzyms Laktase, das Laktose (Milchzucker) – einen der wichtigsten Zucker in der Milch – aufspaltet.

Wie Wissenschaftler der Universität Mainz und des University College London herausfanden, ist die Laktase-Gen-Mutation erst innerhalb der letzten paar Tausend Jahre aufgetreten und hat sich dann rasch verbreitet.

Mehr als 90 Prozent aller Menschen nordeuropäischer Abstammung besitzen dieses Gen, ebenso manche Afrikaner und Bevölkerungen aus dem Mittleren Osten. Nach der Ausbreitungsgeschwindigkeit in den nordeuropäischen Populationen zu schließen, hatte die natürliche Selektion einen starken Einfluss darauf, und der Besitz des Gens muss einen signifikanten Überlebensvorteil dargestellt haben. Menschen, die Milchwirtschaft betrieben, hatten dadurch den Vorteil, praktisch bei Bedarf ein kräftigendes Getränk zu sich nehmen zu können, und wurden damit unabhängiger von nur saisonal verfügbaren anderen Nahrungsmitteln. Ein zusätzlicher Vorteil ist, dass die Milch im Gegensatz zu vielen Wasserquellen frei von Parasiten ist.

Zu diesen Erkenntnissen gelangten die Wissenschaftler nach der Feststellung, dass das Gen in neusteinzeitlichen Skeletten aus der Zeit von 5840 bis 5000 v. Chr. fehlt, also aus jener Zeit, in der im zentralen, nordöstlichen und südöstlichen Europa die frühesten organisierten landwirtschaftlichen Gesellschaften entstanden. Die Ergebnisse stützen die Theorie, dass die Laktose-Toleranz in Europa erst entstand, als die Menschen vor rund 9000 Jahren mit der Milchwirtschaft begannen und dadurch vermehrt Milch tranken. Die alternative Theorie, laut derer sich die Milchwirtschaft erst entwickelte, als die Menschen Milch verdauen konnten, wird damit in Frage gestellt.

Länger klar im Kopf

Wie eine Studie an Menschen mit einem Durchschnittsalter von 99 Jahren zeigte, sind Menschen, die das CETP
VV-Gen besitzen, mit doppelt so hoher Wahrscheinlichkeit noch geistig fit wie Menschen ohne dieses Gen.

Ein Gen, das schon zuvor mit hoher Lebenserwartung in Zusammenhang gebracht wurde, ist
auch dafür verantwortlich, dass man seinen kla-
ren Verstand bis ins hohe Alter behält. Während
andere Gleichaltrige langsam ihren Verstand verlieren, behalten alte Menschen, die das CETP-
VV-Gen geerbt haben, ihre geistigen Fähigkeiten
mit weitaus höherer Wahrscheinlichkeit sogar
über ihren 100. Geburtstag hinaus bei. Wie eine
Studie an 158 Menschen im Alter von mindestens
95 und einem Durchschnittsalter von 99 Jahren
zeigte, sind Menschen mit diesem Gen mit doppelt so hoher Wahrscheinlichkeit noch geistig fit
wie Menschen ohne dieses Gen. In Tests stufte
man 61 Prozent der Menschen mit dem Gen als
geistig rege ein – im Vergleich zu 30 Prozent der
Altersgenossen ohne das Gen.

Außerdem scheint die Genvariante auch in ge-
wissem Maß vor der Alzheimer-Krankheit und
anderen Arten von Demenz zu schützen. Als
Wissenschaftler der Yeshiva-Universität in den
USA eine weitere Gruppe von 128 Menschen im
Alter zwischen 75 und 85 Jahren untersuchten,
kamen sie zu dem Ergebnis, dass Träger dieser
Genvariante fünfmal seltener an Demenz erkranken als ältere Menschen mit einer anderen CETP-
Variante. Dr. Nir Barzilai, Leiter der Studie für
das Albert-Einstein-College für Medizin, hatte
schon vorher festgestellt, dass die CETP-VV-Gen-
variante bei Hundertjährigen mindestens dreimal
häufiger vorkommt als bei Menschen zwischen
60 und 70.

Vermutlich verhilft die CETP-VV-Variante zu län-
gerem Leben, indem sie größere Cholesterin-

Partikel produziert als andere CETP-Gene. Aufgrund seiner Größe kann dieses Cholesterin
nicht so leicht in die Wand der Blutgefäße ein-
gelagert werden und damit auch keine Ver-
stopfungen hervorrufen, die zu Herzinfarkten
und Schlaganfällen führen. Möglicherweise zeigt
es auch im Gehirn eine ähnliche, Ablagerungen
verhindernde Wirkung und schützt dadurch vor
Demenz.

links: Demenz-
patientin mit ihrer
Enkelin
(Foto: © Henry
Allis/Science Photo
Library)

Frau oder Mann?

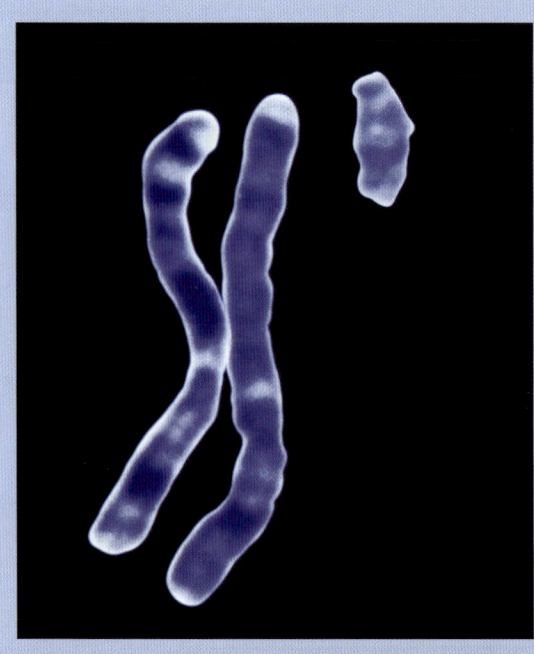

Vier Brüder aus Süd-
italien mussten fest-
stellen, dass sie eigent-
lich als Mädchen zur
Welt kommen sollten.

Genetischen Studien zufolge ist die Vererbung des Geschlechts ziemlich komplex und nicht nur ein reines Jonglieren mit X- und Y-Chromosomen. Bei einer Untersuchung von vier Brüdern aus Süditalien stellten Wissenschaftler fest, dass diese eigentlich als Mädchen zur Welt kommen sollten – hätte nicht ein wesentliches Gen gefehlt. Statt eines X- und eines Y- Chromosoms, wie dies sonst bei Männern üblich ist, besaßen die Brüder zwei X-Chromosomen – also die für Frauen typische Kombination.

1999 erkannte man das SRY-Gen als wichtigsten Auslöser der Entwicklung zum männlichen Geschlecht. Dieses Gen fehlte den Brüdern jedoch. Stattdessen identifizierte das Team unter Leitung von Wissenschaftlern der Universität Pavia in Italien das Gen, das bei einem Embryo die Entwicklung zum Mädchen anregt. Im Fall der vier Brüder, die alle unfruchtbar waren, wiesen beide ererbten Kopien des RSPO1-Gens Mutationen auf. Nach Ansicht der Forscher muss aber mindestens eines der RSPO1-Gene voll funktionsfähig sein, damit sich in der Gebärmutter ein Mädchen entwickeln kann.

links oben: Vergrößerte Abbildung des X- und des Y-Chromosoms eines Mannes (Bild: © Department of Clinical Cytogenetics; Addenbrookes Hospital/Science Photo Library)

Familien-geschichte

Die Analyse des Y-Chromosoms macht es Wissenschaftlern möglich, die Stammbäume zweier vollkommen Fremder zusammenzuführen. Eine der bemerkenswertesten Verbindungen entdeckten sie zwischen dem mongolischen Kriegsherrn Dschingis Khan, dessen Name auch Jahrhunderte nach seinem Tod noch immer mit Morden und Zerstörung verknüpft ist, und einem US-amerikanischen Wirtschaftsprüfer. Tom Robinson, damals außerordentlicher Professor für Rechnungswesen an der Universität Miami, erwies sich durch Analyse seines Y-Chromosoms als Nachfahre eines Ahnen des Kriegsherrn aus dem 13. Jahrhundert.

Ähnliche Verfahren hat man angewendet, um genetische Verbindungen zwischen vermeintlich nicht verwandten Menschen mit gleichem Nachnamen festzustellen. Wissenschaftler der Universität Leicester in Großbritannien fanden 300 männliche Freiwillige, von denen jeweils zwei denselben Nachnamen trugen. Alle Namensvettern wurden auf Ähnlichkeiten im Y-Chromosom hin überprüft, da dieses über Generationen hinweg fast unverändert jeweils vom Vater auf den Sohn weitergegeben wird. In fast einem Viertel der Fälle fand sich innerhalb der letzten 20 Generationen ein gemeinsamer Vorfahr. Als man häufige Nachnamen wie Smith oder Jones aus den Berechnungen ausklammerte, stieg die Wahrscheinlichkeit, dass zwei Namensvettern auch verwandt waren, auf mehr als ein Drittel.

Laut dem Leiter der Studie, Professor Mark Jobling, ist diese Methode potenziell dazu geeignet, in der Kriminalistik zur Aufklärung von Fällen beizutragen, weil man damit eine Liste der wahrscheinlichen Nachnamen Verdächtiger erstellen kann. Seinen Angaben zufolge würde man in Großbritannien dazu eine Datensammlung von 40 000 Nachnamen und den dazugehörigen Y-Chromosomen benötigen und erhielte dann mit einer Wahrscheinlichkeit von 20 Prozent einen Namen, der zur DNA vom Tatort passt.

Man fand eine Verbindung zwischen dem mongolischen Kriegsherrn Dschingis Khan und einem amerikanischen Wirtschaftsprüfer.

rechts: Porträt von Dschingis Khan, Gründer des mongolischen Reiches (1260–1368) (Bild: Bridgeman Art Library/Getty)

Nichts ist, wie es scheint

John Revis hatte geglaubt, er sei durch und durch englischer Abstammung – »wie Roastbeef und Yorkshire-Pudding«; sein Y-Chromosom deutete jedoch auf wesentlich exotischere Ahnen hin. Für eine Studie riefen Genetiker der Universität Leicester in Großbritannien Freiwillige zur Abgabe von DNA-Proben auf. Dabei stellte sich das Y-Chromosom von Revis' Probe als seltene Variante heraus, die man zuvor nur von Männern westafrikanischen Ursprungs kannte.

Die Wissenschaftler, ebenfalls unter der Leitung von Professor Jobling, verfolgten die Spur weiter und testeten die DNA von 18 weiteren Männern mit dem Nachnamen Revis. Sechs von ihnen besaßen ebenfalls die seltene hgA1-Variante und waren alle weiß. Vor der Untersuchung der Revis-Proben war das hgA1-Y-Chromosom bislang weltweit nur bei 26 Personen nachgewiesen worden. Davon stammten 23 aus westafrikanischen Ländern wie Senegal und Guinea-Bissau, drei waren Afroamerikaner.

Die Wissenschaftler versuchten, die Stammbäume von sieben Revis-Proben zu ermitteln. Eine davon stammte von einem Mann aus den USA, dessen Vorfahre im 19. Jahrhundert aus Großbritannien nach Amerika ausgewandert war. Die Unterlagen reichten etwa bis ins Jahr 1780 zurück. Die Proben ließen sich auf zwei Familienstammbäume in Yorkshire zurückführen, die vermutlich im frühen 18. Jahrhundert zusammenlaufen.

Wann das unverwechselbare Chromosom erstmals nach Großbritannien kam, bleibt weiterhin unklar. Laut Professor Jobling ist es wahrscheinlich ein Vermächtnis des Sklavenhandels – Ende des 18. Jahrhunderts lebten 10 000 Schwarze in Großbritannien. Möglicherweise kam es jedoch auch schon während der Besetzung durch die Römer nach Großbritannien, denn es ist historisch belegt, dass ungefähr 200 v. Chr. eine Garnison von Soldaten aus Nordafrika die britische Küste erreichte.

John Revis hatte geglaubt, er sei durch und durch englischer Abstammung, aber sein Y-Chromosom erzählte eine andere Geschichte.

Im Herzen wild

Hauskatze
(Foto mit freundlicher Genehmigung von Josette Gerlier)

Von der Hauskatze glaubt bestimmt jeder, dass ihr natürlicher Lebensraum seit Urzeiten im Haus an der Seite des Menschen ist, der sie mit Futter versorgt und ihr Wärme und Zuneigung schenkt – sofern ihr danach zumute ist. Archäologischen Funden zufolge leben Katzen schon seit mindestens 9500 Jahren mit Menschen zusammen. Lange ging man davon aus, dass es sich um domestizierte Wildkatzen handele. Wie Wissenschaftler jedoch mittlerweile nachgewiesen haben, hat nicht die Europäische Wildkatze als Erste die Vorteile erkannt, die ein Leben im Gefolge des Menschen mit sich bringt, sondern die Afrikanische Wildkatze oder Falbkatze. Zum ersten Zusammenleben zwischen Mensch und Katze kam es wahrscheinlich im fruchtbaren Halbmond zwischen Nil, Tigris, Jordan und Euphrat.

Wie Untersuchungen ergaben, stammen sämtliche Hauskatzen von fünf weiblichen Falbkatzen (Felis silvestris lybica) ab, die sich auf 131 000 Jahre zurückdatieren lassen, als sich die Unterart von der Europäischen Wildkatze (F. s. silvestris) abspaltete. Laut dem Leiter der Studie, Professor David Macdonald, machte sich die Wildkatze wahrscheinlich selbst zum Haustier – in die menschlichen Siedlungen gelockt durch die Nagetiere, die die Lebensmittellager heimsuchten, nachdem sich die Menschen von Jägern und Sammlern zu Bauern entwickelt hatten.

Zur Durchführung der Studie wurden genetische Proben von lebenden Haus- und Wildkatzen aus Europa, Afrika, dem Mittleren Osten und Asien genommen. Museen stellten noch weitere Proben von Wildkatzen zur Verfügung. Durch Analyse der mitochondrialen DNA, die bei Säugetieren nur von der Mutter vererbt wird, konnten die Wissenschaftler eine klare Vorstellung vom Stammbaum der Katzen entwickeln. Nach ihrer Überzeugung ist es gerechtfertigt, die Afrikanische Wildkatze auf zwei verschiedene Unterarten aufzuteilen – die Südafrikanische Wildkatze (F. s. cafra) aus den zentralen und südlichen Gebieten des Kontinents und die Falbkatze.

Umstrittener war die Klassifizierung der chinesische Grau- oder Gobikatze (F. bieti) in die Wildkatzengruppe. Sie spaltete sich vor 230 000 Jahren von der Europäischen Wildkatze ab. Die Mitglieder des internationalen Forscherteams räumten ein, dass die Gene sie zwar als Unterart der Wildkatze ausweisen, man aufgrund der Unterschiede im Körperbau jedoch auch anderer Auffassung sein könne. Bei der Sandkatze (F. margarita) handelt es sich den Proben zufolge nachweislich um eine eigenständige Art, allerdings mit gemeinsamem Vorfahr mit der Europäischen Wildkatze.

Professor Macdonald, der Leiter der Abteilung für Wildtierforschung und Artenschutz an der Universität Oxford, äußerte sich zuversichtlich, dass die DNA-Studie hilfreich für die Naturschutzarbeit bei den Wildkatzen sein kann. Sorgen bereitet ihm die Europäische Wildkatze in Großbritannien, wo sie als Schottische Wildkatze (F. s. grampia) klassifiziert wird. Schätzungen zufolge umfasst die Population zwischen 300 und 400 Tieren, wobei sich die Artenschützer wegen der hohen Rate an Kreuzungen mit Hauskatzen aber sehr unsicher sind. Nachdem nun die genetischen Marker für die Unterarten identifiziert sind, sollte es möglich sein, ein genaueres Bild von der Zahl und der geografischen Verbreitung der noch lebenden Wildkatzen in Großbritannien und anderen Regionen zu gewinnen. Damit ließe sich auch klären, wie akut das Problem der Vermischung von Wild- und Hauskatzen wirklich ist. Die Hauskatze hat sich mittlerweile so erfolgreich in aller Welt verbreitet, dass Professor Macdonald von einem der bisher erfolgreichsten biologischen Experimente der Menschheit sprach.

Sämtliche Hauskatzen stammen von fünf weiblichen Falbkatzen ab.

Variable Hunde

Warum der beste Freund des Menschen so groß werden kann wie ein Pony oder so klein bleibt wie ein Kätzchen, lässt sich durch eine genetische Variation erklären, die man bei Hunden isoliert hat. Hunde zeigen von allen Tieren die größte Variabilität in der Körpergröße. Die größten sind bis zu 70-mal schwerer als die kleinsten. Wissenschaftler haben einen DNA-Bereich identifiziert, dem sie eine Schlüsselrolle bei den Prozessen zuschreiben, durch die aus dem Wolf sowohl ein Chihuahua als auch eine Dänische Dogge hervorgehen konnte. Wahrscheinlich waren Wölfe die ersten Tiere, die der Mensch vor 12 000 bis 15 000 Jahren domestizierte. Seither sind daraus zahlreiche Rassen von unterschiedlichster Form und Größe hervorgegangen.

In einer von britischen und amerikanischen Wissenschaftlern durchgeführten Studie kam zutage, dass alle Hunde mit einem Gewicht von unter 9 kg eine DNA-Sequenz besitzen, die den Einfluss eines Wachstums-Gens vermindert. Die mutierte Sequenz liegt neben dem Wachstums-Gen IGF1 und hemmt die Produktion eines wachstumsfördernden Proteinhormons. Indem die DNA-Sequenz den Einfluss des Wachstums-Gens einschränkt, hält sie die Hunde klein. Das IGF1-Gen ist bei sämtlichen mittelgroßen und großen Hunden vorhanden außer beim Rottweiler; dieser besitzt als einziger großer Hund die mutierte Sequenz. Man vermutet, dass sich diese Ausnahme vielleicht durch das Vorhandensein von anderen Genen und Genregulatoren erklären lässt.

Ausgangspunkt der Studie bildeten Portugiesische Wasserhunde (Cão de Água Português). Nach Identifizierung der Sequenz-Variation der DNA, des sogenannten Haplotyps, dehnte man die Untersuchung des genetischem Materials auf 3241 Hunde aus 143 Rassen aus, darunter die kleinsten, durch selektive Züchtung entstandenen Hunde wie Toypudel, Chihuahuas, Möpse und Pekinesen, und die größten wie Irische Wolfshunde, Mastiffs, Dänische Doggen und Bernhardiner. Wie Professor Gordon Lark von der Universität Utah, einer der Leiter der Studie, meinte, bildete der Portugiesische Wasserhund den idealen Ausgangspunkt, da sein Gewicht zwischen 12,5 und 37,5 kg schwankt. Dass Lark selbst Besitzer eines Wasserhundes war, steigerte sein Interesse noch.

Die Herkunft der genetischen Mutation bei kleinen Hunden ist ungeklärt. Entweder war sie schon bei einem oder wenigen ungewöhnlich kleinen Wölfen vorhanden, die domestiziert wurden, oder sie entstand zu Beginn der Domestikation. Bei heute lebenden Wölfen ist sie nicht zu finden. Laut Dr. Elaine Ostrander, Leiterin des Nationalen Humangenom-Forschungsinstituts der USA, liefern Erkenntnisse darüber, was bei Hunden die Größe bedingt, auch Einsichten über das Zellwachstum und die Körpergröße beim Menschen.

Hunde zeigen von allen Tieren die größte Variabilität in der Körpergröße: Die größten sind bis zu 70-mal schwerer als die kleinsten.

linke Seite: Ein Irischer Wolfshund und ein Chihuahua-Mischling
(Foto mit freundlicher Genehmigung von Tyrone Spady)
rechts: Ein Afghane mit einem Chihuahua-Mischling
(Foto mit freundlicher Genehmigung von Edouard Cadieu)

vorige Doppelseite, im Uhrzeigersinn von oben links:
Darstellung von Cassini (mit freundlicher Genehmigung
von NASA/JPL/Universität von Arizona), Der Orbiter Mars
Express (Bild mit freundlicher Genehmigung von NASA/
JPL-CalTech), Enceladus (Bild mit freundlicher Genehmigung von NASA/JPL-CalTech), Darstellung von pflanzlichem Leben auf einem Planeten, der einen Stern einer
anderen Klasse umkreist (mit freundlicher Genehmigung
von Doug Cummings, CalTech), Darstellung von Gliese
581c (mit freundlicher Genehmigung der ESO), Der Krebs-
Pulsar (Bild mit freundlicher Genehmigung von NASA/
CXC/ASU/J. Hester u. a., HST/ASU/J. Hester u. a.), Darstellung der Marssonde Spirit (mit freundlicher Genehmigung von NASA/JPL-CalTech)

Sterne, Planeten und Weltraum

Am Nachthimmel bestaunen wir die Sterne, die Galaxien und den ganzen Kosmos. Mit seiner unvorstellbaren Ausdehnung und seinem unermesslichen Alter erscheint er uns ehrfurchtgebietend und schier unbegreiflich. Schon die Menschen der ältesten Kulturen haben versucht, seine Geheimnisse zu ergründen, auch was die Position der Menschheit in ihm anbelangt.

Das Erforschen des Weltraums dient nicht allein dem Wunsch, »die Welt zu verstehen«, sondern soll auch Einblicke in unsere Herkunft bieten. Die Astronomen sehen die Erde oder das Sonnensystem längst nicht mehr als Zentrum des Universums an; dennoch gilt die Erde immer noch als einzigartig, denn bisher kennen wir noch keinen anderen Planeten, auf dem Lebewesen existieren. Das Leben sowie die Art und Weise seines Entstehens gehören zu den größten Rätseln des Universums.

Die Wissenschaftler versuchen also zu erklären, warum wir existieren und ob wir im Kosmos allein sind. Dazu untersuchen sie die Geschichte von Sternen und Galaxien, aber auch die Bedingungen, unter denen sie und die Planeten gebildet wurden, und schließlich die Bedingungen, unter denen Leben entstehen kann.

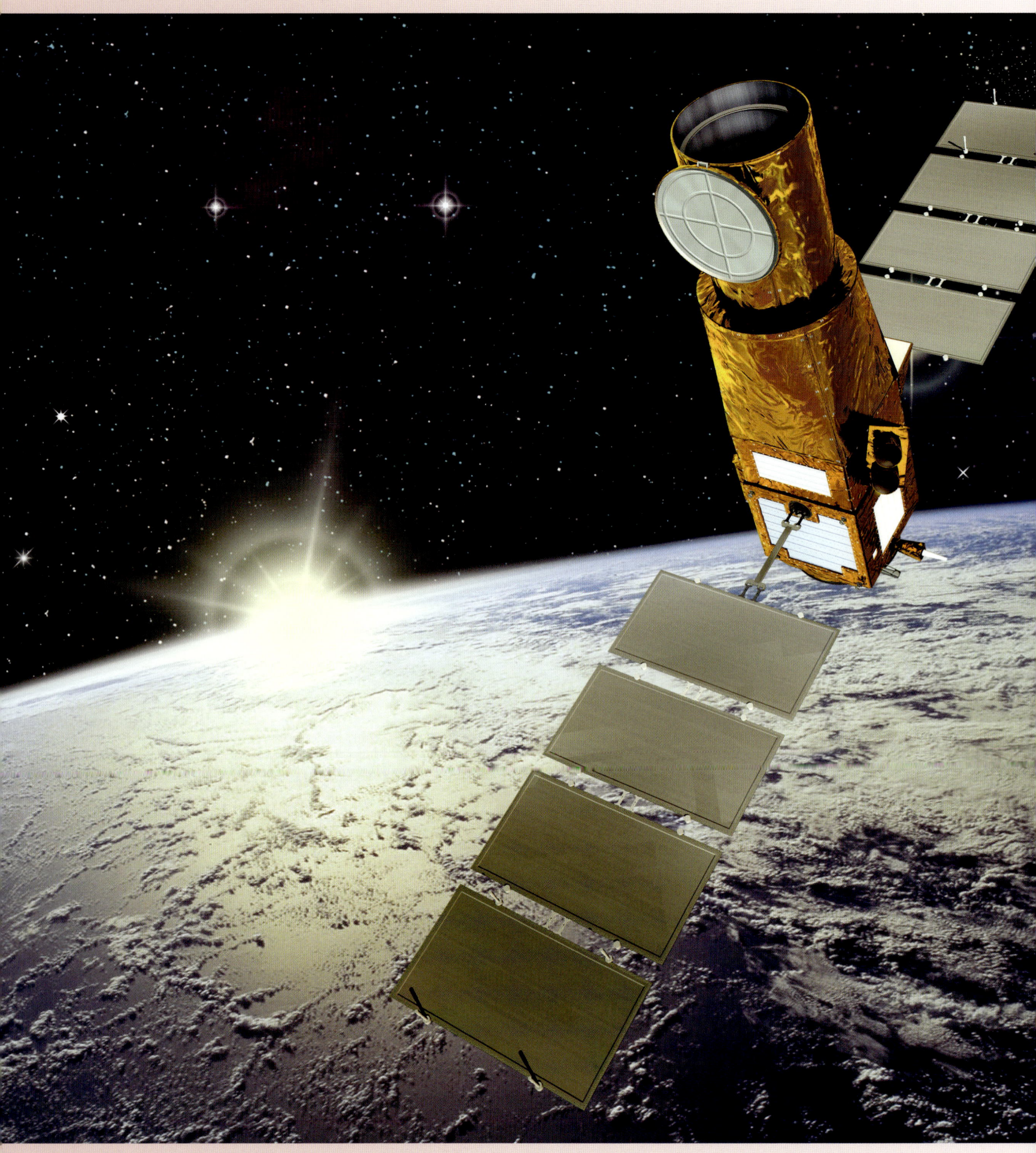

Jagd auf Planeten

Erst in den 1990er Jahren wurde ein Planet außerhalb unseres Sonnensystems entdeckt. Seitdem werden fast regelmäßig neue Funde bekanntgegeben, und inzwischen wissen wir von mehr als 200 extrasolaren Planeten.

Sie sind sämtlich größer als die Erde, die allermeisten sogar vielfach größer, und viele von ihnen sind Gasriesen, die noch schwerer als Jupiter sind. Die Suche nach erdähnlichen Planeten, die Leben beherbergen und der Menschheit eines Tages vielleicht eine Zuflucht bieten könnten, ist also in vollem Gange.

Dazu wurde gegen Ende des Jahres 2006 auch die Raumsonde COROT gestartet, die seitdem die Erde umrundet. COROT ging aus einer Aktion unter französischer Leitung hervor und misst das von Sternen abgegebene Licht. Wenn die Strahlung eines Sterns regelmäßig für kurze Zeit dunkler wird, kann das darauf hindeuten, dass ein Planet vor ihm vorüberzieht.

Im Mai 2007 entdeckte COROT erstmals einen Planeten, der 1500 Lichtjahre von uns entfernt im Sternbild Monoceros (Einhorn) liegt. Dieser heiße Gasriese, COROT Exo 1b genannt, ist 1,3-mal größer als Jupiter und umrundet seinen Zentralstern in nur 1,5 Erdentagen.

oben: Darstellung der Raumsonde COROT (mit freundlicher Genehmigung von CNES/ D. Ducros, © 2006)
linke Seite: Darstellung der Raumsonde COROT (© Science Photo Library/D. Ducros)

Die Suche nach erdähnlichen Planeten, die Leben beherbergen könnten, ist in vollem Gange.

Lebensfreundliche Zone

Nicht zu heiß, nicht zu kalt, sondern gerade richtig, um Leben zu beherbergen.

In der Zone um einen Stern herum, in der es weder zu heiß noch zu kalt ist, wurde erstmals ein kleiner extrasolarer Planet gefunden, nur knapp eine Woche vor dem ersten Fund von COROT.

Dieser Planet, Gliese 581c genannt, wurde durch Beobachtungen an der Europäischen Südsternwarte bei La Silla in der Atacama-Wüste in Chile von einem Team von schweizerischen, französischen und portugiesischen Astronomen geortet. Zu den leitenden Forschern gehörte auch Dr. Stéphane Udry vom Genfer Observatorium; er erklärte, die Entdeckung von Gliese 581c, der seinen Stern in 13 Erdentagen umrundet, sei ein Fortschritt bei der Suche nach einem für Menschen geeigneten Planeten.

Gliese 581c hat einen 1,5 mal so großen Durchmesser wie die Erde und beherbergt vermutlich mit höherer Wahrscheinlichkeit Leben als jeder andere bislang entdeckte extrasolare Planet. Die Oberflächentemperaturen auf Gliese 581c liegen bei 0 °C bis 40 °C. Also muss Wasser, das ja eine Vorbedingung für Leben darstellt, hier weitgehend in flüssiger Form vorhanden sein. Der Zentralstern von Gliese 581c ist ein Roter Zwerg, der wesentlich kühler als unsere Sonne ist. Doch der Planet befindet sich 14-mal näher bei ihm als die Erde bei der

Sonne. Der Planet ist auch deshalb ein guter Kandidat bei der Suche nach Leben außerhalb Erde, weil das Alter seines Sterns mit mehreren Milliarden Jahren ihm viel Zeit gegeben hat, um Leben zu entwickeln. Die Aussichten auf Leben werden durch die relativ geringe Aktivität des Roten Zwerges gesteigert, der daher kaum lebensfeindliche Strahlung abgibt.

Weil Gliese 581c rund 20,5 Lichtjahre von uns entfernt liegt, ist ein Raumflug zu ihm noch völlig utopisch. Selbst mit der bislang schnellsten Raumsonde (New Horizon auf dem Weg zu Pluto) würde die Reise über 250 000 Jahre dauern, mit einem Space Shuttle sogar dreimal so lange. Aber mit Gliese 581c (und natürlich der Erde) kennen wir nun schon zwei kleine Planeten, deren Entfernung vom Zentralstern die Entwicklung von Leben möglich machte. Daher scheint es deutlich mehr solcher Planeten zu geben, die noch ihrer Entdeckung harren.

linke Seite: Darstellung des Planetensystems um Gliese 581, mit dem Planeten Gliese 581c im Vordergrund
unten: Der Stern Gliese 581
(Bilder mit freundlicher Genehmigung der ESO)

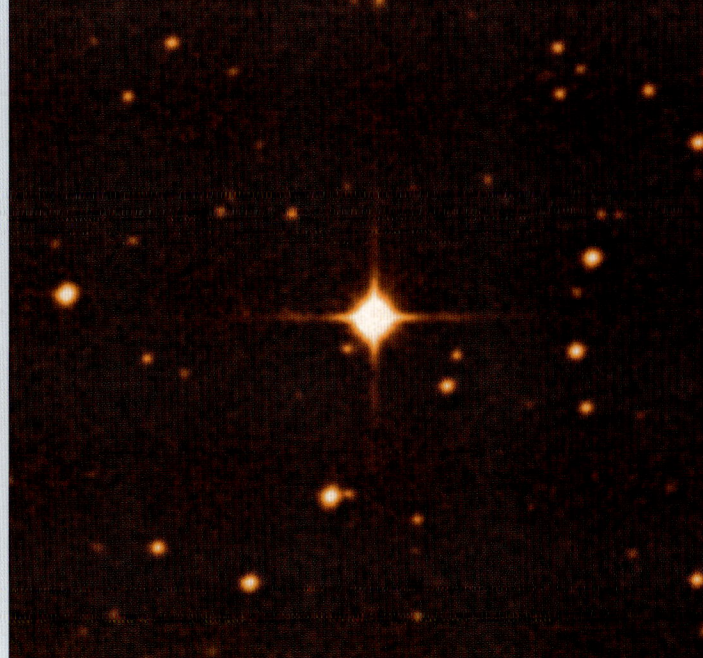

Indizien in der Atmosphäre

Der erste extrasolare Planet, bei dem Wasser nach-gewiesen wurde, ist ein rund 700 °C heißer Gasriese mit der offiziellen Bezeichnung HD 209458b. Er ist 150 Mil-lionen Lichtjahre von uns entfernt und wird meist Osiris genannt. Forscher am US-amerikanischen Lowell-Obser-vatorium konnten mit Hilfe von Aufnahmen des Weltraum-teleskops Hubble der NASA Wasser in der Atmosphäre des Osiris nachweisen.

Die Entdeckung von Wasser auf einem extrasolaren Plane-ten ist ein wichtiges Indiz für die Möglichkeit von Leben auf ihm, denn man nimmt allgemein an, dass Wasser notwen-dig ist, damit Lebewesen entstehen und gedeihen können.

Die Entdeckung von Wasser auf einem extrasolaren Planeten ist ein wichtiges Indiz für die Möglichkeit von Leben auf ihm.

Die Zusammensetzung der Atmosphäre des Osiris konnte ermittelt werden, weil er zu den wenigen extrasolaren Planeten gehört, die von der Erde aus gesehen vor ihrem Zentralstern vorbeiziehen. Dabei werden Unterschiede in den Lichtspektren während einer solchen Passage und danach ausgenutzt.

Jeremy Richardson vom Goddard Space Flight Centre der NASA wertete bei der Untersuchung an Osiris Messdaten von einem Spektrographen des Weltraumteleskops Spitzer aus. Zwar hatte man keine Anzeichen für lebensfördernde Bedingungen auf Osiris vermutet, doch meint Richardson, dass sich Methoden wie die seinen als unschätzbar erwei-sen werden, wenn man die chemische Zusammensetzung von extrasolaren Planeten und ihrer Atmosphäre ermitteln und auch herausfinden will, wie sie gebildet wurden.

linke Seite: Darstellung der Atmosphäre des Osiris, die in der Hitze seines Zentralsterns HC 209458 brodelt (mit freundlicher Genehmigung von ESA/Hubble) rechts: Darstellung eines mit Wolken bedeckten heißen Gasriesen (mit freundlicher Genehmigung von NASA/ JPL-CalTech)

Ein überzähliger Pol

Im Krebs-Nebel wurde inzwischen – ganz unerwartet – ein Pulsar entdeckt, der drei Magnetpole zu haben scheint. Diese Beobachtung stellt die bisherige Annahme in Frage, dass kosmische Objekte, seien es die Erde oder auch entfernte Sterne, nur zwei Magnetpole haben

Diese faszinierende Anomalie stellt die 6300 Lichtjahre von uns entfernten Überreste eines explodierten Sterns dar. Der Lichtschein der Explosion dieser Supernova wurde im Jahre 1054 von arabischen und von chinesischen Astronomen beobachtet und war so hell, dass er sogar bei Tage zu sehen war. Im Zentrum der Supernova, die sich mit über 1500 km/Sek. ausdehnt, befindet sich ein Pulsar, der von den extrem stark komprimierten Resten dieses Riesensterns gebildet wurde. Die heftigen Energieausbrüche des Pulsars oder Neutronensterns wurde in der Sternwarte Arecibo in Puerto Rico aufgenommen. Ihre Merkmale weisen auf die Existenz eines dritten magnetischen Pols hin. Wenn sich das bestätigt, wäre dieser Pulsar das erste uns bekannte kosmische Objekt mit drei Magnetpolen.

Der Pulsar, der sich 30-mal pro Sekunde um seine Achse dreht, sendet Strahlung in zwei Bereichen aus, die – wahrscheinlich durch die Wirkung der Magnetpole – sehr schmal sind. Solche Emissionen sind voraussagbar, aber zur Verblüffung der Astronomen wurden zeitlich nahe bei den erwarteten Pulsen zusätzliche Energieausbrüche entdeckt. Dies gelang Professor Tim Hankins vom Observatorium und Professor Jean Eilek vom New Mexico Institute of Mining and Technology. Nach ihrer Vermutung werden diese außergewöhnlichen Emissionen von einem dritten Magnetpol verursacht, was aber eine Reihe zusätzlicher Fragen hinsichtlich des Strahlungsmusters von Pulsaren aufwirft.

Der Pulsar im Krebs-Nebel war einer der ersten, die man fand, und seine Strahlung wurde beim Kartieren der Sonnenkorona und bei Messungen an der Atmosphäre von Titan, dem größten Saturnmond, ausgenutzt. Radiofrequenzsignale dieses Pulsars können mit vier Zehnteln einer Nanosekunde (vier Zehnteln einer milliardstel Sekunde) extrem kurzzeitig sein, aber ihre Intensität kann so gewaltig sein, dass sie einem Zehntel derjenigen der Sonnenstrahlung entspricht.

Radiofrequenz signale des Pulsars können kürzer als eine Nanosekunde dauern, aber ein Zehntel der Sonnenintensität haben.

linke Seite: Der Krebs-Nebel, aufgenommen mit dem Weltraumteleskop Hubble (Bild mit freundlicher Genehmigung von NASA, ESA, Allison Loll und Jeff Hester/ Arizona State University und Davide de Martin, ESA/Hubble)

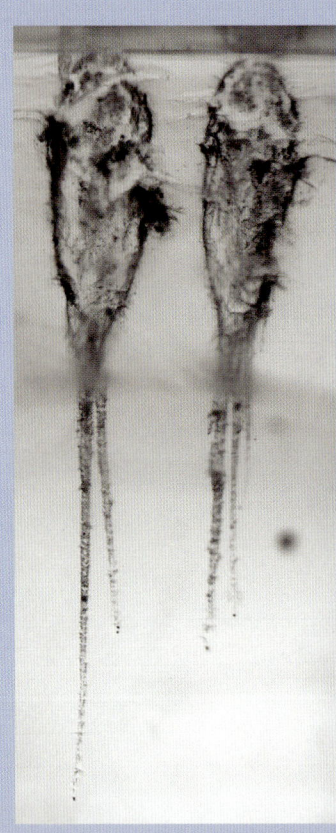 

links: Spuren von Kometenteilchen, eingefangen im Aerogel der Raumsonde Stardust (Bild mit freundlicher Genehmigung der NASA)

unten: Der Komet Wild 2, den die Raumsonde Stardust der NASA am 2. Januar 2004 passierte (Bild mit freundlicher Genehmigung von NASA/JPL-CalTech)

Kosmischer Staub

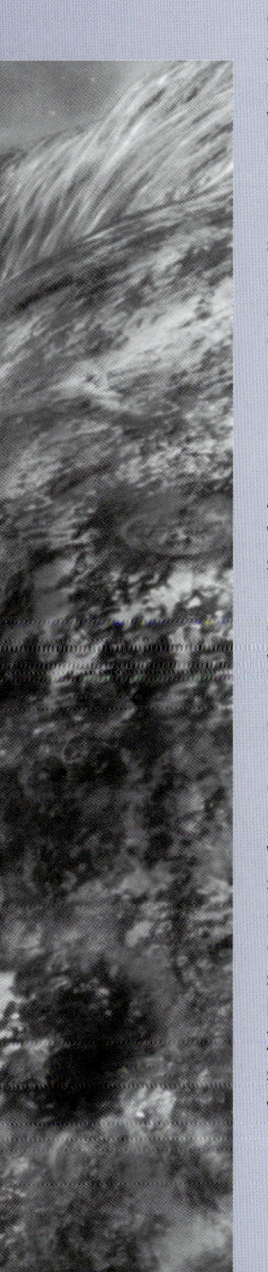

Rund 4,6 Milliarden Jahre alte Staubteilchen lieferten Einblicke in die Entstehung des Sonnensystems. Bei einer NASA-Mission zum Kometen Wild 2 wurde Staub gesammelt, der sich wahrscheinlich in den ersten 10 Millionen Jahren des Sonnensystems bildete.

Beim Untersuchen dieses Staubs sollte auch geklärt werden, wie sich Planeten aus Staub- und Gaswolken bildeten. Die Staubteilchen enthalten ziemlich viel Sauerstoff und bildeten vermutlich einen ganz winzigen Teil der Staub- und Gaswolke, die die Bausteine für das Sonnensystem beisteuerte.

Die im Februar 1999 gestartete NASA-Raumsonde Stardust nahm im Januar 2004 Proben aus dem Kometen Wild 2 und landete im Januar 2006 mit ihrer so einmaligen Fracht wieder auf der Erde. Seitdem beschäftigen sich Forscher aus aller Welt mit der Zusammensetzung des Staubs von Wild 2.

Schon wenige Monate nach dem Beginn der Analysen gab es Überraschungen. Eine davon war die Erkenntnis, dass das Sonnensystem in seiner Frühzeit deutlich flüchtiger gewesen sein muss, als man bislang annahm. Der Staub zeigt, dass die Bausteine des Systems weitaus stärker vermischt waren als vermutet. Das warf aber neue Fragen zur Entstehung der Planeten und zu deren unterschiedlichen Zusammensetzungen auf. Vor der Untersuchung der Fracht von Stardust besagte die gängige Theorie, dass die Planeten so verschieden zusammengesetzt sind, weil sie in räumlich getrennten Bereichen entstanden, die daher verschiedene Materialien enthielten. Aber einige der im Staub gefundenen chemischen Verbindungen konnten sich nur an solchen Stellen gebildet haben, an denen es sehr heiß war. Das deutet darauf hin, dass etwa ein Zehntel des Kometen näher bei der Sonne entstanden sein muss, als bis dahin angenommen wurde.

Substanzen im Staub des Kometen enthalten die Elemente des Wassers und organische Verbindungen, die für Leben unerlässlich sind.

Andere im Kometenstaub gefundene Substanzen enthielten die Elemente Sauerstoff und Wasserstoff (aus denen ja das Wasser besteht), aber auch organische Verbindungen, die nötig waren, damit sich auf der Erde Leben entwickeln konnte. Darunter waren zwei Arten von stickstoffhaltigen organischen Verbindungen, die man zuvor noch nie in Kometen hatte nachweisen können, und außerdem eine bis dahin unbekannte Klasse organischer Verbindungen. Wild 2 konnte als Überbleibsel aus der Geburt der Sonne und der Planeten überdauern, weil er den größten Teil der letzten 4,6 Milliarden Jahre in den äußeren Bereichen des Sonnensystems verbrachte, wo die Temperatur extrem niedrig ist und er auch recht »einsam« seine Bahn zog. Dadurch blieb er lange Zeit unversehrt, sicher vor der Sonnenhitze und vor Kollisionen mit Bruchstücken von Planeten oder anderen Objekten im Weltraum. Doch schließlich wurde er durch die Gravitationswirkung des Jupiter aus seiner Bahn geworfen. Die Staubproben wurden in der Raumsonde Stardust in 132 Blöcken gesammelt, die jeweils so groß wie ein Eiswürfel waren. Sie bestanden aus Aerogel, einem Festkörper auf Siliziumbasis, der sehr porös ist und »gefrorenem Rauch« ähnelt. Aufgrund von dessen geringer Dichte, die kleiner als die aller anderen Feststoffe ist, konnte die Sonde beim Passieren des Kometenschweifs mit rund 21 000 km/h den Staub abbremsen und einfangen, ohne dass er durch einen heftigen Aufprall verdampfte.

Live-Bericht vom Tod eines Sterns

Die Explosion war so hell, dass sie die ganze Galaxie überstrahlte.

Das Ableben eines Sterns konnte verfolgt werden, als die NASA-Raumsonde Swift am 18. Februar 2006 einen verräterischen, ungewöhnlich langen Ausbruch von Gammastrahlen erfasste. Dabei konnte zum ersten Mal der Todeskampf eines Sterns in einer ganz frühen Phase beobachtet werden. Die Explosion war so intensiv wie zehn Millionen Milliarden Sonnen und damit so hell, dass sie die ganze Galaxie überstrahlte.

Supernovae wurden auch schon früher entdeckt, aber erst heute verfügen wir über ausgeklügelte Methoden und Apparaturen, die auch Details erkennen lassen. Man vermutet, dass der Ausbruch sehr energiereicher Gammastrahlen in Form von Strahlen (»Jets«) erfolgt, wenn der Kern des Sterns in sich zusammenstürzt. Der Rest des Sterns implodiert einige Minuten später, worauf eine gewaltige Supernova-Explosion folgte, deren Druckwelle eine zwei Millionen Grad Celsius heiße Gasblase erzeugte.

Ein Ausbruch von Gammastrahlen ähnlich dem von der Raumsonde Swift erfassten dauert meist Sekundenbruchteile bis einige Dutzend Sekunden. Doch in diesem Fall dauerte er 40 Minuten. Swift sendete kurz nach dem Beginn Signale an die Observatorien auf der Erde, damit die Astronomen eine direkte Beobachtung einleiten konnten. Die Supernova war 440 Millionen Lichtjahre von uns entfernt, und beim Teleskop Very Large Array der Europäischen Südsternwarte in Chile konnte man zwei Tage später bestätigen, dass dort ein explodierender Stern einen Ausbruch von Gammastrahlen verursacht hatte.

unten: Das »Vorher«-Bild des Sterns, aufgenommen vom Sloan Digital Sky Survey (mit freundlicher Genehmigung der SDSS)
ganz unten: Das »Nachher«-Bild, aufgenommen vom Ultraviolett- und optischen Teleskop der Raumsonde Swift (mit freundlicher Genehmigung von NASA/ Swift/UVOT)

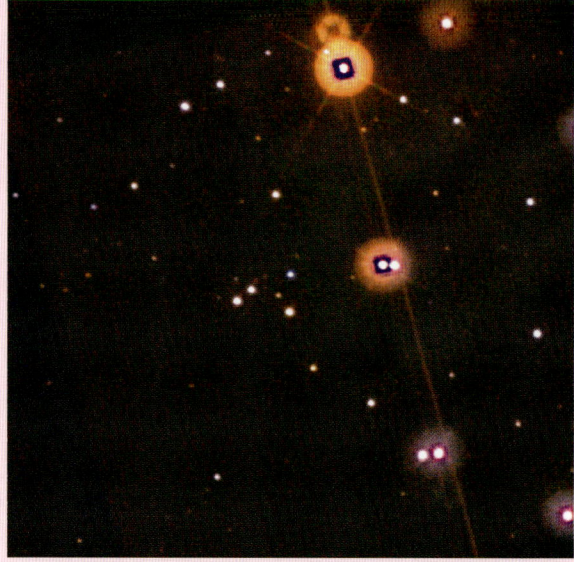

Weit, weit weg

In den ersten 300 Millionen Jahren herrschte kosmische Dunkelheit, weil noch keine Sterne leuchteten.

Am Teleskop Keck II auf Hawaii wurden jüngst sechs Galaxien entdeckt, die zu den ältesten und von uns am weitesten entfernten gehören. Sie sind vermutlich über 13 Milliarden Jahre alt.

Wie Professor Richard Ellis vom California Institute of Technology, der die Messungen leitete, erklärte, wurde das Licht dieser Galaxien nur einige hundert Millionen Jahre nach dem Urknall ausgesandt. Nach heutiger Kenntnis entstand das Universum vor 13,7 Milliarden Jahren, aber in den ersten 300 Millionen Jahren herrschte kosmische Finsternis, denn es leuchteten noch keine Sterne.

Als im Juli 2007 die Entdeckung der sechs Galaxien verkündet wurde, erwartete Ellis durchaus, dass die Ergebnisse angezweifelt würden. Doch er und sein Team waren sich ihrer Sache sicher. Die sechs Galaxien, in denen immer noch Sterne gebildet werden, sind so weit entfernt, und ihr bei uns ankommendes Licht ist daher so schwach, dass es nur mit Hilfe des Gravitationslinsen-Effekts zu erkennen ist. Durch ihn bündeln massereiche Galaxienhaufen das Licht, während es ihre Gravitationsfelder durchquert.

Vor der Entdeckung der sechs Galaxien war IOK-1 die älteste und am weitesten entfernte Galaxie. Ein Team unter der Leitung von Masanori Iye vom nationalen Observatorium Japans in Tokyo hatte sie mit dem Subaru-Teleskop auf Mauna Kea in Hawaii entdeckt. Das Licht dieser Galaxie, das uns heute erreicht, wurde vor 12,9 Milliarden Jahren ausgestrahlt, also über acht Milliarden Jahre vor dem Entstehen der Erde.

Es ist noch zu klären, zu welchem Zeitpunkt in der Geschichte des Universums erstmals kleinere Galaxien miteinander zu großen Galaxien verschmolzen. Mit dem Weltraumteleskop Hubble fanden Forscher der Universität Kalifornien Hunderte großer Galaxien, die rund 900 Millionen Jahre nach dem Urknall entstanden waren. Doch bisher konnten keine Galaxien zweifelsfrei nachgewiesen werden, die in den ersten 700 Millionen Jahren nach dem Urknall gebildet wurden.

unten: Diagramm zum Erläutern der Gravitationslinsen-Methode. Die Vergrößerung liegt meist bei Faktor 20, sodass auch junge Galaxien erfasst werden, die sonst nicht zu beobachten sind (mit freundlicher Genehmigung des CalTech)
ganz unten: Eine Auswahl von Aufnahmen des Weltraumteleskops Hubble von Galaxienhaufen; die neu gefundenen Quellen sind rot gekennzeichnet (mit freundlicher Genehmigung des CalTech)

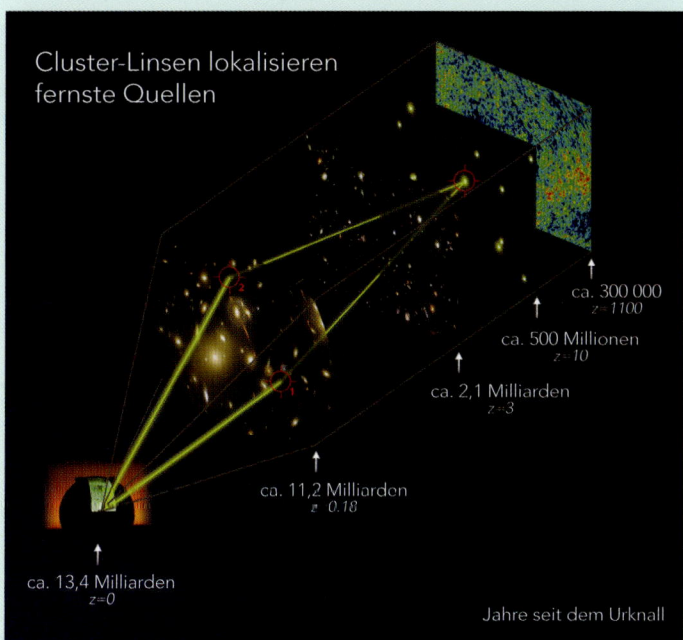

Cluster-Linsen lokalisieren fernste Quellen

ca. 300 000
z=1100

ca. 500 Millionen
z=10

ca. 2,1 Milliarden
z=3

ca. 11,2 Milliarden
z=0,18

ca. 13,4 Milliarden
z=0

Jahre seit dem Urknall

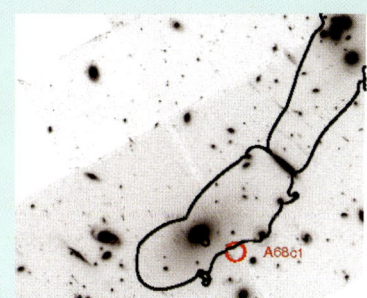

A68c1

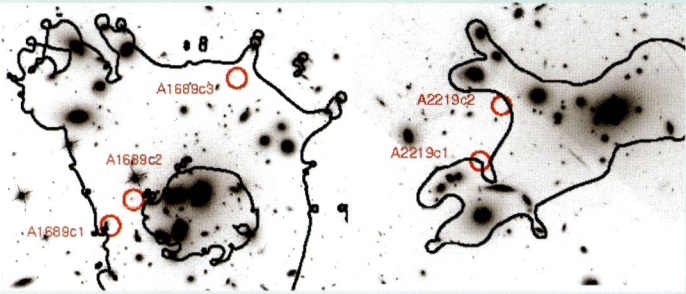

A1689c3

A1689c2

A1689c1

A2219c2

A2219c1

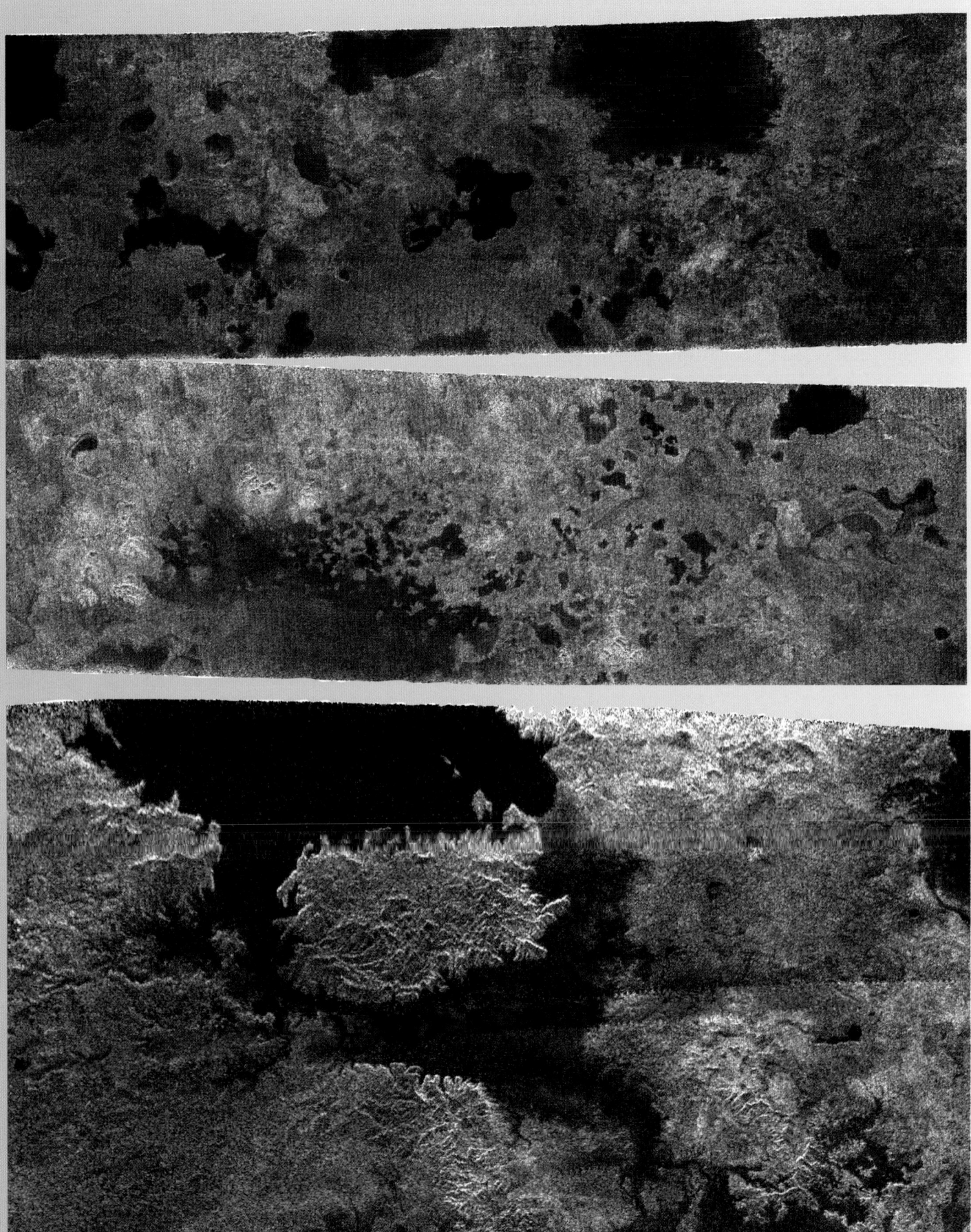

Meere aus Methan

Auf Titan, dem größten Saturnmond, fand man Meere, die vermutlich flüssiges Methan oder Ethan enthalten. Das erinnert an die Bedingungen auf der Erde vor dem Entstehen von Leben. Bilder der NASA-Raumsonde Cassini zeigen ein über 100 000 km² großes Meer und außerdem Hunderte von Seen. Methan und Ethan sind dort am wahrscheinlichsten, weil sie in der Atmosphäre von kosmischen Objekten vorkommen, die kein Wasser enthalten.

Die Seen und Meere, sämtlich größer als jeder See auf der Erde, wurden nahe beim Nordpol des Titan gefunden, abgesehen von einem See nahe beim Südpol. Auf Radaraufnahmen sind auch dunkle Flecken an der Oberfläche des Titan zu erkennen, in denen sich vermutlich auch Flüssigkeiten befinden. Doch das muss bei weiteren Überflügen der Sonden noch überprüft werden. Insbesondere liegen die Flecken anscheinend in Vertiefungen, zu denen Kanäle führen.

Schon bevor Cassini auf dem Weg zum Saturn und seinen Monden war, vermutete man Methanseen auf dem Titan. Dieser ist an der Oberfläche etwa -179 °C kalt, sodass Methan als stabile Flüssigkeit vorliegt. Eine erste Mission im Jahre 2005 durch den Orbiter Cassini und die Raumsonde Huygens der Europäischen Weltraumagentur ESA erbrachte Beweise dafür, dass auf dem Titan flüssiges Methan als Regen fällt und sporadisch in Strömen fließt.

Dr. Ellen Stofan vom University College in London leitete das Team, das die ersten Seen fand. Sie erklärte die Beweise für endgültig. Wie sie weiter ausführte, sind die Seen wie auf der Erde wahrscheinlich so durchsichtig, dass ein Astronaut vom Ufer aus Kieselsteine am Boden sehen könnte. Aber Angeln wäre sinnlos, denn es sei äußerst unwahrscheinlich, dass Leben auf dem Titan existiert. Seine Atmosphäre besteht hauptsächlich aus Methan und Stickstoff, ähnlich wie auf der Erde vor vier Milliarden Jahren, also bevor erstes Leben entstand. Damit ist Titan ein nützliches Modell für den Zustand der frühen Erde. Nach weiteren vier Milliarden Jahren, wenn sich die Sonne höchstwahrscheinlich zu einem Roten Riesen aufgebläht hat, könnte es auf dem Titan für die Entwicklung von Leben warm genug werden.

Die Missionen Cassini und Huygens zum Saturn sowie seinen Ringen und seinen Monden sind ein Gemeinschaftsprojekt der NASA, der Europäischen Weltraumagentur ESA und der italienischen Weltraumagentur. Seine 1997 gestartete Sonde erreichte 2004 den Saturn und sendet seitdem ständig Daten und Bilder zur Erde.

Daten vom Orbiter Cassini im Jahre 2005 erbrachten Beweise dafür, dass auf dem Titan flüssiges Methan als Regen fällt und sporadisch in Strömen fließt.

linke Seite, oben und Mitte: Bilder, die vom Radarsystem der Raumsonde Cassini aufgenommen wurden, zeigen sehr deutliche Indizien für Kohlenwasserstoff-Seen auf dem Saturnmond Titan. Die dunklen Flecken, die Seen auf der Erde ähneln, sind offenbar fast alle bei hohen Breiten nahe dem Nordpol des Titan zu finden.
linke Seite, unten: Diese Radaraufnahme zeigt eine große Insel mitten in einem der größeren Seen auf dem Titan.
(Bilder mit freundlicher Genehmigung von NASA/JPL)

Wolkenbedeckt

Eine Wolke bedeckt ein großes Gebiet am Nordpol des Titan. Zwar hatte man eine solche Wolke über dem Pol durchaus erwartet, aber ihre gewaltige Ausdehnung überraschte die Astronomen, als sie die zur Erde gefunkten Bilder betrachteten. Sie entstanden im sichtbaren und im infraroten Bereich. Ihre Vermessung ergab, dass die Wolke mit ihrem Durchmesser von nahezu 2400 km fast halb so groß ist wie die Vereinigten Staaten von Amerika.

Die Wolke besteht aus Methan, Ethan und anderen organischen Verbindungen. Das unterstützt die Vermutung, dass Methan auf die Oberfläche herabregnet, dann in Seen fließt und anschließend verdunstet, um wieder Wolken zu bilden. Man vermutet, dass die Wolken auf dem Titan einen Zyklus durchlaufen, in dem sie 25 Erdenjahre lang aktiv sind, danach für vier oder fünf Jahre verschwinden und schließlich für weitere 25 Jahre zurückkehren.

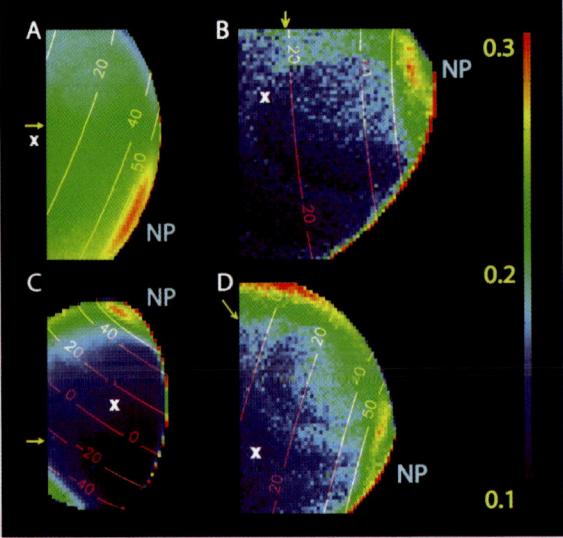

ganz oben links: Eine Aufnahme des Titan im ultravioletten und im infraroten Bereich, aufgenommen von der Raumsonde Cassini
ganz oben rechts: Mehrfache Nebelschleier nahe beim Nordpol des Titan
(Bilder mit freundlicher Genehmigung von NASA/JPL/Space Science Institute)
oben: Ethanwolken auf dem Titan, aufgenommen mit dem Spektrometer der Raumsonde Cassini im sichtbaren und im infraroten Bereich (Bild mit freundlicher Genehmigung von NASA/JPL/Universität von Arizona)

Wolken auf dem Titan sind 25 Erdenjahre lang aktiv.

Der größte Stern

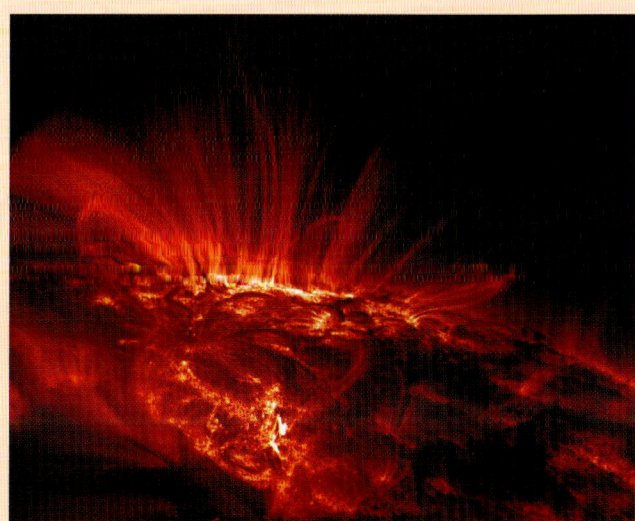

Der bislang größte bekannte Stern ist Teil des Doppelsternsystems A1, das 20 000 Lichtjahre von uns entfernt und mitten in einem Sternhaufen in der südlichen Milchstraße zu finden ist. Messungen von Astronomen der Universität Montreal ergaben, dass er eine etwa 114-mal so große Masse wie unsere Sonne hat. Bislang wurde noch kein anderer Stern mit über 100 Sonnenmassen gefunden. Sein ihm recht nahe gelegener Begleitstern hat 84 Sonnenmassen und ist damit der zweitschwerste bislang gefundene Stern. Die Werte der Massen wurden anhand von Daten errechnet, die mit Instrumenten des Weltraumteleskops Hubble und des Very Large Array der Europäischen Südsternwarte in Chile erfasst wurden.

Seine Masse ist 114-mal größer als die der Sonne.

links: Diese Bilder der Sonne wurden von der NASA-Raumsonde TRACE im ultravioletten Bereich aufgenommen. Die relativ kühlen, dunkel erscheinenden Gebiete sind immer noch Tausende von Grad Celsius heiß. (mit freundlicher Genehmigung des Stanford-Lockheed-Instituts für Weltraumforschung/ NASA)

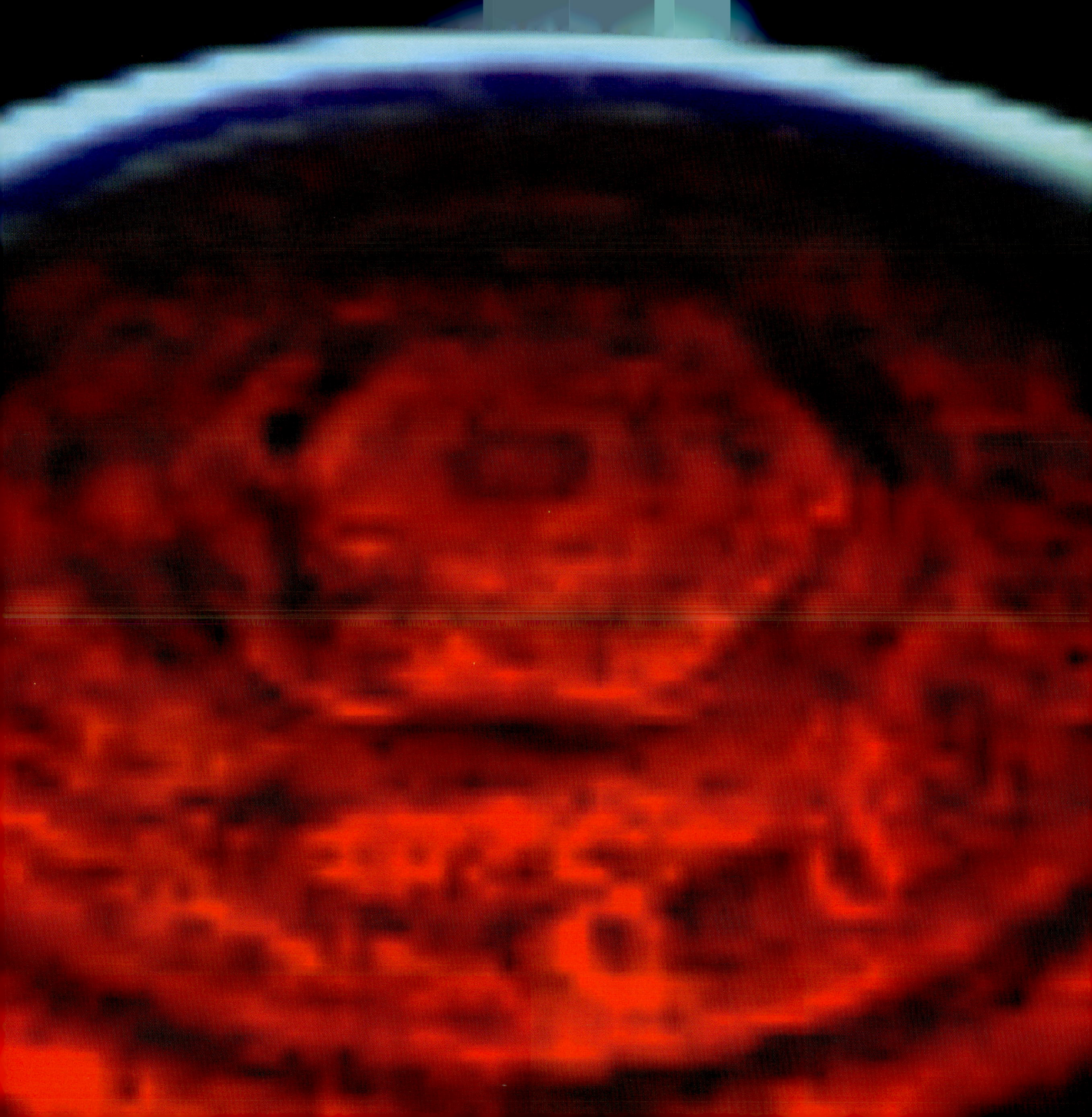

Ein Sechseck am Pol

Bilder von Cassini zeigen in der dichten Atmosphäre des Saturns über dem Nordpol eine seltsame sechseckige Formation, die im Sonnensystem nicht ihresgleichen hat. Sie wurde mit Hilfe der Raumsonden Voyager 1 und Voyager 2 entdeckt, aber erst ein Bild von Cassini offenbarte sie in ihrer Gesamtheit. Dabei wurde deutlich, dass sie tiefer als zuvor angenommen ist und sich 97 km weit unter den oberen Wolkenrand erstreckt.

Die Seiten des Sechsecks sind ungefähr gleich lang, und sein Durchmesser beträgt etwas über 24 100 km, ist also etwa 3,8-mal so groß wie der der Erde. Die Formation ähnelt grob einem kreisförmigen Polarwind auf der Erde, doch der Grund für ihre Sechseckform ist noch unbekannt. Eine mit dem Infrarotspektrometer von Cassini innerhalb von zwölf Tagen aufgenommene Bildreihe, die das ganze Gebiet überstrich, zeigt das Sechseck am deutlichsten.

Cassinis Daten ließen erkennen, dass auf mehreren der Saturnmonde wahrscheinlich geologische Aktivitäten herrschen. Auf Enceladus wurden Geysire entdeckt, deren Eisteilchen wie in einer Rauchfahne 480 km weit nach oben schießen, also fast so weit, wie der Durchmesser dieses Mondes (505 km) groß ist. Die Rauchfahnen gehen vom Gebiet um den Südpol aus. Wegen des Musters der Risse in der Eisfläche nennt man es »Tigerstreifen«. Der Südpol des Enceladus ist wärmer als der übrige Mond. Hier gibt es weniger Krater, weil geologische Aktivitäten vermutlich eine Glättung bewirkt haben. Aus der Form der Rauchfahnen konnte man ableiten, dass die Belastungen durch die Gravitationsgezeiten des Saturns offene Risse mit Längen um 120 km erzeugen, wenn Enceladus bei seinem 1,3-tägigen Umlauf um den Planeten von diesem am weitesten entfernt ist; wenn er ihm danach am nächsten kommt, schließen sich die Risse wieder. Nach Meinung von Dr. Terry Hurford vom Goddard Space Flight Centre der NASA sollte es auch möglich sein, vorherzusagen, wann sich jeder der Risse öffnet und eine Eruption erfolgt.

Außerdem wurde ermittelt, dass Enceladus von einer wenigstens 4,8 km dicken Eisschicht bedeckt ist. Unter ihr könnte sich ein Ozean befinden. Dr. Francis Nimmo von der Universität von Kalifornien in Santa Cruz, die diese Forschungsarbeiten leitete, meint, dass die Wärme in den südlichen Gebieten des Mondes dadurch entsteht, dass Eisplatten aneinanderreiben, ähnlich wie wir im Winter die Hände reiben, um sie zu wärmen. Es wurde berechnet, dass sich die Risse durch die Gravitationskraft des Saturns bei jedem Tidenzyklus um einen halben Meter verschieben. Auch der Saturnmond Titan ist aktiv, und Mitte 2007 wurde vorgeschlagen, auch Tethys und Dione zur Liste der aktiven Saturnmonde hinzuzufügen. Daten der Raumsonde Cassini ließen Aktivitäten auf Tethys und auf Dione erkennen, denn sie zeigten Ströme von Gasteilchen an, die in den Weltraum geschleudert werden, möglicherweise durch Vulkane. Durch Rückverfolgen der Gasströme konnten die Monde als Quelle identifiziert werden.

Mit über 24 100 km Durchmesser ist das Sechseck fast 3,8-mal so groß wie die Erde.

linke Seite: Die riesige sechseckige Formation am Nordpol des Saturn, aufgenommen vom NASA-Orbiter Cassini
unten: Darstellung von Cassini beim Einschwenken in eine Umlaufbahn um den Saturn, kurz nachdem hierfür der Hauptraketenmotor gestartet wurde
(Bilder mit freundlicher Genehmigung von NASA/JPL/Universität von Arizona)

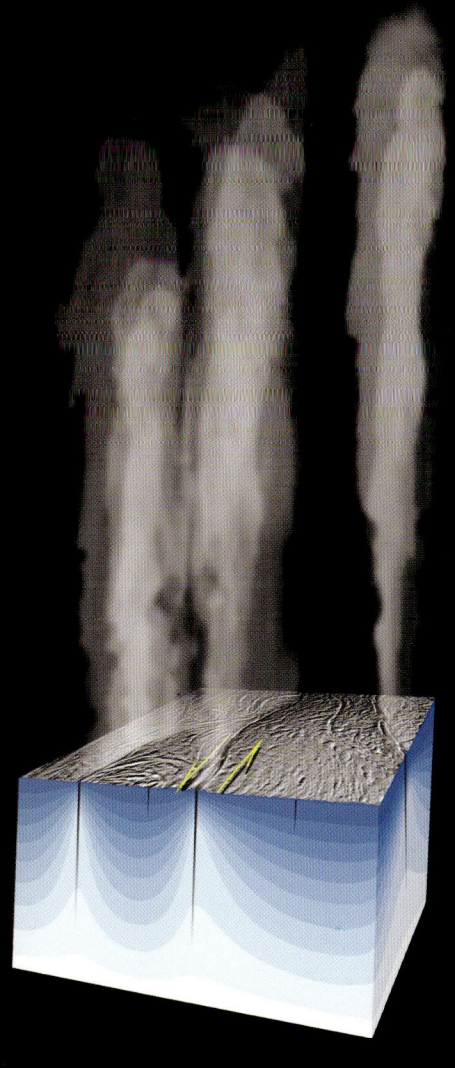

Geysire stoßen Eisteilchen in Form von »Rauchfahnen« fast 480 km weit hoch, hoher als einen Durchmesser des Saturnmonds Enceladus.

oben: Diese Darstellung zeigt, wie Eisteilchen und Gase ähnlich wie Rauchfahnen mit hoher Geschwindigkeit aus der Oberfläche des Saturnmonds Enceladus strömen (Bild mit freundlicher Genehmigung von NASA/ JPL-CalTech)
rechts: Eisteilchen werden in Strahlenformationen am Südpol des Enceladus Hunderte von Kilometern weit emporgeschleudert
linke Seite: Der Saturnmond Enceladus
(Bilder mit freundlicher Genehmigung von NASA/JPL/Space Science Institute)

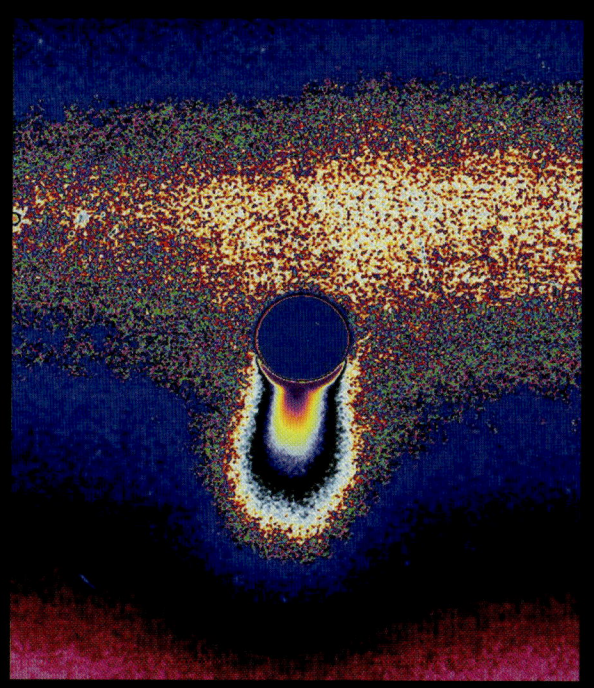

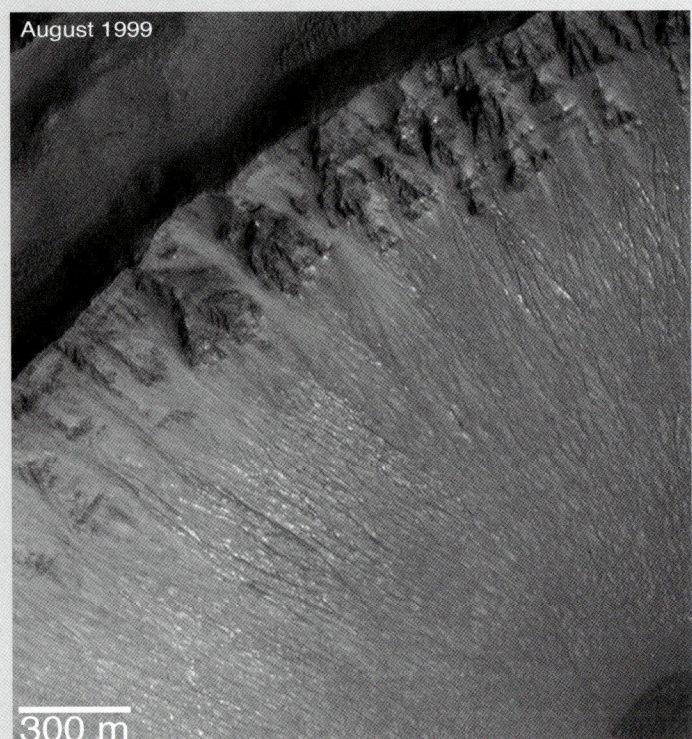
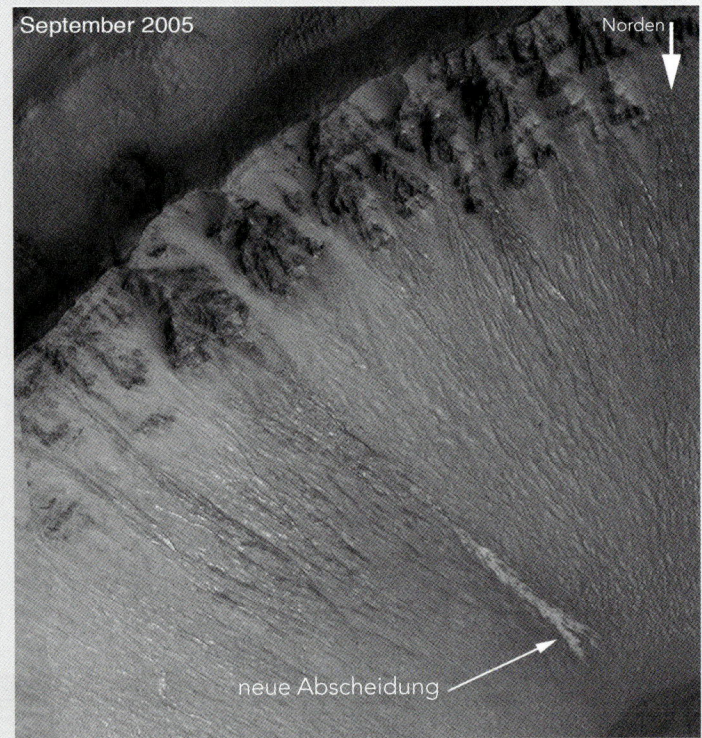

August 1999

September 2005

Norden

300 m

neue Abscheidung

Norden

neue Rinnenabscheidung

1 km

Wasser auf dem Mars

Auch in den letzten Jahren ist Wasser auf dem Mars geflossen. Das ergaben Bilder und Daten, die eine den Mars umrundende Raumsonde zur Erde sendete. Aufnahmen des Roten Planeten aus den Jahren 1999 bis 2005 zeigten Veränderungen in der Oberfläche, die offenbar durch Wasser hervorgerufen wurden, das durch Krater geflossen war. Dr. Michael Meyer vom Mars-Erforschungsprogramm der NASA meint, dass die Fotos den »bislang stichhaltigsten Beweis« dafür liefern, dass auf dem Mars immer noch Wasser fließt. Die Bilder zeigen ein blass gefärbtes Material, das in zwei Kratern anscheinend gerade abgeschieden worden war. Die Spuren, insbesondere um feste Hindernisse herum, ähneln sehr denen einer fließenden Flüssigkeit.

Die Abscheidungen waren auf früheren Fotos nicht vorhanden, sondern zeigten sich erstmals in Aufnahmen der Raumsonde Mars Global Surveyor, die auch Bilder von Tausenden von Rinnen an Abhängen auf dem Mars aufnahm. Man hatte schon zuvor angenommen, dass zumindest einige der Rinnen durch Wasserströmungen entstanden sein konnten. Deshalb wurden die Kameras der Raumsonde erneut auf die betreffende Gegend gerichtet, um Vergleiche zu ermöglichen.

Der Krater Terra Sirenum wurde im Dezember 2001 und im April 2005 aufgenommen, und ein zweiter, noch unbenannter Krater im Gebiet Centauri Montes wurde im August 1999 und im April 2005 aufgenommen. An einem bestimmten Punkt hatte jeweils so viel Wasser, dass man zehn Wettkampfschwimmbecken damit füllen könnte, die Kraterabhänge über einige hundert Meter weit ausgewaschen. Jegliches auf dem Mars vorhandene Wasser gefriert oder verdampft sehr schnell, weil die Oberfläche des Planeten zu kalt und seine Atmosphäre zu dünn ist, als dass es flüssig bleiben könnte. Man vermutet aber, dass das Wasser, das die Kraterabhänge auswusch, aus einer Quelle unter der Oberfläche entwichen war und für kurze Zeit fließen konnte. Diese Feststellung förderte die Hoffnung, vielleicht doch noch Leben auf dem Mars zu finden, wenn auch nur in Form von Mikroben, die überdauern konnten, weil sie wenigstens zeitweise über Wasser verfügen.

Anhand der zu verschiedenen Zeitpunkten erstellten Aufnahmen konnten die Forscher auch abschätzen, wie oft durch Meteoriteneinschläge neue Krater gebildet wurden. Im Jahre 1999 erfassten die Mars-Orbiter 98 Prozent des Planeten, im Jahre 2006 dagegen 30 Prozent. Beim Vergleich wurden 20 Krater gefunden, die in diesen sieben Jahren entstanden waren, der größte mit einem Durchmesser von 148 m. Aus der Häufigkeit der Kraterbildung kann man das relative Alter von Formationen auf Planeten ermitteln, denn die mit den wenigsten Einschlägen sind sicherlich die jüngsten.

Der Orbiter Mars Global Surveyor begann 1999 mit der Kartierung des Roten Planeten und funktionierte einwandfrei, bis die Bodenstation im November 2006 den Kontakt verlor, vermutlich wegen Batterieausfall.

Tausende von Kubikmetern Wasser hatten die Kraterabhänge ausgewaschen.

oben: Rinnenabscheidung in einem Krater im Gebiet Centauri Montes
linke Seite, oben: Der Südostrand des Kraters im Centauri Montes Gebiet im August 1999 und im September 2005
linke Seite, unten: Aufnahmen des Mars Global Surveyor, die eine neue Rinnenabscheidung im unbenannten Krater zeigen
(Bilder mit freundlicher Genehmigung von NASA/JPL/Malin Space Science Systems)

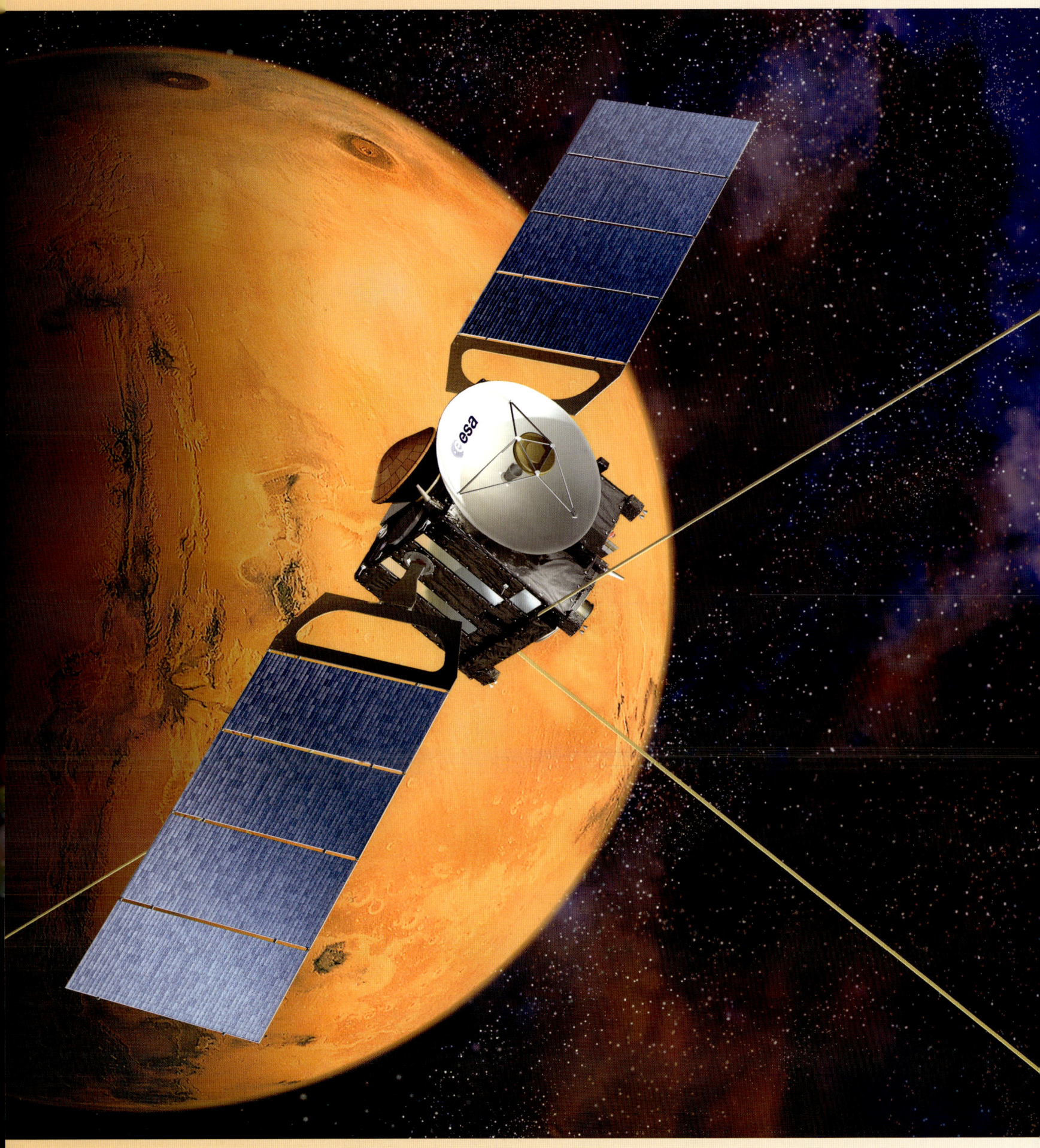

Tiefgefroren

Am Südpol des Mars wurden Eisablagerungen entdeckt, deren Menge ausreichen würde, den gesamten Planeten 11 m hoch zu bedecken.

Das Eis unter der Oberfläche wurde erst gefunden, nachdem diese vom Orbiter Mars Express der Europäischen Weltraum Agentur ESA vermessen worden war. Die neue Erkenntnis wurde im März 2007 bekanntgegeben, gerade drei Monate nach den Bildern, aus denen hervorging, dass auch heutzutage offenbar noch Wasser auf dem Mars fließt. Das Volumen des Eises am Südpol des Mars wird auf 1,6 Millionen km^3 geschätzt. Also befindet sich hier noch mehr Eis als unter dem Gebiet um den Nordpol (1,2 Millionen km^3). Damit ist wohl auch geklärt, was mit all dem Wasser geschah, das den Mars in früheren Zeiten wahrscheinlich bedeckt hatte.

Um das versteckte Eis zu finden, nutzte man ein MARSIS genanntes Instrument, dessen Radarstrahlung in den Boden eindringt und das auch ein Ionosphären-Echolot umfasst. Die Signale des Geräts erreichten eine Tiefe von fast 4 km, sodass auch die Zusammensetzung des Materials weit unter der Oberfläche des Planeten untersucht werden konnte.

Einer der führenden Forscher bei diesem Projekt war Jeffrey Plaut vom Jet Propulsion Laboratory (JPL) der NASA. Wie er erklärte, lieferten die Radarmessungen die bislang genauesten Werte für die Mengen an Eis nahe beim Südpol des Mars. In einem Teil des untersuchten Gebiets scheint sich sogar eine dünne Schicht flüssigen Wassers zu befinden.

Zur Enttäuschung aller, die auf dem Mars Leben zu entdecken hoffen, sind – wie die Daten ergaben – die Temperaturen praktisch überall unter der Oberfläche deutlich zu niedrig, als dass das Eis schmelzen könnte. Also muss eine andere Erklärung dafür gefunden werden, dass die Messungen auch auf flüssiges Wasser hindeuten.

Daten vom Orbiter Mars Express lassen eine dünne Schicht flüssigen Wassers vermuten.

linke Seite: Der Orbiter Mars Express
(Bild mit freundlicher Genehmigung von ESA/D. Ducros)
rechts: Der Orbiter Mars Express mit seiner 40-m-MARSIS-Antenne (Bild mit freundlicher Genehmigung von NASA/JPL-CalTech)

Silica Valley

Mit dem Mars-Rover Spirit der NASA, einem von zwei gleichen Roboter Fahrzeugen, wurden Indizien dafür gefunden, dass auf der Oberfläche des Mars früher viel Wasser vorhanden war.

Eines seiner sechs Räder war hängen geblieben und zog eine tiefe Furche in den Boden. Hier kam ungewöhnlich helles Material zum Vorschein. Mit dem Emissionsspektrometer des Rovers wurden hier hohe Konzentrationen von Siliziumdioxid gefunden – ein Anzeichen für die frühere Gegenwart von Wasser.

Es gibt zwei Möglichkeiten für die Bildung dieses Siliziumdioxids, die aber beide Wasser erfordern. Bei der einen wird Wasser, das Kieselsäure (sozusagen gelöstes Siliziumdioxid) enthält, durch vulkanische Aktivität erhitzt und zur Oberfläche gedrückt, wo es verdampft und Siliziumdioxid zurücklässt. Bei der anderen Möglichkeit strömt heißer, stark säurehaltiger Dampf bei einem Vulkanausbruch an die Oberfläche und löst im Boden alles außer dem Siliziumdioxid auf. Dessen Gegenwart gilt als weiterer Beweis dafür, dass der Mars einst ein viel »feuchterer« Planet war. Wenn wir wissen, wann, wo und in welchen Mengen Wasser vorhanden war, können wir die Wahrscheinlichkeit besser abschätzen, ob er jemals Leben beherbergt hat.

Das Siliziumdioxid wurde entdeckt, als der Mars-Rover Spirit im riesigen Krater Gusew ein Tal erkundete. Man nennt es daher Silica Valley (wörtlich »Siliziumdioxid-Tal«), in Anspielung auf das berühmte Silicon Valley (wörtlich »Silizium-Tal«) in Kalifornien. Der Mars-Rover Opportunity, der Zwilling von Spirit, hat die geologischen Merkmale des Kraters Victoria erforscht, um auch dort die geologische Vergangenheit aufzuklären. Beide Rover sollten nur etwa drei Monate arbeiten, aber ihre Leistung seit der Landung auf dem Mars im Januar 2004 hat alle Erwartungen weit übertroffen.

Eines der Räder war hängen geblieben und zog eine tiefe Furche in den Boden. Hier kam ungewöhnlich helles Material zum Vorschein.

linke Seite: Das Roboterfahrzeug Spirit zur Erforschung des Mars (Bild mit freundlicher Genehmigung von NASA/JPL-CalTech)
rechts: Die rund 20 cm breite Furche, die das defekte Rad des Mars-Rovers Spirit in den Boden gezogen hatte (Bild mit freundlicher Genehmigung von NASA/JPL/Cornell)

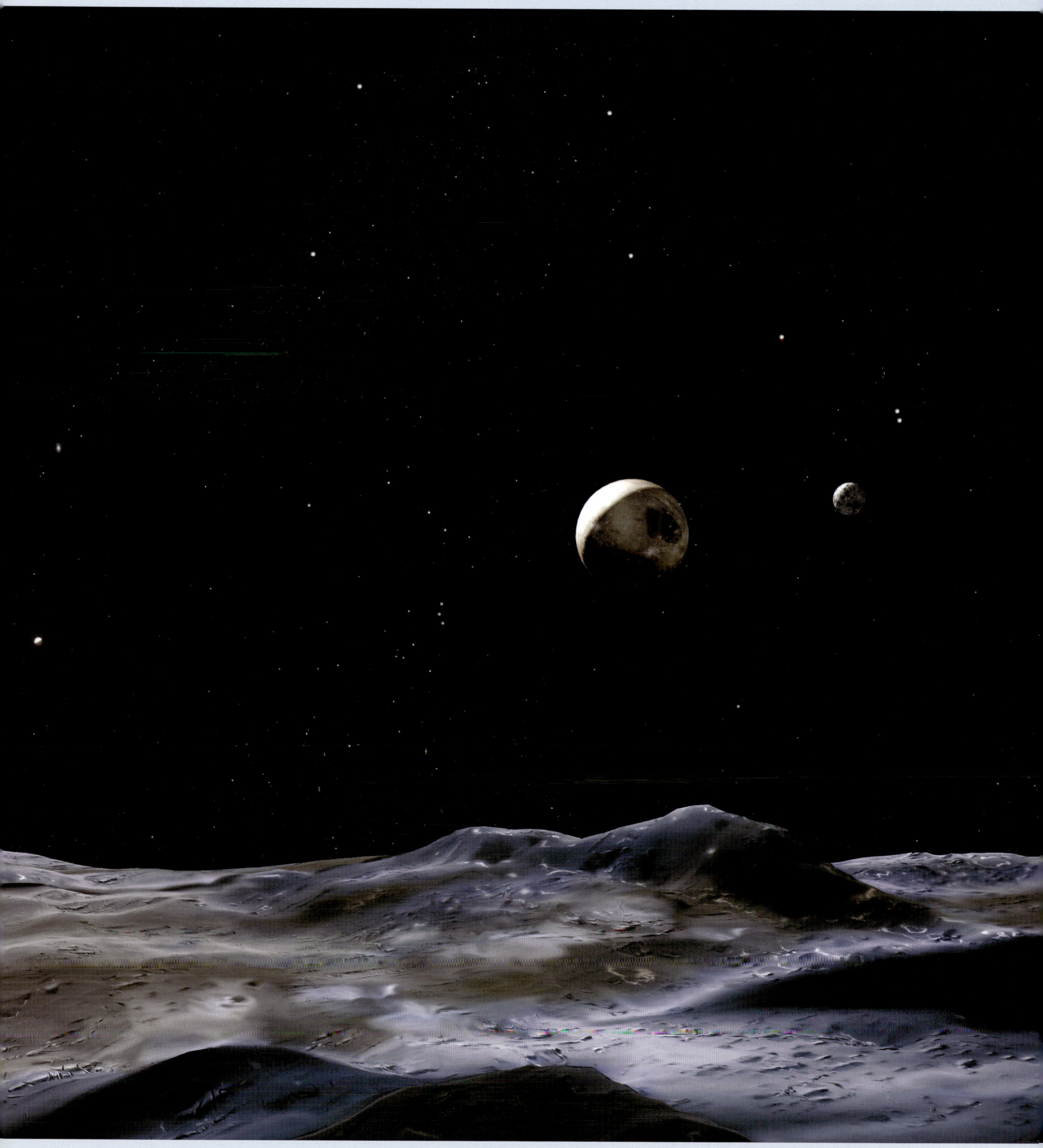

Auf die richtige Größe gestutzt

Das Sonnensystem hat seinen neunten Planeten verloren: Weil Pluto zu klein ist und eine zu stark exzentrische Umlaufbahn hat, wurde ihm der Status eines Planeten aberkannt. Wesentlich war dabei auch, dass er wegen seiner geringen Gravitationskraft keine kleineren Objekte in der Nähe seiner Umlaufbahn einfangen kann.

Im Jahre 2006 beschloss die Internationale Astronomische Gesellschaft (IAU) daher, Pluto nur noch als Zwergplaneten zu führen. Damit wurde er zum Prototypen einer neu definierten Klasse von kosmischen Objekten.

Die Entscheidung bahnte sich an, als ein Objekt entdeckt wurde, das die Bezeichnung 2003 UB313 erhielt. Meist wurde es Xena genannt, nach einer Kriegerprinzessin in einer Comic-Reihe. Es umrundet, wie die Planeten, die Sonne und hat einen Durchmesser von 2400 km. Damit ist es etwas größer als Pluto mit 2300 km, aber ebenfalls kein Planet.

Für den Fall, dass weit draußen noch andere mehr oder weniger große »Brocken« gefunden werden, wurden die Bedingungen für den Planetenstatus vorsichtshalber neu definiert: Umrunden der Sonne sowie ausreichende Masse und daher Schwerkraft, um sich selbst zu einer Kugel zu formen und kleinere Objekte nahe der Umlaufbahn einzufangen. Ein Zwergplanet unterscheidet sich hiervon nur durch seine zu kleine Masse und daher zu geringe Schwerkraft. Pluto gehört nun, wie 2003 UB313 (Xena) und wie Ceres, zu den Zwergplaneten. Bis dahin galt Ceres als der größte Planetoid (oder Asteroid) im sogenannten Asteroidengürtel.

Kurz nach dem »Degradieren« des Pluto wurde das Objekt 2003 UB313 (Xena) offiziell in 136199 Eris umbenannt. Eris war im alten Griechenland die Göttin der Zwietracht. Den Namen hatte – vielleicht in Anspielung auf den Streit über Pluto – das Team von Michael Brown vom California Institute of Technology vorgeschlagen, das Eris entdeckt hatte. Der Begleiter (oder Mond) des Zwergplaneten Eris wird Dysnomia genannt, nach der Tochter der Eris. Dysnomia hat rund 150 km Durchmesser, ist von Eris etwa 37 000 km entfernt, und sein Umlauf dauert 16 Tage.

Irgendwelche Hoffnungen von Pluto-Verteidigern, die Degradierung zum Zwergplaneten rückgängig machen zu können, erlitten im Juni 2007 einen herben Rückschlag. Es stellte sich nämlich heraus, dass Eris um gut ein Viertel mas-

Pluto ist kein Planet mehr: zu geringe Größe, zu exzentrische Umlaufbahn und zu geringe Schwerkraft.

sereicher ist als Pluto. Das hatte Michael Brown mit seinem Team ermittelt, und zwar mit Hilfe von Daten des Weltraumteleskops Hubble und des Keck-Observatoriums. Nach seinen Ergebnissen umrundet Eris die Sonne einmal in 560 Erdenjahren und hat eine Masse von 16,6 Milliarden Milliarden Tonnen, Pluto dagegen nur 13 Milliarden Milliarden Tonnen.

Eris zeigt eine leicht gelbliche Färbung. Sie rührt vermutlich von einer dünnen Schicht aus Methan her, das vom Inneren an die Oberfläche durchgesickert ist. Dort liegt die Temperatur unter 204 °C, also noch tiefer als auf dem Pluto.

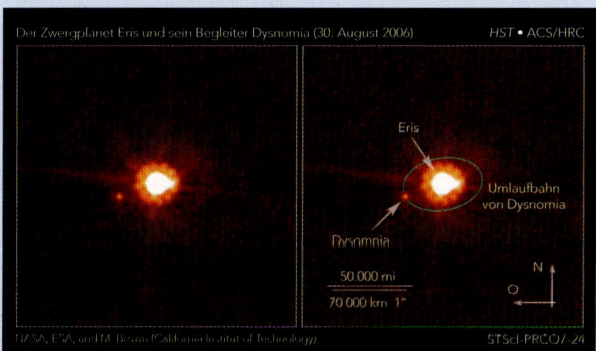

oben: Der Zwergplanet Eris und sein Begleiter Dysnomia (Bild mit freundlicher Genehmigung von NASA, ESA und M. Brown/CalTech) linke Seite: Pluto (nahe der Bildmitte), von einem seiner möglichen Monde aus gesehen. Charon, der bislang einzige als Mond bestätigte Begleiter des Pluto, ist die kleinere Kugel. Der andere mögliche Mond ist der helle Punkt ganz links, unterhalb der Mitte. (Bild mit freundlicher Genehmigung von NASA, ESA & G. Bacon/STScI)

Dunkle Materie

Ein Zusammenstoß von Galaxien bot einen einzigartigen Einblick in eine kosmische Struktur, die von einer geheimnisvollen Komponente des Universums gebildet wird, nämlich der Dunklen Materie. Sie ist zwar unsichtbar, aber indirekt konnte ein ringförmiges Gebilde aus ihr nachgewiesen werden, das fünf Milliarden Lichtjahre von uns entfernt ist. Das gelang den Astronomen, weil seine Gravitationswirkung die Strahlung eines Galaxienhaufens ablenkt, ähnlich wie kleine Wasserwellen einen Gegenstand auf dem Grund eines Gewässers verzerrt erscheinen lassen. Der Befund war so unerwartet, dass Dr. James Jee, der den besagten Ring entdeckte, zuerst einen technischen Fehler im Weltraumteleskop Hubble vermutete. Über ein Jahr lang versuchte er es mit Anpassungen und Korrekturen der Daten; aber dann erkannte er, dass der Ring ebenso real ist wie die Sterne in seinen Aufnahmen. Der mysteriöse Ring ist 2,6 Millionen Lichtjahre groß und war wahrscheinlich entstanden, als vor schätzungsweise ein bis zwei Milliarden Jahren zwei Galaxienhaufen kollidierten.

Die Entdeckung dieses Ringes gilt als eines der stärksten Indizien für die Existenz von Dunkler Materie. Diese wurde schon 1933 von dem Physiker und Astronomen Fritz Zwicky postuliert und bereitet den Astrophysikern seitdem Kopfzerbrechen. Die Dunkle Materie macht wahrscheinlich 23 Prozent der gesamten Masse im Universum aus und stellt eine entsprechende Quelle einer Schwerkraft dar, die erforderlich ist, um Galaxien daran zu hindern, voneinander weg zu fliegen. Die sichtbare Materie, beispielsweise der Sterne, macht rund vier Prozent der Masse des Universums aus, und der Rest ist Dunkle Energie. Diese ist ebenso mysteriös wie die Dunkle Materie, und man nimmt an, dass sie für die beschleunigte Expansion des Universums verantwortlich ist. Die Zusammensetzung der Dunklen Materie ist noch unbekannt, aber man vermutet, dass sie im gesamten Universum in Form von Teilchen verteilt ist, die die gewöhnliche Materie unzählbar häufig durchdringen.

Von James Jee an der John-Hopkins-Universität geleitete Forschungsarbeiten ergaben, dass sich die Dunkle Materie beim Ineinanderdringen der Galaxienhaufen vom Zentrum dieser kosmischen Kollision ausdehnte. Bei der Bewegung nach außen wurde sie infolge der Gravitationskraft langsamer, wobei ihr weiter hinten gelegener, schnellerer Anteil einen Druck auf den vorderen Anteil ausübte, sodass ein Ring entstand.

Der mysteriöse Ring ist 2,6 Millionen Lichtjahre groß und entstand wahrscheinlich bei der Kollision zweier Galaxienhaufen vor ein bis zwei Milliarden Jahren.

linke Seite: Diese Kombination von Aufnahmen des Weltraumteleskops Hubble zeigen einen mysteriösen »Ring« aus Dunkler Materie im Galaxienhaufen Cl 0024+17. (Bild mit freundlicher Genehmigung von NASA, ESA, M. J. Jee und H. Ford, John-Hopkins-Universität)

Eine doppelte Explosion

Vor kurzem wurde erstmals ein Stern mit einer so großen Masse beobachtet, dass er in seinem »Todeskampf« sogar zweimal explodierte. Das geschah in den Jahren 2004 und 2006. Der riesige Stern war schätzungsweise 60- bis 100-mal größer als die Sonne. Die beiden Explosionen in 78 Millionen Lichtjahren Entfernung von uns wurden zuerst von dem japanischen Amateurastronomen Koichi Itagaki entdeckt, der sich auf die Suche nach Supernovae spezialisiert hat.

Auch Professor Stephen Smartt und Dr. Andrea Pastorello von der Queens-Universität im nordirischen Belfast stellten bei ihren Messungen fest, dass beide Explosionen genau im selben Gebiet der Galaxie UGC 4904 auftraten, also vom selben Stern herrühren mussten. Bei der Auswertung der Daten kooperierten sie mit Koichi Itagaki sowie mit französischen, italienischen und chinesischen Forschern. Sämtliche Ergebnisse bestätigten, dass ein einziger Stern die Ursache der Explosionen war. Man wurde hier offenkundig Zeuge des Sterbens eines der größten Sterne im Universum, der letztlich wohl ein Schwarzes Loch hinterlässt. Es ist wahrscheinlich, dass die erste der beobachteten Explosionen, die möglicherweise eine von einer ganzen Reihe war, im Abreißen der äußeren Atmosphäre des Sterns bestand, während die zweite, heftigere Explosion zur Bildung einer Supernova führte.

Der Stern war schätzungsweise bis zu 100-mal größer als die Sonne und wurde nach zwei Explosionen zu einer Supernova.

unten links: Die Supernova 2006jc in der Galaxie UGC 4904, aufgenommen vom Röntgenteleskop der Raumsonde Swift
unten rechts: Die Supernova 2006jc, aufgenommen vom Ultraviolett- und optischen Teleskop der Raumsonde Swift (Bilder mit freundlicher Genehmigung von NASA/Swift/ S. Immler)

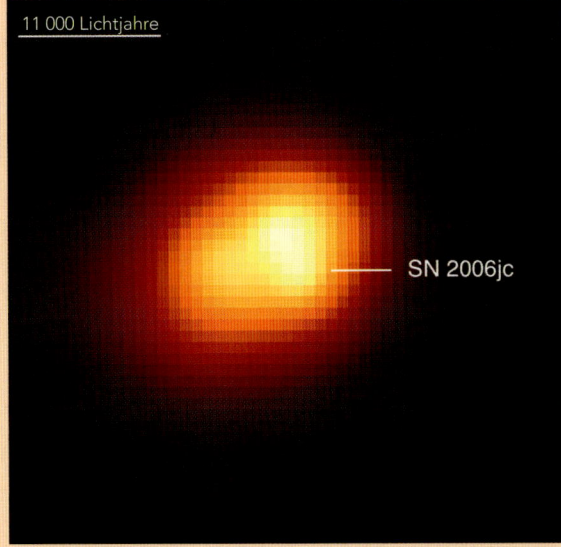

11 000 Lichtjahre

SN 2006jc

11 000 Lichtjahre

SN 2006jc

Explosiver Mond

Der Mond war Hunderte von Jahrmillionen länger geologisch aktiv, als man bislang annahm. Einige Beobachtungen deuten darauf hin, dass es auf ihm immer noch Vulkane geben kann. Indizien für einen Gasvulkan, der vor nur zwei Millionen Jahren ausbrach, fand man in einer 2,7 km breiten Vertiefung, deren Form an den Absatz eines Schuhs oder an den Buchstaben D erinnert. Anstatt Magma stieß der Vulkan riesige Gasmassen aus, die Gestein beiseiteschleuderten und eine bis dahin bedeckte Basaltschicht freilegten. Das Gestein an der Oberfläche der Vertiefung ist in so gutem Zustand, dass sie nach Berechnungen von Geologen vor nur ein bis zehn Millionen Jahren freigelegt worden sein konnten, wobei der wahrscheinlichste Wert bei zwei Millionen Jahren liegt. Damit ist die bisherige Annahme widerlegt, dass der letzte Vulkanausbruch auf dem Mond vor rund einer Milliarde Jahren stattfand.

Die Vertiefung, Ina genannt, liegt oben auf einer 300 m hohen Kuppel und auch an der Kreuzung von Tälern oder Rillen, wie sie auf der Erde meist Stellen geologischer Aktivität sind. Zudem wurden vier andere möglicherweise aktive Stellen identifiziert. Professor Peter Schultz von der US-amerikanischen Brown-Universität, der an den Forschungsarbeiten hierzu maßgeblich beteiligt ist, erklärte, dass ihm die Schärfe der Steinformationen bereits auf den Bildern der Apollo-Missionen zum Mond aufgefallen war. Vermutlich hätten aus dem Weltraum auf den Mond stürzende Fragmente zumindest innerhalb von 50 Millionen Jahren die frischen Gesteinsschichten beschädigt; also musste der Ausbruch in jüngerer Zeit erfolgt sein. Schultz meint, derartige Formationen könnten

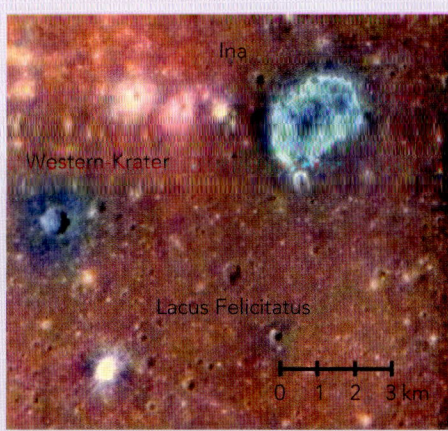

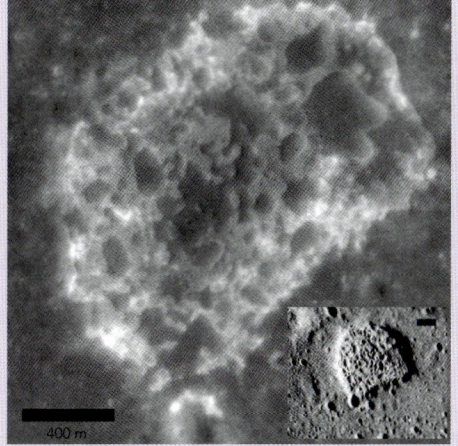

links oben: Eine Kombination von Falschfarbenaufnahmen von Ina und einem nahegelegenen jungen Krater. Blau bezeichnet relativ frisch freigesetzten Titanbasalt und Grün noch nicht beschädigten Mondboden.
links: Die als Ina bezeichnete seltsame Formation ähnelt dem Buchstaben D und ist fast 3 km breit.
(Bilder mit freundlicher Genehmigung der NASA)

Der Vulkan stieß riesige Gasmassen aus, die Gestein beiseiteschleuderten und eine bis dahin bedeckte Basaltschicht freilegten.

sich auch heute noch bilden, und solche heftigen Gasausbrüche könnten erklären, warum Amateurastronomen auf der Mondoberfläche zuweilen Wölkchen oder Lichtblitze beobachten konnten.

Die Farbe des Lebens

Wer nach Leben auf anderen Planeten sucht, sollte eher auf Rot, Grün und Gelb achten als auf Blau. Diese Farbe entspricht nämlich dem energiereicheren Anteil des sichtbaren Lichtspektrums und wird daher von den Pflanzen bevorzugt absorbiert. Dadurch werden andere Teile des Spektrums reflektiert, und das ergibt eben meistens die Farben Rot, Grün oder Gelb.

Grün ist die vorherrschende Farbe von Pflanzen auf der Erde, weil sie vom Chlorophyll herrührt, das bei der Photosynthese die entscheidende Rolle spielt. Möglicherweise ist das auf extrasolaren Planeten nicht viel anders, zumindest wenn ihre Lebensvorgänge auf einer ähnlichen Photosynthese wie auf der Erde beruhen.

Wie Dr. Nancy Kiang vom Goddard-Institut für Weltraumforschung bei der NASA erklärt, sollten auch bei Pflanzen auf extrasolaren Planeten nicht alle Farben des Regenbogens gleich stark reflektiert werden, sondern das für die Pflanzen wertvollste Licht sollte am stärksten absorbiert bzw. am wenigsten stark reflektiert werden. Demnach müsste auch dort Blau die bei Pflanzen unwahrscheinlichste Farbe sein.

Die Suche nach möglicherweise bewohnbaren Planeten wird in den nächsten Jahren vermutlich intensiviert. Die NASA plant den Abschuss des Weltraumteleskops Terrestrial Planet Finder, und die Europäische Weltraumagentur sieht für 2015 die Darwin-Flottille mit ihren die Erde umkreisenden Teleskopen vor.

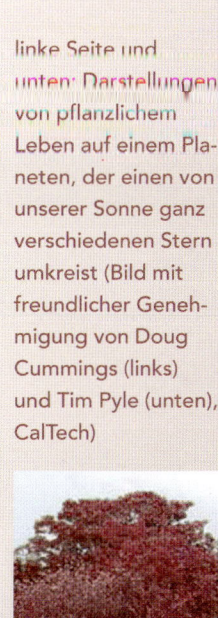

linke Seite und unten: Darstellungen von pflanzlichem Leben auf einem Planeten, der einen von unserer Sonne ganz verschiedenen Stern umkreist (Bild mit freundlicher Genehmigung von Doug Cummings (links) und Tim Pyle (unten), CalTech)

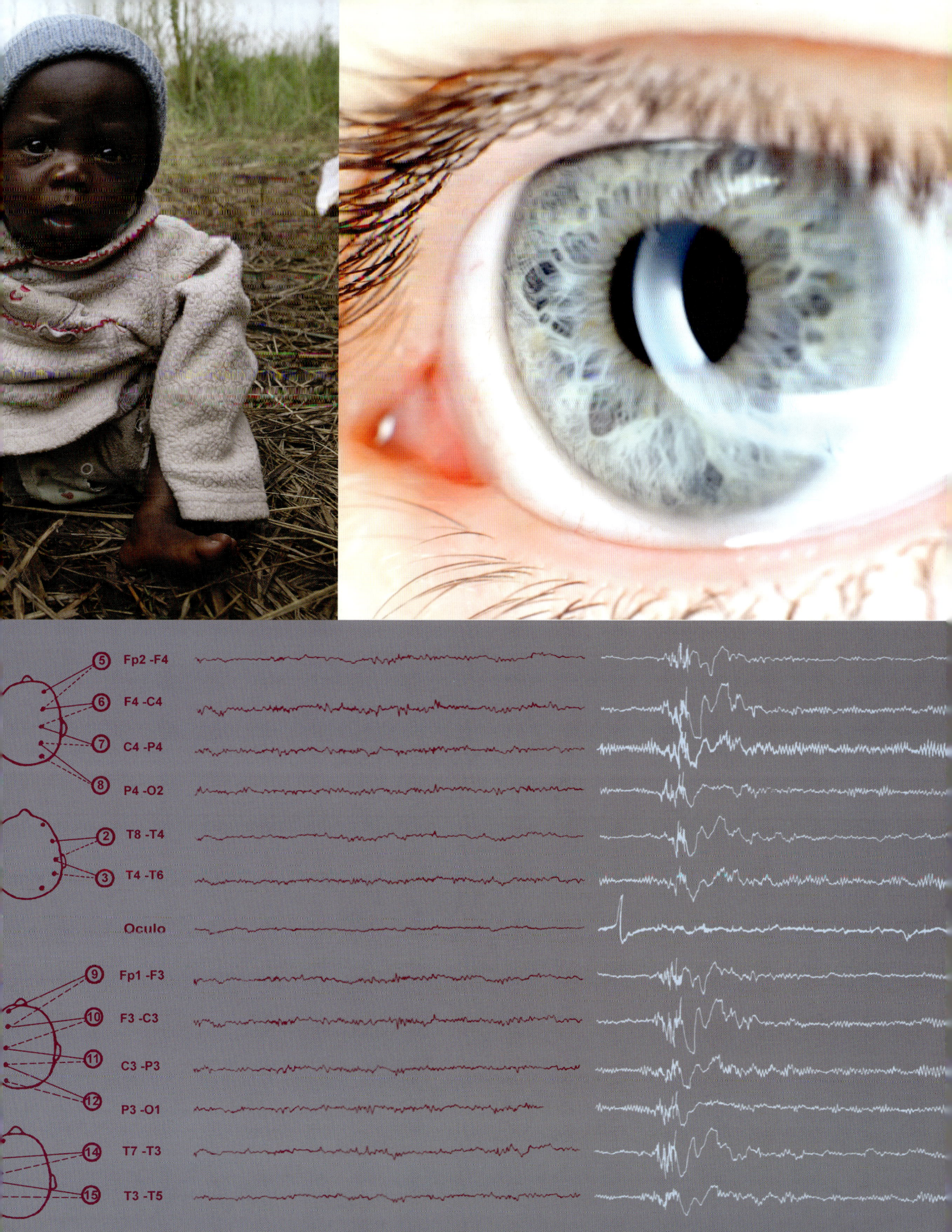

Was in unserem Kopf steckt

Denken ist ein Teil unseres Seins, der sich meist unbemerkt abspielt, doch ohne ihn können wir nicht existieren. Alles, was wir tun – ob wir mit dem Finger wackeln oder ein neues physikalisches Gesetz aufstellen –, erfordert ein gewisses Maß an geistiger Aktivität.

Unser Geist bestimmt, wer wir sind. Er bedingt unsere Persönlichkeit, speichert unsere Erinnerungen, erlaubt uns zu lernen und unsere Körperbewegungen zu kontrollieren. Doch so sehr wir uns auch auf unser Gehirn verlassen und uns bewusst sind, dass es vor allem dieses physische Attribut ist, das der Menschheit erlaubt, die Welt um sie herum derart zu dominieren und zu kontrollieren – das Gehirn ist noch längst nicht umfassend erforscht.

Wissenschaftler, die versuchen, die Rätsel des Geistes zu entschleiern, werden nicht nur durch die Fragilität des Gehirns behindert, sondern auch dadurch, dass vielem, was wir studieren möchten, eine physische Form fehlt – man denke nur an Gefühle. Dennoch haben Forscher auf vielen Gebieten bedeutende Fortschritte bei der Aufklärung der Funktionsweise unseres Gehirns gemacht und Einblicke in das gewonnen, was uns zum Menschen macht.

Der erste Eindruck

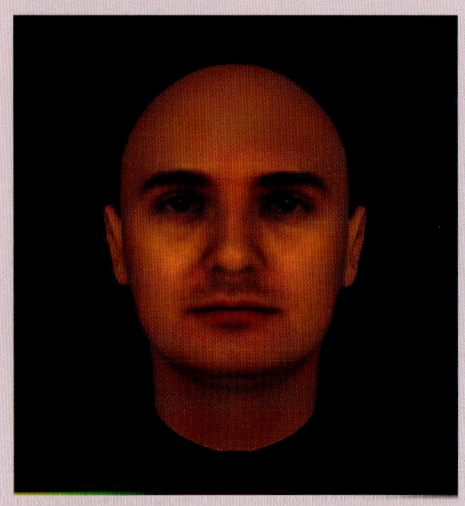 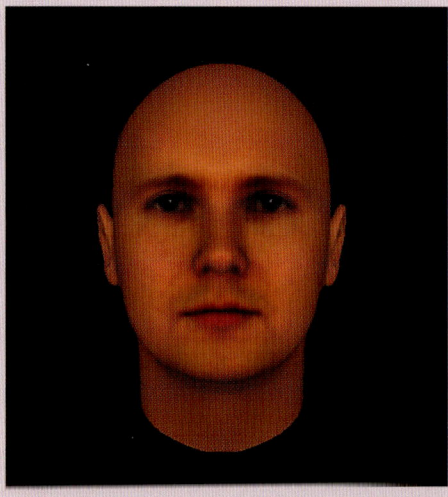

Blitzschnelle Urteile als Reaktion auf angsterregende Ereignisse könnten ein Überbleibsel aus der Frühevolution des Gehirns sein.

oben: Die Teilnehmer der Studie wurden aufgefordert, Komponenten eines vertrauenswürdigen Gesichts (rechts) und eines nicht vertrauenswürdigen Gesichts (links) zu beurteilen.
(Bilder mit freundlicher Genehmigung von Alexander Todorov, Social cognition and social neuroscience lab, Universität Princeton)

Forscher haben herausgefunden, dass Menschen den Charakter eines Fremden nach nur einem kurzen Blick in dessen Gesicht im Bruchteil einer Sekunde einschätzen. Diese Blitzurteile sind nicht unbedingt korrekt, entscheiden aber dennoch darüber, ob wir jemanden als sympathisch, kompetent oder sogar vertrauenswürdig ansehen. Dr. Alexander Todorov von der Universität Princeton in den USA hat eine Reihe von Experimenten durchgeführt, um die Geschwindigkeit dieser Urteilsfindung zu testen: Seine Versuchspersonen kamen zum selben Urteil über ein Gesicht, ob sie nun eine volle Sekunde, eine halbe Sekunde oder nur eine Zehntelsekunde Zeit hatten. Dass die Versuchspersonen ein Gesicht so schnell beurteilten, hieß, dass ihnen oft keine Zeit für rationale Überlegungen blieb, geschweige denn für eine vernünftige Abwägung.

Die 200 Freiwilligen, die an der Studie teilnahmen, wurden aufgefordert, sich 66 verschiedene Gesichter anzusehen, die eine Zehntelsekunde, eine halbe oder eine ganze Sekunde lang auf einem Bildschirm erschienen. Anschließend berichteten sie, für wie vertrauenswürdig sie jedes Gesicht hielten und wie sicher sie sich ihres Ur-

teils waren. Andere Persönlichkeitsmerkmale, die bewertet wurden, waren sympathische Erscheinung und Kompetenz. Die Länge der Zeit, die den Versuchspersonen zum Studieren der Gesichter blieb, hatte keinen Einfluss auf ihr Urteil über den Charakter der anderen Person, doch es gab einen Zusammenhang zwischen dem Maß an Vertrauen, das die Versuchspersonen in ihr Urteil setzten, und ein paar zusätzlichen Zehntelsekunden, die sie zur Entscheidungsfindung hatten.

Warum wir derartige Blitzurteile über die Persönlichkeit eines anderen fällen, ist weiterhin unklar, doch Dr. Todorov vermutet, dies könne ein Überbleibsel aus der Frühevolution des Gehirns sein. Anscheinend spielt der Teil des Gehirns, der an Angstreaktionen beteiligt ist, bei einer blitzschnellen Charaktereinschätzung eine Rolle, so der Psychologe. Dieser Teil des Gehirns, der Mandelkern (Amygdala), existierte bereits lange vor dem präfrontalen Cortex, der vor allem für rationales Denken zuständig ist und nach Dr. Todorovs Meinung möglicherweise völlig übergangen wird, wenn es um den ersten Eindruck geht.

Verborgene Botschaften

Erstmals konnte gezeigt werden, dass das Gehirn, wenn es nicht beschäftigt ist, unterbewusste Botschaften aufnimmt. Forscher stellten mit Hilfe eines fMRI-Scanners (fMRI = Funktionelle Kernspintomographie) fest, dass das, was das Auge aufnimmt, selbst dann vom Gehirn registriert wird, wenn sich die Person nicht bewusst ist, etwas gesehen zu haben. Dieser Befund stützt die umstrittene, aber immer wieder diskutierte Auffassung, dass Betrachter unbewusst Botschaften aufnehmen, die für einen Sekundenbruchteil auf einer Kinoleinwand oder einem Fernsehschirm eingeblendet werden. Freiwillige wurden mit Spezialbrillen ausgerüstet, deren eine Linse ein schwaches Bild von gängigen Haushaltsgegenständen, wie einem Bügeleisen, lieferte, während die andere Blitze erzeugte, die ein bewusstes Erkennen des Bildes unterdrückten. Wie der Scanner zeigte, lösten die Bilder der Haushalts-

gegenstände Hirnaktivität aus, obgleich die Versuchspersonen sich dessen, was sie gesehen hatten, nicht bewusst waren.

Wie weitere Tests, die von einem Team unter Leitung von Dr. Bahador Bahrami vom University College London (Großbritannien) durchgeführt wurden, gezeigt haben, ignoriert das Gehirn, wenn es mit einer schwierigen visuellen Aufgabe beschäftigt ist, die unterschwellige Botschaft komplett. Dr. Bahrami sieht in der Studie einen Hinweis auf die potenzielle Macht unterbewusster Werbung, die dazu dient, Konsumenten insgeheim Botschaften zukommen zu lassen. Ob diese Art der Werbung Konsumenten stark genug beeinflusst, um sie zum Kauf eines bestimmten Produkts zu veranlassen, bleibt jedoch ungewiss.

Blaues Auge in Großaufnahme (Foto © iStockPhoto/ Hirlesteanu Constantin-Ciprian)

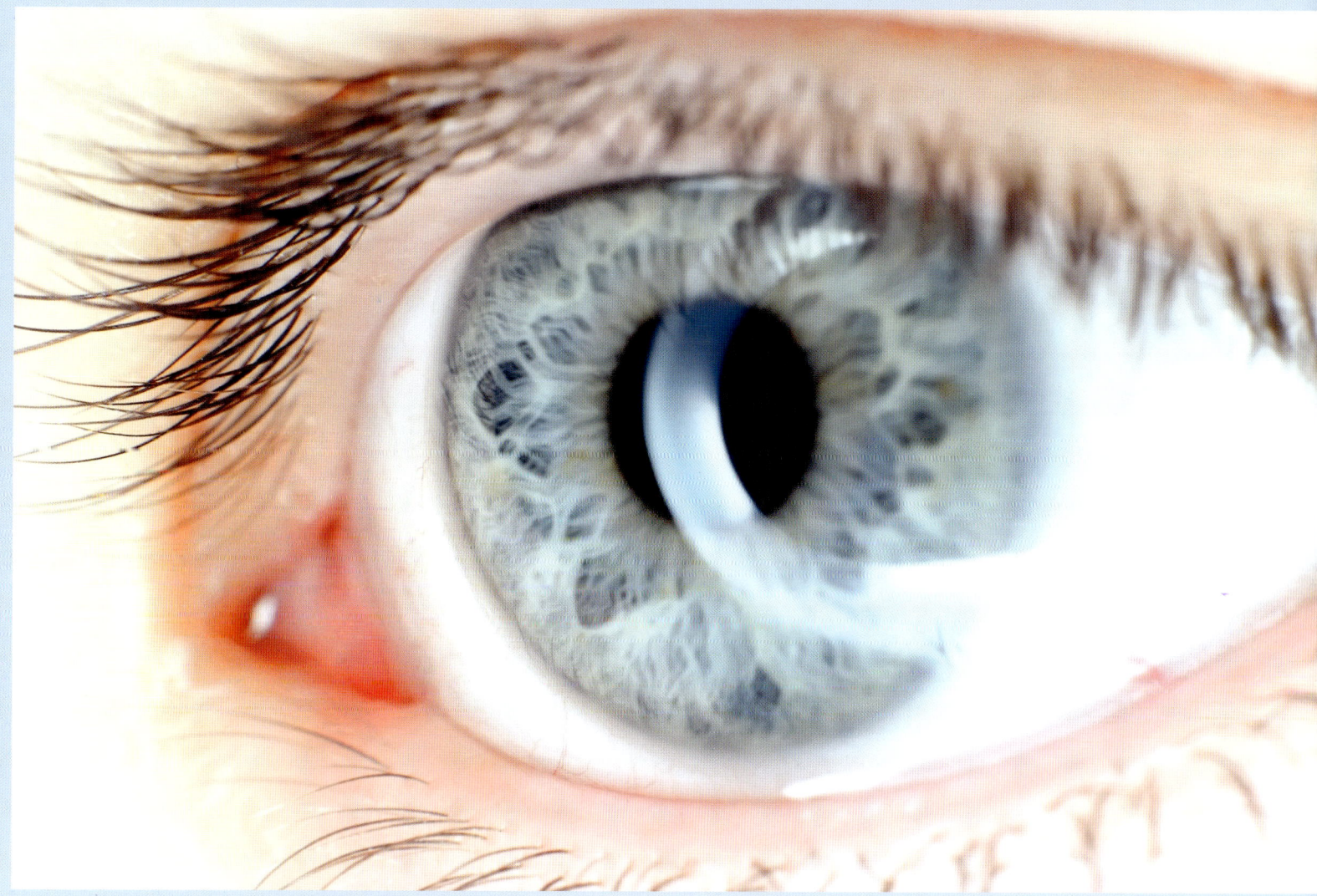

Der beste Freund ist eine Freundin

Wenn es um Freundschaft geht, ist es einer Studie zum Verhalten von Erwachsenen zufolge weitaus besser, sich einer Frau als einem Mann zuzuwenden. Während Frauen loyal, verlässlich und ehrlich sind, sind Männer wankelmütige Wesen, deren Zuverlässigkeit zumindest fragwürdig ist.

Für diese Studie analysierten Forscher der Universität Manchester in Großbritannien über ein Jahrzehnt das Verhalten von mehr als 10 000 Menschen. Die Forscher kamen zu dem Schluss, dass Frauen eher denselben Freunden gegenüber loyal bleiben, was auch immer sonst in ihrem Leben geschieht, beispielsweise ein Umzug in einen anderen, entfernten Landesteil. Sie zeigen echtes Interesse am Wohlergehen ihrer Freunde, an dem, was in ihrem Leben geschieht und wie es ihren Familien geht.

Wenn Männer sich ihre Freunde aussuchen, schleicht sich hingegen nicht selten ein selbstsüchtiges Element nach Motto »Was bringt mir das?« ein. Ihre Freunde finden sie am ehesten an der Theke, wo sie gemeinsam ein Glas heben. Während Frauen versuchen, nach einem Umzug in andere Regionen des Landes mit alten Freunden in Kontakt zu bleiben, macht es Männern gar nichts aus, mit einem neuen Kreis von Freunden von vorn zu beginnen. Während beide Geschlechter Selbstsucht wie auch Großzügigkeit zeigen, geht Freundschaft bei Frauen viel tiefer und ist uneigennütziger als bei Männern, so die Schlussfolgerung des Leiters dieser Studie, Dr. Gindo Tampubolon.

Frauen sind loyal und verlässlich, während Männer wankelmütige Geschöpfe sind, deren Zuverlässigkeit als Freund fraglich ist.

links: Forschungsergebnissen zufolge halten Freundinnen einander eher die Treue als Freunde, ganz gleich, wie die Lage ist.
(Foto: Getty)

Vergessen zu rauchen

Eine Region im Gehirn, die mit dem Empfinden von Hunger und Schmerz verknüpft ist, könnte eine Schlüsselrolle dabei spielen, Rauchern leicht und problemlos das Rauchen abzugewöhnen. Nachdem ein Mann, der 40 Zigaretten pro Tag rauchte, das Rauchen nach einem Hirnschaden durch einen Schlaganfall über Nacht aufgab, gilt die Insel (Insula) als heißer Kandidat. Der Schlaganfall schädigte die Inselregion im Großhirn des Patienten, und vermutlich konnte er deshalb das Rauchen problemlos aufgeben. Wie der Patient seinen Ärzten erklärte, konnte er einfach aufhören zu rauchen, weil der Drang, sich eine Zigarette anzuzünden, nach dem Schlaganfall völlig verschwunden war.

Daraufhin entschlossen sich die Forscher, sich nach weiteren Schlaganfallpatienten umzusehen, deren Insel geschädigt worden war, um herauszufinden, ob sie anschließend ebenfalls problemlos mit dem Rauchen aufhören konnten. Mit Hilfe einer Patientendatei der Universität Iowa in den USA identifizierten sie 19 Raucher, deren Insel geschädigt worden war – zwölf hatten ohne Probleme aufgehört zu rauchen, einer hatte es mit gewissen Mühen geschafft. Die Verbindung zwischen Insel und Nikotinsucht wird, so die Hoffnung der Forscher, Wissenschaftlern helfen, neue Wege zu entwickeln, Menschen dazu zu bewegen, mit dem Rauchen aufzuhören. Insbesondere glauben sie, dass sich Medikamente entwickeln lassen, die auf die Insel einwirken und das heftige Verlangen hemmen.

In Zukunft könnten ein chirurgischer Eingriff und ein Hirnimplantat eine Möglichkeit darstellen, doch bis es so weit ist, müssen wir noch viel mehr über die Insel lernen. Vermutlich spielt sie bei zahlreichen Empfindungen, vor allem bei Begierden und Emotionen, eine Rolle, und höchste Sorgfalt ist angesagt, um beim Versuch, ein Suchtverhalten zu stoppen, nicht andere Funktionen auszuschalten.

Die Studie gilt als die erste ihrer Art, die sich mit den Auswirkungen von Hirnschädigungen auf Substanzmissbrauch beschäftigt. Der Leiter der Studie, Dr. Antoine Bechara von der Universität Südkalifornien, erklärte, eine der Implikationen der Studie sei, dass sämtliche Abhängigkeiten, von Überessen bis Heroinmissbrauch, in derselben Weise durch Hirnläsionen in der Insel beeinflusst werden könnten. Sechs der 19 untersuchten Schlaganfallpatienten rauchten auch weiterhin, und nach Vermutungen des Forscherteam könnte dies bedeuten, dass bei ihnen ein etwas anderer Teil der Insel geschädigt wurde als bei den übrigen Patienten.

Ein Mann, der 40 Zigaretten pro Tag rauchte, konnten das Rauchen nach einer Hirnschädigung aufgrund eines Schlaganfalls über Nacht aufgeben.

(Bild: © iStockPhoto/Slobo Mitic)

Gequältes Genie

Ein Gen, das zu der einzigartigen Intelligenz des Menschen beiträgt, könnte gleichzeitig eine Rolle bei psychischen Erkrankungen spielen, die mit Wahnvorstellungen und Halluzinationen einhergehen. Bei den meisten Menschen verbessert eine häufige Variante des DARPP-32-Gens die Informationsverarbeitung im Gehirn, doch gleichzeitig erhöht sie offenbar das Schizophrenierisiko. Forscher fanden heraus, dass das Gen einen Schaltkreis kontrolliert, der mit dem präfrontalen Cortex verknüpft ist und Funktionen wie Intelligenz, Motivation und Aufmerksamkeit beeinflusst. Während diese Variante in den meisten Fällen evolutionär vorteilhaft ist, kann sie, wenn andere Gene und Umweltfaktoren den präfrontalen Cortex – der Gedanken und Handlungen steuert – aus dem Tritt bringen, zum Ausbruch von Schizophrenie beitragen.

Forscher am National Institute of Mental Health in den USA haben diese Genvariante genauer untersucht und dazu DNA-Proben von mehr als 1000 Menschen genommen. Mindestens drei Viertel der Freiwilligen trugen die Variante, stellten sie fest, und bei Menschen mit Schizophrenie war sie häufiger als bei den übrigen.

oben: Sylvia Plath, verehrt ob ihrer Lyrik und Prosa, aber auch bekannt wegen ihres Kampfes mit ihrer psychischen Erkrankung, die schließlich im Suizid endete

Eine häufige Variante des DARPP-32-Gens trägt zur einzigartigen Intelligenz des Menschen bei, kann jedoch auch das Risiko für Schizophrenie erhöhen.

Vierbeinige Enten

Die Ente wurde von einer Frau mit einem Demenztyp gezeichnet, der allmählich die Fähigkeit zu konzeptualisieren – begrifflich zu denken – zerstört.

Ein Bild einer Ente mit vier Beinen hat dazu beigetragen, eine 150 Jahre alte Diskussion darüber beizulegen, welcher Teil des Gehirns sich mit Konzepten beschäftigt. Die Ente war von einer Frau mit einem Demenztyp gezeichnet worden, der allmählich die Fähigkeit begrifflich zu denken zerstört. Die 55-jährige Frau wurde aufgefordert, eine Ente zu zeichnen, wozu sie durchaus in der Lage war, solange ein Foto vor ihr lag. Als sie jedoch gebeten wurde, aus dem Gedächtnis zu zeichnen, statt eine Vorlage zu kopieren, begannen ihre Schwierigkeiten, weil, so erklärten die Forscher, sie sich die Bedeutung dessen in Erinnerung rufen musste, was sie gesehen hatte und sich klarmachen musste, was eine Ente ist.

Nach einer 10-sekündigen Verzögerung zwischen dem Sehen des Fotos und dem Zeichnen der Ente begann sie ein drittes Bein zu zeichnen, strich es aber durch, als sie ihren Fehler erkannte. Lag eine volle Minute zwischen dem Betrachten des Fotos und dem Beginn des Zeichnens, war das Endergebnis eine Ente mit vier Beinen und einem Schwanz wie ein Truthahn.

Der Test war einer von mehreren, die von Forschern der Universität Manchester in Großbritannien durchgeführt wurden, um die Frage zu beantworten, welcher Teil des Gehirns dazu verwendet wird, Konzepte, Wörter und Bedeutungen zu verstehen.

Semantische Demenz ist eine degenerative Krankheitsform, bei der Patienten zunehmend die Fähigkeit verlieren, Alltagsgegenstände zu erkennen, zu benennen und zu verstehen. Professor Matthew Lambon Ralph leitete das Team, das den Teil des Gehirns zu identifizieren suchte, der mit der Demenz assoziiert war, und erklärte, die Entenzeichnungen illustrierten den Funktionsverlust.

Zu anderen Tests mit derart erkrankten Patienten gehörten Gehirnscans, die zeigten, dass sie einen Gewebeverlust im vorderen Bereich des Schläfenlappens erlitten hatten.

Mit Hilfe von Freiwilligen gelang es, die Vorstellung zu untermauern, dass Bedeutungen im vorderen Bereich des Schläfenlappens und nicht, wie früher angenommen, im sogenannten Wernicke-Areal gespeichert werden. Die Probanden nahmen an Experimenten teil, bei denen ihre Schläfenlappen mittels transcranialer Magnetstimulation ermüdet wurden; die Wirkung hielt nur wenige Minuten an. Wenn sie nach dieser Prozedur befragt wurden, brauchten sie zehn Prozent länger, um sich an die Namen von Gegenständen zu erinnern, die ihnen gezeigt wurden.

unten: Drei Entenzeichnungen einer demenzkranken Frau. Die erste, ganz links, wurde ohne Verzögerung nach dem Betrachten eines Fotos gezeichnet. Nach einer 10-sekündigen Verzögerung (Mitte) und einer 60-sekündigen Verzögerung (rechts) werden die Zeichnungen immer ungenauer. (Bilder mit freundlicher Genehmigung von Matthew Lambon Ralph, Neuroscience and Aphasia Research Unit, Universität Manchester)

Benutz' es oder verlier's

Bei Menschen, die in hohem Alter geistig aktiv sind, ist die Wahrscheinlichkeit, an Demenz zu erkranken, 2,6-mal geringer als bei denjenigen, die geistig träge sind. Offenbar tragen geistig anregende Tätigkeiten wie Zeitunglesen oder Schachspielen dazu bei, das Einsetzen von Demenz und Alzheimer hinauszuzögern oder gar zu verhindern.

In einer Studie mit 700 Menschen im Durchschnittsalter von 80 Jahren fanden Forscher, dass diejenigen, die geistig rege waren, ein signifikant geringeres Risiko eingingen, im Lauf der fünfjährigen Studiendauer an Demenz zu erkranken. Im Rahmen eines umfassenderen Projekts, das am Rush University Medical Centre zum Thema Altern durchgeführt wurde, schätzten sie das Risiko im Vergleich mit den geistig inaktiven Probanden 2,6 -mal geringer ein. Dieses geringere Risiko war unabhängig von der geistigen Aktivität der betreffenden Person in jüngeren Jahren, ihrem sozioökonomischen Status und ihrem Maß an körperlicher Aktivität. Das Forscherteam hofft, dass die Entdeckung bei der Suche nach Behandlungsmöglichkeiten zur Vorbeugung vor Alzheimer hilft.

Wie sich herausstellte, gingen geistige Aktivitäten wie Zeitunglesen, eine Bibliothek besuchen oder ins Theater gehen mit dem Vermeiden leichter kognitiver Beeinträchtigungen einher, die einer Demenz vorausgehen.

Geistige Aktivitäten einschließlich Zeitunglesen und Theaterbesuche gingen mit dem Vermeiden leichter kognitiver Beeinträchtigungen einher.

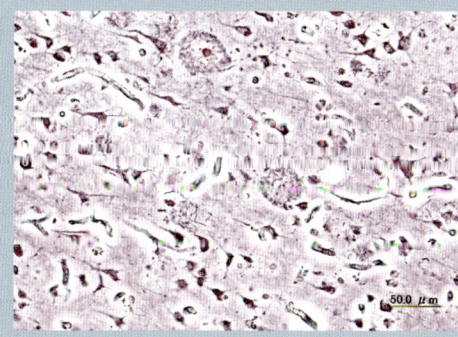

links und unten: Senile Plaques in der Großhirnrinde bei einem Patienten mit Alzheimer im Frühstadium

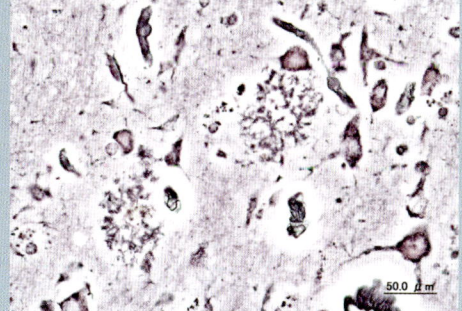
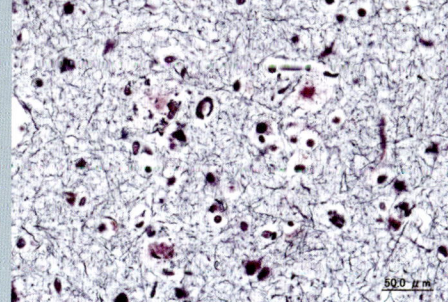
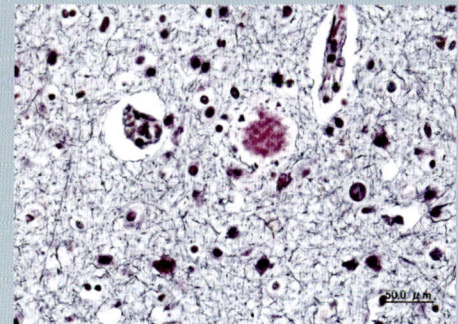

Papas Tochter

Eine starke emotionale Bindung zwischen Vater und Tochter erhöht die Wahrscheinlichkeit signifikant, dass das Mädchen als Erwachsene nach einem Partner Ausschau hält, der es an seinen Vater erinnert.

links: Eine enge Vater-Tochter-Bindung in frühen Jahren beeinflusst möglicherweise die Partnerwahl eines Mädchens in späteren Jahren. (Foto: © iStockPhoto/Ronald Bloom)

Mädchen, die Papas Liebling waren, zeigen einer Studie zufolge eine ausgeprägte Tendenz, Männer zu heiraten, die wie ihr Vater aussehen. Eine starke emotionale Bindung zwischen Vater und Tochter erhöht die Wahrscheinlichkeit signifikant, dass das Mädchen, wenn es herangewachsen ist, nach einem Partner wie ihrem Vater Ausschau hält. Die glückliche Beziehung zwischen Mann und Mädchen pflanzt offenbar die Vorstellung in das Gehirn der Tochter ein, dass die Gesichtszüge des Vaters das Idealbild eines Mannes verkörpern. Bei Töchtern, die nur einigermaßen gut mit ihrem Vater auskommen oder ihn gar nicht mögen, gibt es keine Korrelation zwischen dem Aussehen des Vaters und dem, was sie als erwachsene Frauen attraktiv finden.

Die Studie wurde von Forschern der Universität Breslau in Polen, der Polnischen Akademie der Wissenschaften und der Universität Durham in Großbritannien durchgeführt. Im Rahmen ihrer Studie legten sie einer Gruppe von 49 Polinnen, die alle die älteste Tochter in ihrer Familie waren, eine Bildserie von 15 Männergesichtern vor.

Jede Frau wurde aufgefordert, dasjenige der 15 Gesichter herauszusuchen, das sie am attraktivsten fand. Ohren, Haare, Hals, Schultern und Kleidung waren nicht zu sehen, sodass nur die Gesichtszüge beurteilt wurden. Nase, Kinn, Augenbrauen und andere Gesichtsmerkmale der Männer wurden vermessen und dann mit den entsprechenden Maßen aus dem Gesicht der Väter verglichen. Die Töchter, die an der Studie teilnahmen, beantworteten auch Fragen über ihre Beziehung zum Vater, etwa wie viel Zeit sie mit ihm als Kind verbrachten und wie viel Liebe und Zuneigung er damals zeigte.

Insgesamt gesehen gab es keine Beziehung zwischen dem Aussehen der Väter und der Männer, die die Töchter attraktiv fanden, doch als man die Töchter, die ihrem Vater besonders nahe standen, separat betrachtete, ergab sich eine klare Ähnlichkeit. Dr. Lynda Boothroyd von der Universität Durham zufolge zeigen die Resultate, dass bei sexueller Prägung nicht die Quantität, sondern vielmehr die Qualität zählt. Statt aus sämtlichen Gesichtern rundum ein Idealbild der Attraktivität zu erstellen, erklärt sie, wählt das menschliche Gehirn seine bevorzugten Gesichtszüge aufgrund positiver Erfahrungen.

Bis vor einigen Jahren nahm man an, die Eltern spielten bei der Partnerwahl der Kinder im späteren Leben nur eine passive Rolle, doch inzwischen sprechen zunehmend mehr Befunde dafür, dass die elterliche Rolle ein wichtiger Faktor bei der sexuellen Prägung ist. Jungen, ihre Beziehung zu ihrer Mutter und die Frauen, die sie später zur Partnerin wählten, wurden in der Studie nicht untersucht, doch die Forscher vermuten, dass für sie dasselbe Selektionsmuster gilt wie für Väter und Töchter.

Ermüdetes Mitgefühl

Menschen sind dann am großzügigsten und mitfühlendsten, wenn nur eine einzige Person in Not ist, hat ein Psychologieprofessor herausgefunden. Bilder von Hunderten oder Tausenden hilfebedürftigen Menschen haben Tests zufolge eine abstumpfende Wirkung und verringern die Hilfsbereitschaft der Angesprochenen eher.

Professor Paul Slovic von der Universität Oregon in den USA ist überzeugt, dass der menschliche Geist die Fähigkeit zur Empathie, zum Mitleiden mit anderen, entwickelt hat – aber nur mit einer begrenzten Zahl anderer. Leid und Tod in großem Maßstab haben die Tendenz, eine »psychische Abstumpfung« zu erzeugen, die die Fähigkeit verringert, mitfühlend zu reagieren. Slovic führte Experimente durch, um die Reaktion von Menschen auf das Leiden anderer zu testen und fand, dass die Hilfsbereitschaft sofort nachließ, wenn es darum ging, mehr als einem Individuum zu helfen. Selbst wenn Leute gebeten werden, Geld für zwei Kinder in Not statt für nur eines zu spenden, sinkt die Spendenbereitschaft.

Wahrscheinlich lässt sich die sogenannte psychische Abstumpfung mit den Umständen erklären, unter denen sich das menschliche Gehirn entwickelt hat, meint Slovic. Empathie und Sympathie haben sich vermutlich in Zeiten entwickelt, in denen sich die frühen Menschen höchstens um eine Handvoll Leute um sie herum sorgen mussten, nicht in einer Ära der Massenkommunikation und einer von Milliarden Menschen bevölkerten Welt. Weil das Gehirn daran angepasst war, auf das zu reagieren, was sich in kleinen, isolierten Gemeinschaften abspielte, hätte es keinen Überlebensvorteil mit sich gebracht zu lernen, mit Katastrophen in großem Maßstab umzugehen.

Empathie und Sympathie haben sich vermutlich in Zeiten entwickelt, in denen sich die meisten frühen Menschen höchstens um eine Handvoll Leute um sie herum sorgen mussten.

unten: Wie sich gezeigt hat, helfen Menschen lieber einem Kind in Not als zweien. (Fotos mit freundlicher Genehmigung von WFP)

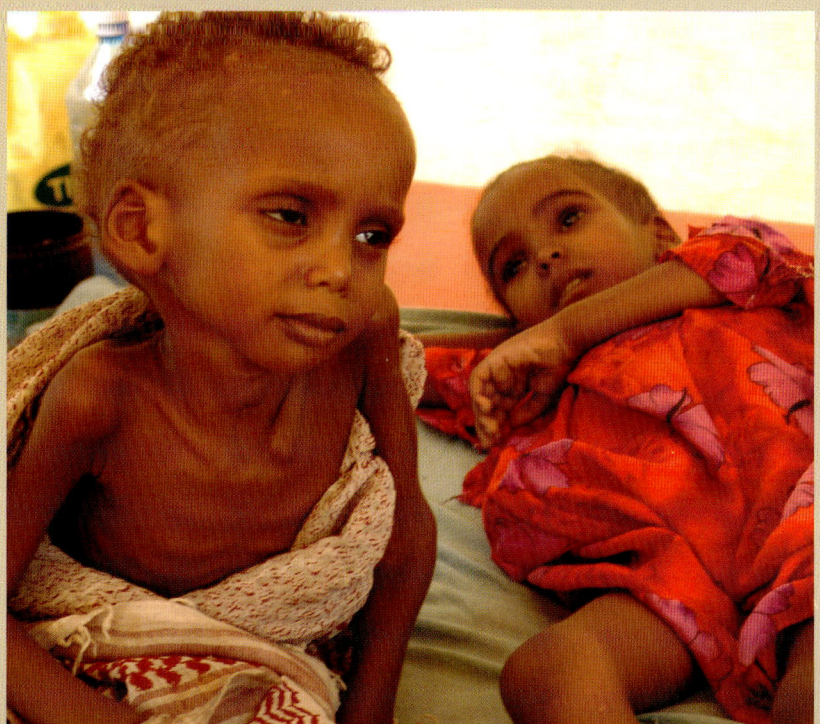

Heilung ist

Vertrauenssache

Die Heilkraft von Scheinmedikamenten (Placebos) ist mit der hirneigenen Ausschüttung von natürlichen Schmerz mitteln in Zusammenhang gebracht worden. Ärzte haben immer wieder festgestellt, dass Placebos den Zustand eines Patienten verbessern können, doch über den Grund dafür rätselten die Wissenschaftler.

Eine deutsche Studie spricht nun dafür, dass das Gehirn eines Patienten, der überzeugt ist, ein wirksames Medikament erhalten zu haben, Endorphine produziert, die dazu führen, dass sich der Patient besser fühlt – ganz unabhängig von der Wirksamkeit des Medikaments selbst.

Professor Christian Büchel von der Universität Hamburg leitete eine Studie, bei der 19 Freiwillige behandelt wurden, während ihr Gehirn per Funktioneller Kernspintomographie überwacht wurde. Die Teilnehmer erhielten via Laser Nadelstiche in die Hände, und man erklärte ihnen, die eine Hand sei mit einer schmerzstillenden Creme behandelt worden, die andere hingegen mit einer Placebocreme. In Wirklichkeit handelte es sich in beiden Fällen um Placebos.

Wenn die Patienten glaubten, sie hätten ein wirksames Schmerzmittel erhalten, zeigte das Gehirn eine erhöhte Aktivität im rostralen anterioren cingulären Cortex (rACC), einer Region, die eine wichtige Rolle bei der Schmerzkontrolle spielt, so Büchel. Hirnregionen, die im Zusammenhang mit Schmerzwahrnehmung standen, waren weniger aktiv, und die Patienten berichteten dementsprechend auch über weniger Schmerzen.

Bekannt ist, dass die rACC-Region zahlreiche Opiatrezeptoren enthält, und die Placebos wirken nach Ansicht von Büchel ähnlich wie Morphin oder Codein. Diese Befunde könnten auch erklären, warum viele Patienten, die mit der Einnahme von Antidepressiva beginnen, von einer Verbesserung ihres Zustands berichten, bevor das Medikament überhaupt Zeit hatte zu wirken.

Placebos aktivieren die rACC-Region des Gehirns, wenn Patienten glauben, sie hätten ein wirksames Medikament erhalten.

»Menschen haben Vertrauen in die Medizin. Ich habe beobachtet, dass sie sich die leuchtenden Farben, die heiteren Formen, die hübschen weißen Kittel und die Sauberkeit rundum ansahen und dachten, in Ordnung – das wird meine Rettung sein, nur dass sie die Nebenwirkungen nicht durchlasen.«

Damien Hirst

linke Seite: Damien Hirst, Pharmaceuticals, 2005
(Foto: © Damien Hirst)
unten: Hirnscans, die die Placebo-bedingte Aktivierung der rACC-Region zeigen (Bilder mit freundlicher Genehmigung von Dr. Christian Büchel, Institut für Systemische Neurowissenschaften)

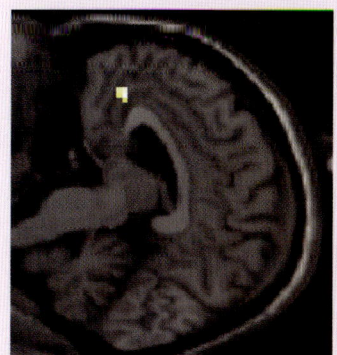 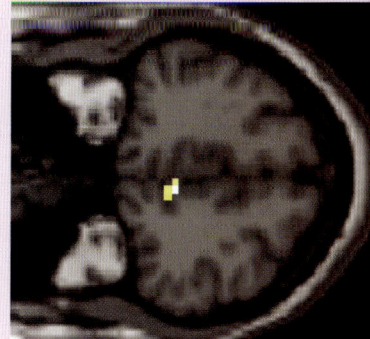

Oh nein, nicht schon wieder!

oben: Laurel & Hardy
(Foto: Michael Ochs
Archives/Stringer/
Getty)

Unfallneigung ist nicht so sehr einfaches Pech als eine Frage der Persönlichkeit.

Genauso, wie es in jeder Klasse einen besonders hellen Kopf, einen Clown und eine Sportskanone gibt, gibt es wahrscheinlich auch ein Kind mit einer besonders hohen Unfallneigung. Einer niederländischen Studie zufolge ist unter 29 Menschen eine Person, die um 50 Prozent stärker unfallgefährdet ist als die Übrigen. Diese Forschung quantifiziert zum ersten Mal die inhärente Neigung, von der Leiter zu fallen, über den Bordstein zu stolpern und sich mit dem Küchenmesser zu schneiden. Wie sich gezeigt hat, ist die Tatsache, dass jemand mehr Unfälle erleidet als andere um ihn herum, nicht so sehr einfach Pech als eine Frage der Persönlichkeit.

Im Rahmen dieser Forschungen, die am Medizinischen Zentrum der Universität Groningen durchgeführt wurde, wurden die Daten von 147 000 Personen in 79 Studien ausgewertet. Eine Analyse der Verteilung von Unfällen in der Gesamtbevölkerung erbrachte, dass es eindeutig Individuen gab, die mehr Unfälle hatten als andere. Der Unterschied war zu groß, als dass man ihn allein als Zufall hätte abtun können.

Die Forscher argumentierten daher gegen den Einfluss unglücklicher Zufälle und für den Einfluss der Persönlichkeit. Damit hoffen sie eine Debatte

zu beenden, die seit 1919 in wissenschaftlichen Kreisen geführt wird und bei der es um die Erforschung von Unfällen in einer Munitionsfabrik geht. Diese Studie hatte erbracht, dass eine kleine Zahl von Arbeitern in der Fabrik, die die britischen Truppen im Ersten Weltkrieg mit Munition versorgte, für eine unverhältnismäßig hohe Zahl von Unfällen verantwortlich war bzw. ihnen zum Opfer fiel.

Die Groninger Studie bezog Menschen aus allen Gesellschaftsschichten ein, darunter Busfahrer und Piloten. Nicht überraschend stellte sich heraus, dass Kinder sich leichter verletzen als Erwachsene und Jungen eher Unfälle haben als Mädchen. Doch sie warnten, Unfallneigung sei kein Zustand, aus dem Kinder automatisch herauswachsen – unter Umständen behalten sie diese Tendenz ihr Leben lang bei. Zwar konnten die Forscher die Wahrscheinlichkeit für eine Unfallneigung quantifizieren, doch sie konnten nicht voraussagen, welche Individuen am ehesten unter diesem Problem zu leiden haben würden.

Sobald es möglich ist vorherzusagen, wer besonders unfallgefährdet ist, werden Versicherungen nach Meinung der Forscher ihre Prämien für diesen Personenkreis erhöhen, um diese Neigung zu berücksichtigen. Ebenso könnten Gesundheit und Sicherheit am Arbeitsplatz zum Thema werden – möglich wäre, dass sich Arbeitgeber weigern, unfallgeneigte Arbeiter in der Nähe gefährlicher Maschinen oder Chemikalien einzusetzen.

Herz über Kopf

Erstmals ist gezeigt worden, dass Gefühle beim Beurteilen von Recht und Unrecht eine Rolle spielen. Forscher haben Regionen im Gehirn gefunden, die Emotionen gestatten, den Kopf zu beeinflussen, wenn nicht gar zu regieren; damit haben sie einen Teil dessen identifiziert, was uns als Menschen definiert. Die Studie lokalisierte den ventromedialen präfrontalen Cortex (VMPC) als diejenige Hirnregion, die eine entscheidende Rolle beim Lösen schwieriger moralischer Probleme spielt. Während das Gehirn Logik einsetzt, um Dilemmata zu lösen, so fanden die Forscher heraus, spielen gleichzeitig auch Intuition und Emotion eine Rolle. Früher hatte man angenommen, Emotionen blieben so lange außen vor, bis eine Entscheidung gefallen war.

Zu diesen Schlussfolgerungen kamen die Forscher, nachdem sie die Reaktion von 30 Freiwilligen – sechs davon mit geschädigtem VMPC – auf moralische Dilemmata untersucht hatten. Zu den Szenarien, die den Versuchspersonen vorgelegt wurden, gehörten Variationen des klassischen moralischen Dilemmas, ob es richtig oder falsch wäre, einen Unschuldigen zu töten, um andere zu retten. Rational sollte die Antwort lauten, dass einer sterben muss, um den Rest der Gruppe zu retten – aber weil Emotionen beteiligt sind, finden es die meisten Menschen schwierig, zu einer Entscheidung zu kommen, und geraten in schwere Bedrängnis, weil sie mit dem Opfer Mitleid empfinden.

Denjenigen Freiwilligen mit einem geschädigten präfrontalen Cortex fiel die Entscheidung viel leichter, weil ihre Fähigkeit, Empathie oder Mitleid zu empfinden, verringert war und sie sich daher stärker auf Logik stützten. Jene sechs Individuen argumentierten streng rational, während die übrigen Probanden der Studiengruppe sich deutlich stärker abgeneigt zeigten, einen Unschuldigen für das Allgemeinwohl zu opfern oder dies sogar strikt ablehnten.

Der Leiter der Studie, Professor Daniel Tranel von der Universität Iowa in den USA, erklärt dies damit, dass zwei Argumentationsprozesse gleichzeitig ablaufen – einer emotional und intuitiv, der andere kalt und rational. Menschen, die ihre VMPC-Region verloren haben, können nur

Früher nahm man an, Gefühle blieben so lange ausgeschlossen, bis eine Entscheidung gefallen war.

rational denken. Dr. Antonia Damasio von der Universität Südkalifornien nahm an der Studie teil, und sie vermutet, dass die hirneigene Einbeziehung von Emotionen in die Entscheidungsfindung eine Reaktion auf das Ansammeln von Weisheit über evolutionäre Zeiträume sei. Ihrer Meinung nach zeigt die Studie, dass die VMPC-Region zu »unserer Weisheit und Menschlichkeit« beiträgt. Bei weniger schwerwiegenden moralischen Dilemmata reagierte die Sechsergruppe nach Feststellung der Forscher ganz ähnlich wie die anderen Freiwilligen.

unten: Ein kernspintomographischer Scan des medialen präfrontalen Cortex (Bild mit freundlicher Genehmigung von Dr. Monica K. Hurdal, Department of Mathematics, Florida State University)

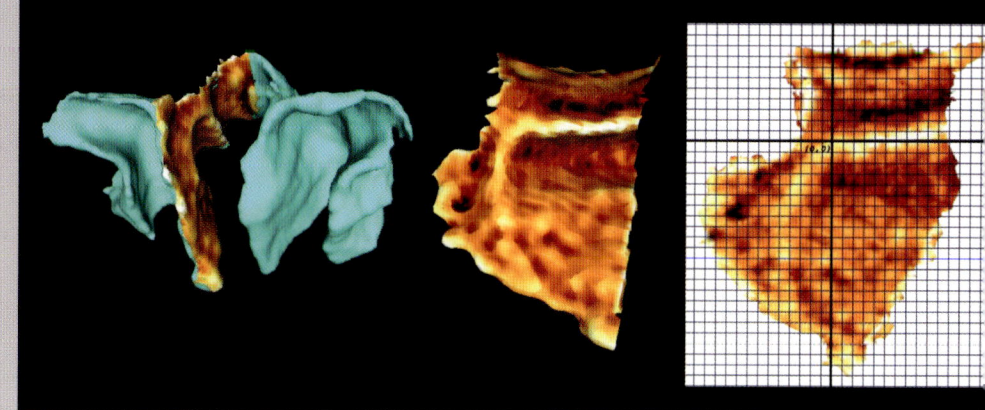

Zu gut, um wahr zu sein

Frauen, die nach einem Partner suchen, halten attraktive Männer mit einem hoch angesehenen Beruf und einem hohen Einkommen für »zu gut, um wahr zu sein«. Einer Studie zufolge ziehen Frauen, die die Wahl zwischen einem gut aussehenden Firmenchef und einem gut aussehenden Reisebürokaufmann haben, denjenigen Mann, der die Flüge bucht, demjenigen vor, der sie antritt. Während Frauen das gute Aussehen des Firmenchefs begrüßen, bewerten sie seine sehr erfolgreiche Karriere als Minuspunkt.

Psychologische Tests sprechen dafür, dass Frauen, wenn sie einen Mann als möglichen Partner bewerten, unbewusst in Erwägung ziehen, wie hoch die Wahrscheinlichkeit ist, dass er fremdgeht. Dr. Simon Chu von der Universität Central Lancashire in Großbritannien meint, offenbar nähmen die Frauen an, der Firmenchef würde eher untreu als der Reisekaufmann. Sie hegen auch den Verdacht, seine aufreibende und zeitaufwendige Arbeit sei ihm so wichtig, dass nur wenig Zeit für zu Hause bliebe.

Wenn eine Frau die Wahl hat, zieht sie den Mann, der die Flüge bucht, dem Chef vor, der sie antritt.

Dr. Chu und die Forscher der Universität Liverpool untersuchten weibliche Präferenzen, indem sie 186 Studentinnen im Durchschnittsalter von 23 Jahren baten, die Attraktivität von Männern in Kontaktanzeigen zu bewerten. Die Zeitungsannoncen wurden vom Forscherteam zusammengestellt und stellten einen Querschnitt von attraktiven, durchschnittlichen und unattraktiven Männern in Berufen mit hohem, mittlerem und niedrigem Status dar. Zu den sechs Berufen mit hohem Status zählten Firmenchefs, Architekten und Rechtsanwälte, zu den Berufen mit mittlerem Status Reisebürokaufleute, Sozialarbeiter und Lehrer und zu denjenigen mit geringem Status Kellner, Gärtner und Postboten.

Die Attraktivität der Männer, deren Fotos in der Studie eingesetzt wurden, war zuvor in einer Pilotstudie bewertet worden. Neben dem Text der zufällig ausgewählten Kontaktanzeigen wurden »Fahndungsfotos« von Männern eingeblendet, und die Probandinnen aufgefordert, die Attraktivität dieser Männer als Langzeitpartner auf einer Skala von 1 bis 9 zu bewerten. Gutes Aussehen garantierte eine hohe Bewertung, doch Adonisse mit einem mittleren beruflichen Status erwiesen sich für die Frauen insgesamt als erste Wahl, und hübsche Kellner lagen gleichauf mit physisch attraktiven Firmenchefs. Daraus schlossen die Forscher, dass Männer, die reich und mächtig sind und dazu auch noch unverschämt gut aussehen, als »zu gut, um wahr zu sein« angesehen werden.

linke Seite: George Clooney als Dr. Doug Ross in der Fernsehserie »Emergency Room« – attraktiv und erfolgreich, aber ist er wirklich das, was sich eine Frau wünscht? (Foto: Getty/Handout)
rechts: Frauen, die Kontaktanzeigen durchsahen, zeigten eine Tendenz, diejenigen zu meiden, die sich als sehr erfolgreich beschrieben, und bevorzugten stattdessen Männer, die in einem Beruf mit mittlerem Status arbeiteten. (Bild mit freundlicher Genehmigung von Hayley Williams)

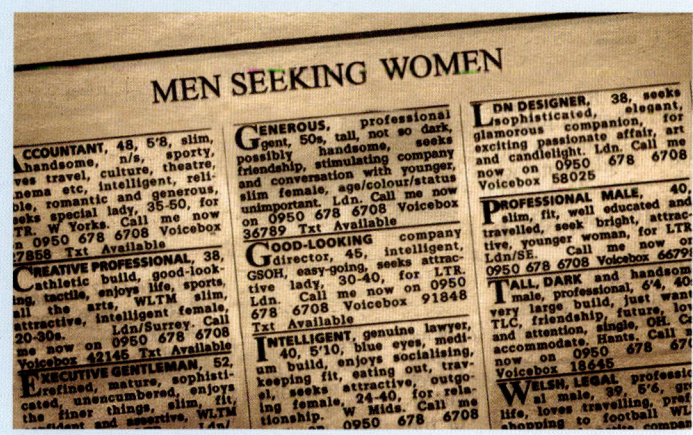

Pawlows Schaben

Schaben sind darauf trainiert worden, wie einst Pawlows Hunde in Erwartung von Nahrung zu speicheln. Um die Schaben zu konditionieren, wurden anstelle von Glockengeläut Aromen eingesetzt, doch die Ergebnisse waren praktisch dieselben. Nachdem die Schaben gelernt hatten, den Geruch von Pfefferminze und Vanille mit einer bevorstehenden Zuckermahlzeit zu assoziieren, sabberten sie voller Erwartung.

Die berühmten Pawlow'schen Hunde und auch Menschen sind schon in Experimenten darauf konditioniert worden zu speicheln, doch dies ist das erste Mal, dass eine solche Reaktion bei Insekten nachgewiesen wurde. Die Forscher hoffen, durch Aufklärung dessen, was im Gehirn von Schaben passiert, und der Mechanismen, durch die der Speichelfluss konditioniert werden kann, Einblicke in die Funktion des menschlichen Gehirns zu gewinnen.

Dr. Makoto Mizunami von der Universität Tohoku in Japan, der die Studie leitete, fand, dass die konditionierte Erinnerung der Schaben mindestens einen Tag lang anhielt. Als Versuchstiere dienten Schaben der Art *Periplaneta americana;* ausgewählt wurden diejenigen Individuen, die keinerlei Speichelreaktion zeigten, wenn sie erstmals Pfefferminz- und Vanillearoma ausgesetzt wurden. Indem die Forscher die Mundwerkzeuge der Schaben immer dann mit Zuckerlösung bestrichen, wenn die Insekten diesen Gerüchen ausgesetzt waren, gelang es ihnen, den Schaben beizubringen, diese beiden Aromen mit Nahrung zu assoziieren. Nach erfolgreichem Abschluss der Konditionierung maßen die Forscher die produzierte Speichelmenge und stellten fest, dass sie deutlich zunahm, sobald die Schaben Pfefferminz- oder Vanillearoma wahrnahmen.

Während Pawlows Experimente bereits mehr als 100 Jahre zurückliegen, sind alle Prozesse, die dabei im Gehirn ablaufen, noch keineswegs verstanden, so Dr. Mizunami. Durch Untersuchung des Schabengehirns, das viel simpler ist als ein Säugergehirn, hofft er herauszufinden, was im Gehirn beim Lernen vor sich geht.

Schaben lernten, in Erwartung einer bevorstehenden Zuckermahlzeit zu speicheln.

linke Seite, oben: Schabe (Foto mit freundlicher Genehmigung von Steve Williams)
linke Seite, Mitte: Falschfarbene rasterelektronenmikroskopische Aufnahme der Amerikanischen Schabe, *Periplaneta americana* (Bild: David Scharf/Science Photo Library)

Ein geordneter Verstand

Blinde Menschen haben, wie Tests zeigen, Sehenden gegenüber ein überlegenes Gedächtnis und können sich besonders gut an Reihenfolgen erinnern. Experimente an der Hebräischen Universität in Jerusalem, Israel, ergaben, dass sehende Freiwillige im Vergleich zu den Leistungen blinder Menschen deutlich den Kürzeren zogen. Sehende und blinde Probanden wurden von den Forschern aufgefordert, sich eine Liste von 20 Wörtern zu merken, allesamt hebräische Substantive, die ihnen laut vorgelesen wurden. In einigen Tests ging es nur darum, so viele Wörter wie möglich wiederzugeben, während es bei anderen auch wichtig war, sich an die Reihenfolge zu erinnern, in der sie vorgelesen worden waren. Während die Blinden einen geringe, aber deutliche Überlegenheit bei den einfacheren Tests zeigten, waren sie den sehenden Probanden meilenweit voraus, wenn es darum ging, sich an die Reihenfolge der Wörter zu erinnern.

Daraus schlossen die Forscher, dass ihr gutes Erinnerungsvermögen den Blinden half, ihr fehlendes Sehvermögen zu kompensieren. Es war keine angeborene Überlegenheit, sondern eine erlernte Fertigkeit, die die Wahrheit des Sprichworts unterstrich, dass Übung den Meister macht.

Weil Blinde nicht sehen können, müssen sie sich auf andere Mittel stützen, um sich auf der Straße oder in einem Raum zu orientieren. Da sie Objekte nicht anhand ihres Aussehens erkennen können, erinnern sich Blinde an deren Anordnung. Eine Dose Bohnen und eine Dose Tomaten sind für einen Sehenden durch einen Blick aufs Etikett leicht zu unterscheiden. Diese Möglichkeit ist Blinden verschlossen, daher entwickeln sie Muster, an die sie sich erinnern können, etwa die Bohnen im linken Küchenschrank in die dritte Reihe zu stellen und die Tomaten in die achte Reihe.

Ehud Zohary von der Hebräischen Universität meint, dass Blinde die Welt als eine Folge von Ereignissen sehen, in der Objekte in Beziehung zueinander erinnert werden. Dieselbe Technik ist beim Abruf langer Listen nützlich, daher ihre Überlegenheit beim Erinnern der 20 Begriffe.

Blinde sehen die Welt als eine Folge von Ereignissen, in der Objekte in Relation zueinander erinnert werden.

unten: Bogen mit Braille-Schrift
(Bild: © iStockPhoto/Roman Milert)

Nie wieder!

Es dauert nur eine Zehntel-sekunde, bis das Gehirn auf visuelle Hinweise reagiert, die anzeigen, dass wir dabei sind, einen Fehler zu wiederholen.

Eine Zehntelsekunde braucht unser Gehirn, um zu registrieren, dass wir uns in einer Situation befinden, in der wir zuvor einen Fehler gemacht haben. Messungen geistiger Aktivität haben gezeigt, dass ein Areal des Gehirns, das die ähn-lichen Umstände erkennt, der untere Bereich des Schläfenlappens ist. Dieser Bereich identifiziert Faktoren, die den zuvor begangenen Fehler höchstwahrscheinlich verursacht haben, und fun-giert als Alarmsignal, das eine Wiederholung des Fehlers verhindern hilft. Es dauert 0,1 Sekunden, bis der Bereich auf die visuellen Hinweise rea-giert und eine Frühwarnung ausgibt, die anläuft, bevor Zeit für bewusstes Überlegen ist.

Psychologen der Universität Exeter in Groß-britannien gelang diese Entdeckung mit Hilfe von Elektroden, die sie auf der Kopfhaut ihrer Versuchspersonen befestigten. Die Elektroden zeigten Veränderungen in der geistigen Aktivität der Versuchspersonen, als diese aufgefordert wurden, aufgrund begrenzter Informationen Vorhersagen zu machen; dadurch konnten die Forscher Geschwindigkeit und Ort des Mecha-nismus bestimmen. Viele Voraussagen der Frei-willigen waren falsch, doch als sie aufgefordert wurden, ihre Voraussagen zu wiederholen, nach-dem sie von ihren Fehlern beim ersten Mal erfah-ren hatten, wurde Aktivität im unteren Schläfen-lappenbereich registriert. Dadurch, dass die Freiwilligen die Ähnlichkeiten der gegenwärtigen Situation mit der vorangegangenen Situation er-kannten, konnten sie eine »geistige Abkürzung« benutzen, was ihnen half, den zuvor gemachten Fehler zu vermeiden.

Der Leiter der Studie, Professor Andy Wills von der Universität Exeter, erklärt, dies sei die erste Studie, die belegt, wie »überraschend schnell« das Gehirn die wahrscheinlichen Ursachen für einer vorangegangenen Fehler entdeckt.

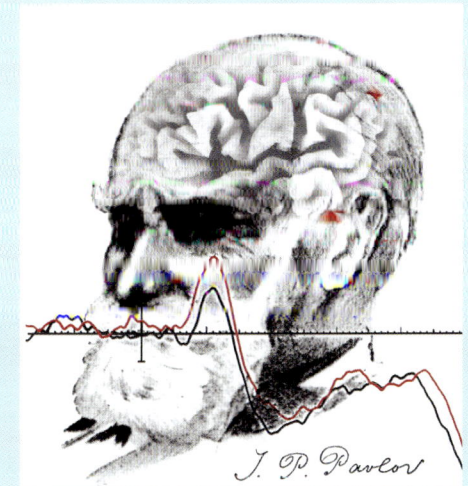

links: Iwan Pawlow und Hirn-ableitungen aus der Studie unten
unten: Die Sequenz von Ereignis-sen, die den Versuchspersonen in Andy Wills Studie gezeigt wurde
ganz unten: Die Daten zeigen das Niveau und die vermutete Quelle der registrierten Hirnaktivität.
(Bilder mit freundlicher Genehmi-gung von Andy Wills, Universität Exeter)

1 Sekunde

Reaktion

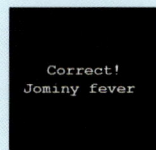

1,5 Sekunden

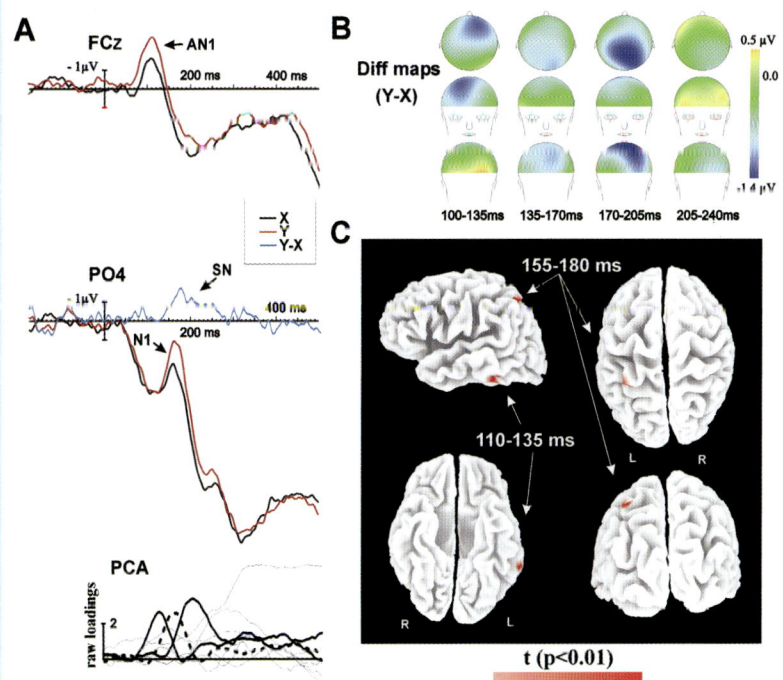

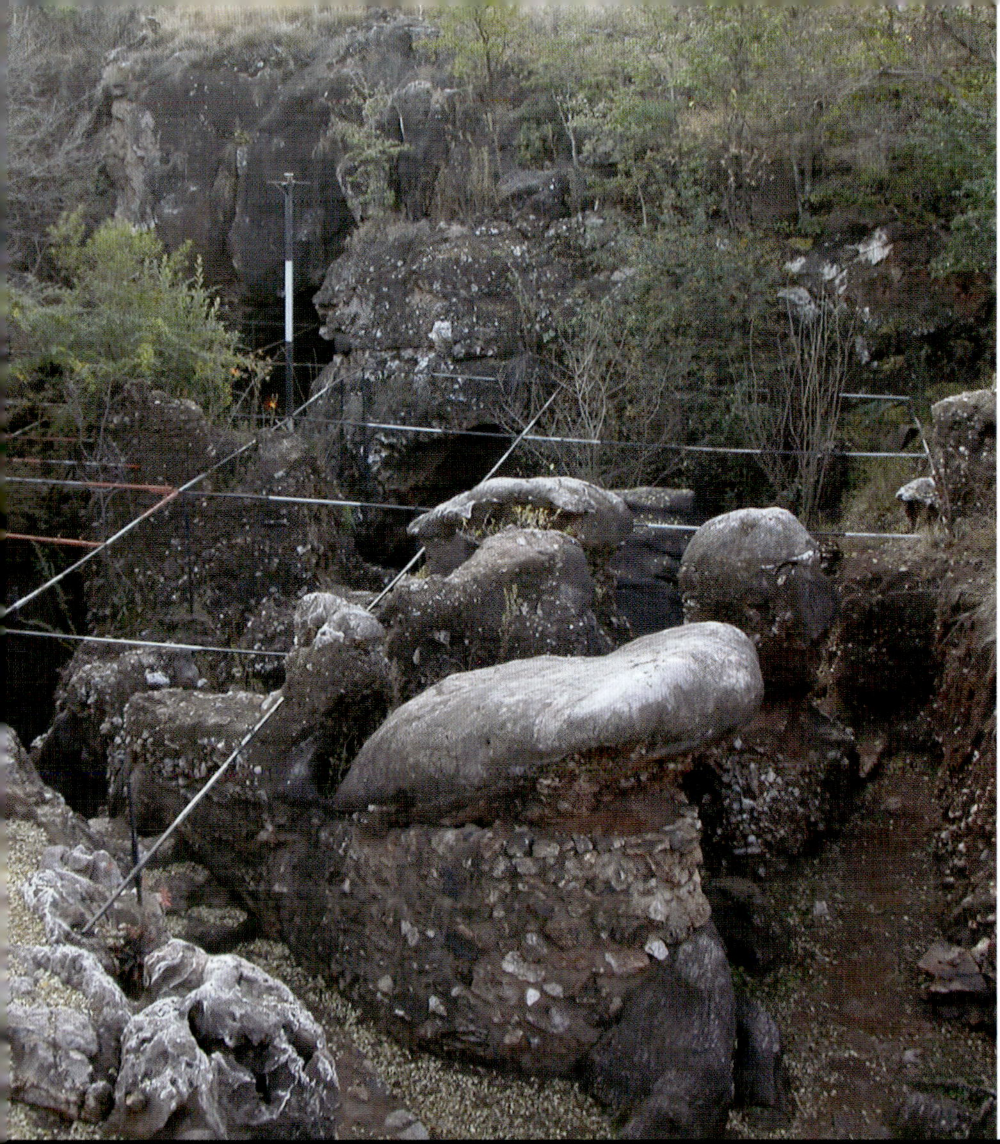

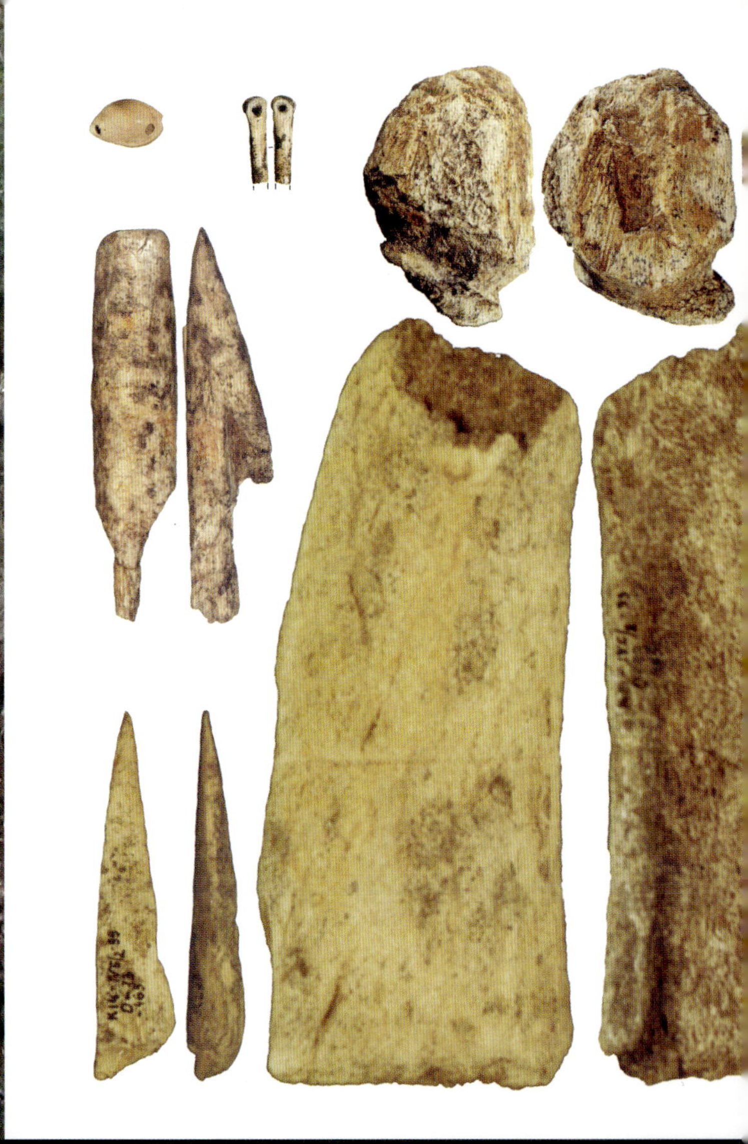

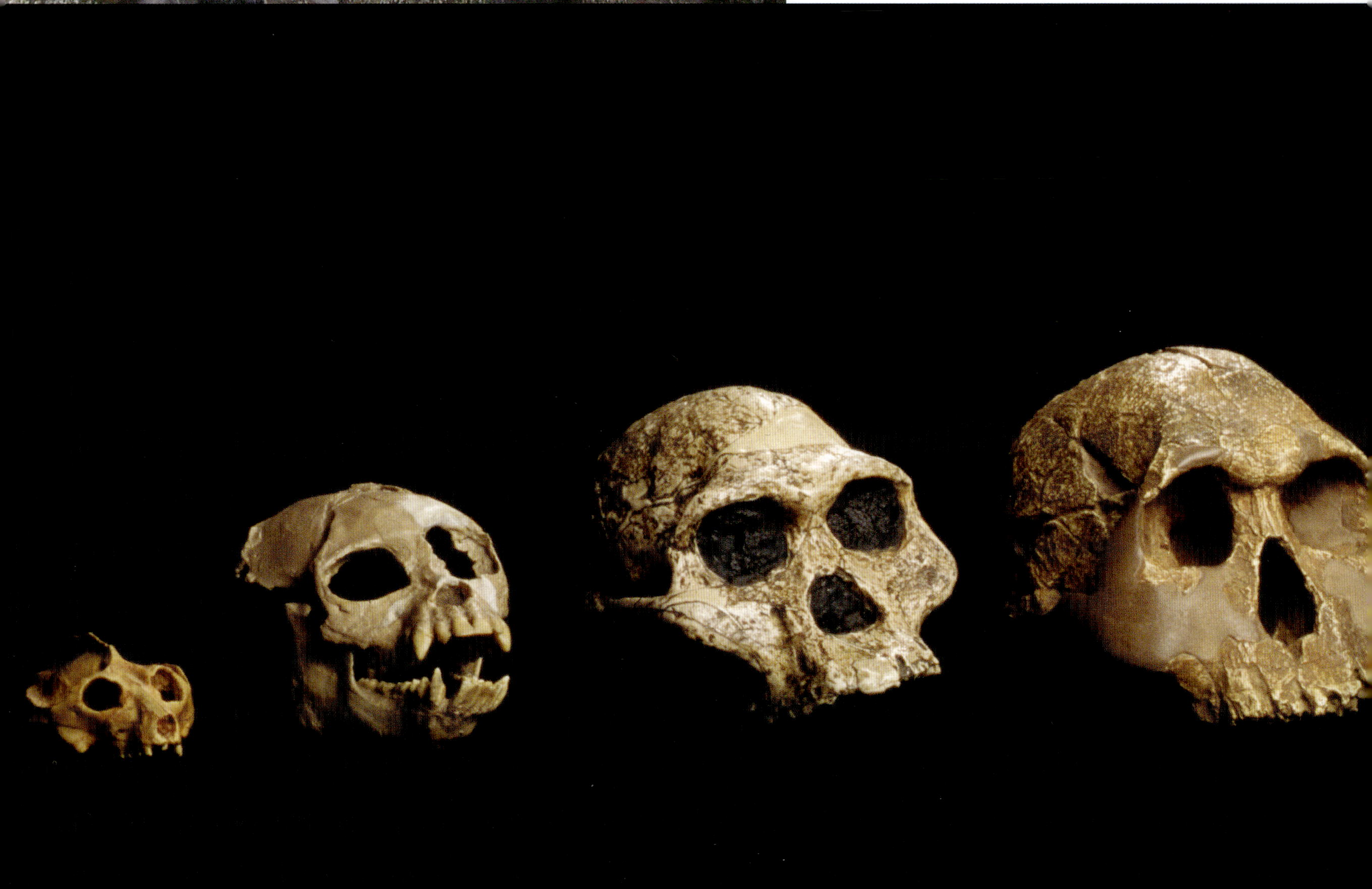

vorige Doppelseite, im Uhrzeigersinn von oben links:
Archäologische Ausgrabungsstätte in Südafrika, an der
Überreste von *Paranthropus robustus* gefunden wurden
(Foto mit freundlicher Genehmigung von Matt Spon-
heimer), Artefakte aus Kostenki (Foto mit freundlicher
Genehmigung von John Frank Hoffecker), Gestikulieren-
der Schimpanse (Foto mit freundlicher Genehmigung von
Frans de Waal/Living Links Center), Sieben Schädel von
Vorfahren und Verwandten des modernen Menschen
(Foto: Pascal Goetgheluck/Science Photo Library)

Frühe Menschen

Das Studium unserer frühen Vorfahren und entfernten Verwandten ist ein faszinierendes und häufig umstrittenes Thema. Mit einem Rückblick in verschiedene Zeitalter können wir eine Vorstellung davon bekommen, wie die Menschen, die uns vorausgingen, lebten und wie sie aussahen. Die Untersuchung fossiler Überreste und des Bodens, aus dem man sie freigelegt hat, liefert eine Fülle von Informationen über das Leben und die Umwelt der frühen Menschen, sie enthüllen Verhaltensmuster, die uns manchmal überraschend vertraut scheinen und ein andermal vollkommen fremd.

Wissenschaftler, die in die Zeit vor einigen tausend Jahren zurückschauen, können ein klareres Bild davon entwerfen, auf welchen Wegen der *Homo sapiens* Afrika verließ und wie er sich vom Nomaden zum Bauern wandelte. Geht man Hunderttausende und Millionen von Jahren zurück, kann man eine Vorstellung vom Stammbaum des Menschen entwickeln und den Punkt in seiner Evolution erschließen, zu dem er nicht länger ein haariger Menschenaffe war, sondern ein – wenn auch primitiver – Mensch.

Auf diesem Gebiet kommt es allerdings oft zu hitzigen und gelegentlich harrschen Debatten. So haben beispielsweise nur wenige Entdeckungen solche Kontroversen hervorgerufen wie der sogenannte Hobbit, eine nur 1 m große Menschenart, die möglicherweise bis vor relativ kurzer Zeit neben dem modernen Menschen existiert hat. Viele der Auseinandersetzungen beruhen darauf, dass wir so wenig von dem wissen, was in den langen, weit zurückliegenden Zeiträumen unserer Vergangenheit passiert ist. Wenn dann jedoch Entdeckungen gemacht werden, die neue Erkenntnisse bringen, werden die bisherigen Thesen entweder bestätigt oder widerlegt, sodass sich unsere Wissenslücken nach und nach schließen.

Die letzte Zuflucht

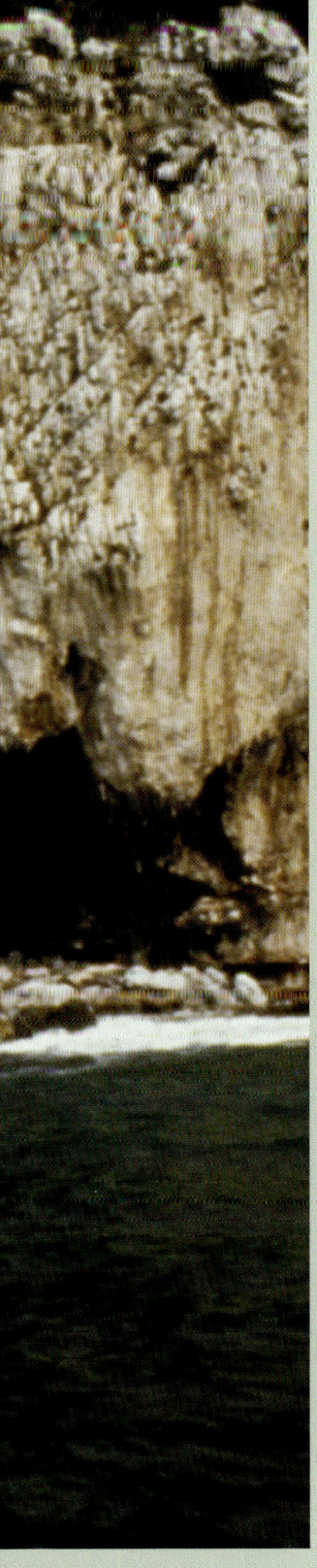

Der Felsen von Gibraltar, Vorposten an der Mündungsöffnung des Mittelmeers, hat sich als die letzte bekannte Zufluchtsstätte des Neandertalers erwiesen. Werkzeuge des Neandertalers, die in einer Höhle in Gibraltar gefunden wurden, sind 28 000 Jahre alt, vielleicht sogar nur 24 000 Jahre – das ist der jüngste Zeitpunkt, bis zu dem der Neandertaler in einer Welt, die vom *Homo sapiens* übernommen wurde, nachweislich überlebt hat. Ehe die Werkzeuge aus der Gorham-Höhle, darunter steinerne Speerspitzen und Messer, von den Forschern datiert worden waren, galt für *Homo neanderthalensis*, den Verwandten des Menschen, lediglich als gesichert, dass er noch bis in den Zeitraum vor 30 000 bis 35 000 Jahren überlebt hatte.

Der Fund stützt die Theorie, dass Neandertaler weniger als Opfer eines großräumigen Völkermords durch die Vorfahren des Menschen ausstarben als vielmehr durch das Zusammenwirken mehrerer Ursachen. Genozid könnte einer dieser Faktoren gewesen sein, wenn auch in viel geringerem Umfang als in der Vergangenheit angenommen. Heute denkt man, dass ein wichtiger, wenn nicht sogar der Hauptgrund für ihr Verschwinden der Klimawandel war, als Europa während der letzten Eiszeit abkühlte und die Eisdecke vordrang. Man glaubt, dass sich der *Homo sapiens* besser anpassen konnte und besser mit den Veränderungen zurechtkam, als sich in Teilen Südeuropas die Waldgebiete in Tundra verwandelten.

Die Neubestimmung des Datums, bis zu dem der Neandertaler überlebt hat, verlängert erheblich den Zeitraum, in dem er gleichzeitig mit dem *Homo sapiens*, der Südspanien vor mindestens 32 000 Jahren erreicht hatte, in Europa vorkam. Die Altersbestimmung wurde mit Hilfe der Radiokarbonmethode an Kohlenresten aus Feuern, die in der Höhle gebrannt haben, vorgenommen. Sie waren zwischen 33 000 und 24 000 Jahre alt, wobei das höchste Alter, das von dem Forschungsteam aus England, Gibraltar, Spanien und Japan wirklich sicher bestimmt werden konnte, bei 28 000 Jahren lag.

Verschiedene Werkzeuge, die von den Neandertalern wohl benutzt wurden, um Tierkörper zu zerschneiden und Tierhäute abzuschaben, wurden an der Rückseite der 40 m tiefen Höhle in 2,5 m Tiefe in Kohleschichten gefunden. Die Höhle war in vielerlei Hinsicht ideal für die Besiedlung durch die Neandertaler, die sie mehrere tausend Jahre lang nutzten: Sie bot Schutz vor Tieren wie Hyänen, war mit ihrer hohen Decke gut belüftet, sodass der Rauch der Feuer nicht zu dicht wurde, und das Tageslicht drang tief hinein. Gewisse Anzeichen aus der Höhle legen nahe, dass sie von den Neandertalern, die sie bewohnten, wiederholt gesäubert wurde, damit sie als Aufenthaltsort tauglich blieb. Heutzutage liegt die Gorham-Höhle etwa auf Meereshöhe, aber als die Neandertaler dort lebten, lag sie fast 100 m über dem Wasserspiegel, was ihnen eine eindrucksvolle Aussicht auf die umgebende Landschaft mit Dünen, Marschland und das 5 km entfernte Meer eröffnete.

Frühere Funde belegen, dass die Neandertaler von Gibraltar in der Höhle Schalentiere gegessen haben, außerdem das Fleisch von Tieren, die in der Nähe vorkamen – darunter vielleicht Rothirsch, Schneeziege, Pferd und Kaninchen. Eine Mahlzeit aus einer anderen Höhle, deren Bestandteile man 1997 bestimmen konnte, enthielt Pistazien, Muscheln und gekochte Schildkröte.

Professor Clive Finlayson vom Gibraltar-Museum, einer der federführend beteiligten Forscher, sagte, die Lage der Gorham-Höhle habe die dort lebenden Neandertaler vor den schlimmsten Auswirkungen der Klimaverschlechterung bewahrt. Als sich die Eiszeit verstärkt habe, sei die Gegend im Vergleich zum Rest Europas warm gewesen.

In einer anderen Untersuchung mutmaßt Professor Finlayson, dass die Neandertaler, die in Gibraltar Zuflucht gefunden hatten, durch einen plötzlichen Kälteeinbruch vor 24 000 Jahren endgültig zum Aussterben gebracht worden sein könnten; dies stimmt mit der jüngsten Radiokarbondatierung aus der Gorham-Höhle überein. Die rasche Abkühlung vor 24 000 Jahren gilt als die gravierendste, die dieser Gegend während der letzten 250 000 Jahre widerfahren ist. Eichen und Olivenbäume haben sie wahrscheinlich überlebt, aber für den wenig anpassungsfähigen Neandertaler war das wohl der Tropfen, der das Fass zum Überlaufen gebracht hat. Die Entwicklungslinien von *Homo neanderthalensis* und *Homo sapiens* sollen auf den *Homo heidelbergensis* als gemeinsamen Vorfahren zurückgehen und sich vor etwa 500 000 Jahren voneinander getrennt haben.

links: Die Gorham-Höhle in Gibraltar
(Foto: Natural History Museum, London)

Menschenfressende Vettern

Das Leben der Neandertaler konnte so entbehrungsreich sein, dass sie sich gegenseitig aufaßen, um eine anständige Mahlzeit zu bekommen – das legen Spuren von Schlachtungstätigkeit nahe. Die Untersuchung von acht in Spanien gefundenen Skeletten hat erwiesen, dass sie wegen des anhaftenden Fleisches zerstückelt wurden: Die Muster der Schnittspuren von Steinzeitwerkzeugen auf den Knochen ähneln stark solchen an tierischen Überresten, die wegen ihres Fleisches zerlegt wurden. Arm- und Beinknochen sind aufgeschlagen worden, offenbar, um an das nahrhafte Knochenmark zu gelangen, und einige der Schädel scheinen sorgfältig aufgebrochen worden zu sein, um an das Gehirn zu kommen. Bei einer Untersuchung der Zähne zeigten sich sogenannte Hypoplasie-Linien, die darauf hindeuten, dass der betroffene Neandertaler mehrmals Phasen der Mangelernährung zu überstehen hatte.

Diese Verbindung von Schlachtungsspuren und Anzeichen für Mangelernährung deutet nach Ansicht der Forscher darauf hin, dass die Neandertaler, die vor 43 000 Jahren in Spanien lebten, vom Hunger dazu getrieben wurden, einander aufzuessen, um zu überleben. Die Erkenntnisse wurden bei der Untersuchung der Knochen von acht Neandertalern gewonnen, die man 2000 in einer Höhle bei El Sidrón in der nordwestspanischen Region Asturien gefunden hatte. Dr. Antonio Rosas vom Nationalen Naturkundemuseum in Madrid, der die Untersuchungen leitete, sagte, es gebe deutliche Beweise für Kannibalismus.

Weniger klar gehe aus den Überresten hervor, unter welchen Umständen die Körper zerschnitten worden sind. Er hält es für das Wahrscheinlichste, dass die Neandertaler tote Mitglieder ihrer Gruppe gegessen haben, um ihre eigenen Überlebenschancen zu erhöhen.

Die Hypoplasie-Linien in den Zähnen aller acht Individuen zeigten, dass der Neandertaler bereits Schwierigkeiten hatte, in dieser Region zu überleben, noch ehe der *Homo sapiens* als potenzieller Konkurrent dorthin gelangte. Eine andere Möglichkeit wäre, dass die Schlachtung in Zusammenhang mit einem Ritual stand – dann würden die Schnittspuren auf das religiöse Leben der Neandertaler hindeuten.

Schnittspuren auf Knochen in Verbindung mit Anzeichen für Mangelernährung deuteten darauf hin, dass der Hunger die Neandertaler dazu trieb, einander aufzuessen, um zu überleben.

linke Seite: *Homo antecessor* bei einer Kannibalenmahlzeit (Zeichnung: Mauricio Anton/ Science Photo Library) rechts: Fundstück aus El Sidrón; in der Nahaufnahme erkennt man Schnittspuren. (Fotos mit freundlicher Genehmigung von Antonio Rosas, Museo Nacional de Ciencias Naturales, CSIC)

1 cm

Vor der Eroberung des Westens

Eine in Russland gefundene Elfenbeinschnitzerei zwang Archäologen, zu überdenken, auf welcher Route der Mensch von Afrika nach Europa einwanderte.

Eine Elfenbeinschnitzerei trägt dazu bei, sowohl den Zeitpunkt, zu dem der moderne Mensch Europa erreichte, als auch die Route, entlang derer er den Kontinent besiedelte, neu zu bestimmen. Die möglicherweise 45 000 Jahre alte Schnitzerei ist der älteste Nachweis des *Homo sapiens* in Europa und legt nahe, dass der Mensch aus Afrika zunächst nördlich in Richtung Russland wanderte, ehe er westwärts Richtung Atlantik vorstieß.

Die Archäologen glauben, dass die Figur den Versuch darstellt, einen menschlichen Kopf abzubilden – damit wäre sie das älteste bekannte Werk der bildenden Kunst. Sie ist aus einem Stück Mammut-Elfenbein geschnitzt und wurde wahrscheinlich, bevor sie fertig war, vom Künstler weggeworfen.

Man fand die Elfenbeinfigurine an einer Ausgrabungsstätte namens Kostenki, die rund 400 km südlich von Moskau in der Nähe des Flusses Don liegt. Ein Vulkanausbruch vor 40 000 Jahren in Italien hatte die Funde mit einer Ascheschicht bedeckt, was den Archäologen half, sie auf ein Alter von 42 000 bis 45 000 Jahren zu datieren. Dieses Alter überraschte das internationale Forscherteam, da der Ort in der Osteuropäischen Ebene für die aus Afrika einwandernden Menschen kalt, trocken und ungastlich gewesen sein muss. Dr. John Hoffecker von der Universität Colorado in Boulder in den USA sagte, Kostenki gehöre zu den Orten, an denen er Hinweise

auf die Anwesenheit von Menschen zu jener Zeit am wenigsten erwartet hätte. Die Archäologen der Russischen Akademie der Wissenschaften und der Universität Colorado halten die Funde für mindestens so alt wie Spuren menschlicher Besiedlung in Italien und Bulgarien, wahrscheinlich aber noch älter – was bedeuten würde, dass der Einwanderungsweg von Afrika nach Europa überdacht und vielleicht sogar vollkommen neu gezeichnet werden müsste.

Mit der in zwei Teile zerbrochenen Elfenbeinschnitzerei wurden zwei menschliche Zähne sowie primitive Werkzeuge gefunden. Deren Machart deutet auf einen technischen Fort-

schritt; und die Überreste von Tieren legen nahe, dass die Urmenschen gelernt hatten, Netze zum Fischen und Fallen zum Fangen von Eisfüchsen und Hasen einzusetzen. Überreste von Rentieren und Pferden zeigen, dass auch diese Arten einen Teil der Kost bildeten.

Man glaubt auch, dass frühe Formen des Handels zum Leben auf diesen Ebenen gehörten, denn die Steine, die zur Werkzeugherstellung benutzt wurden, mussten aus einer Entfernung von bis zu 160 km herbeitransportiert werden, und Muscheln, die als Schmuck verwendet wurden, kamen sogar knapp 500 km weit her.

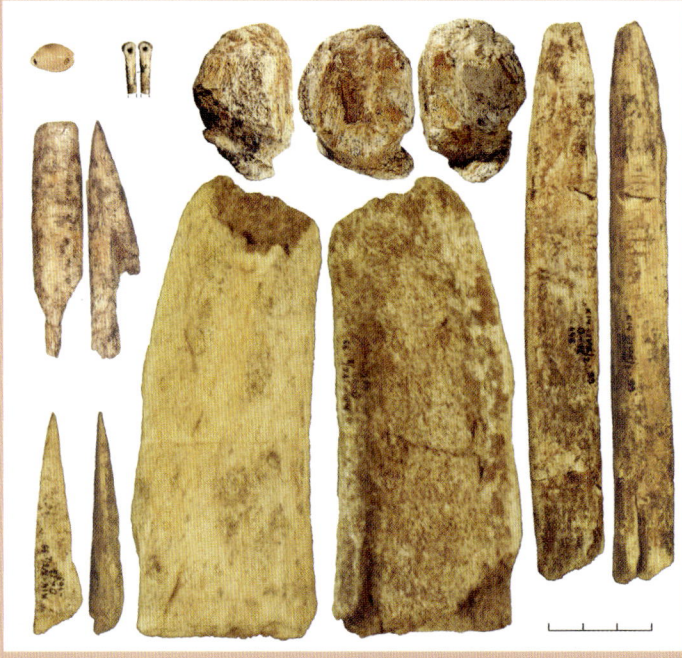

oben: Skizze eines geschnitzten Elfenbeinartefakts aus Kostenki, wahrscheinlich des unvollendeten Kopfs einer Figurine (mit freundlicher Genehmigung von A. A. Sinitsyn)
links: Artefakte aus Kostenki (Foto mit freundlicher Genehmigung von John Frank Hoffecker)

Waffen für die Schwachen

Schimpansenweibchen und -jungtiere benutzten Waffen, um sich mit den Männchen auf eine Stufe zu stellen.

oben: Tia, ein Schimpansenweibchen, dessen Verhalten im Rahmen der Untersuchung der Iowa State University beobachtet wurde (Foto mit freundlicher Genehmigung von Jill Pruetz)

Einer Verhaltensstudie an Schimpansen zufolge waren es bei den frühen Menschen wohl eher die Frauen als die Männer, die zuerst Waffen ersonnen. Beobachtungen von Schimpansen in der Fongoli-Savanne im Senegal offenbarten, dass weibliche und jüngere, schwächere Tiere systematisch einfache Speere gebrauchten. Sie brachen einen Ast von einem Baum, entfernten alle Blätter und Seitenzweige und schälten die Rinde ab. Im letzten Arbeitsschritt spitzten sie den Ast mit den Zähnen an einem Ende zu, um ihn dann in Baumhöhlen zu stoßen – in der Hoffnung, einen Galago (einen Halbaffen) aufzuspießen, den sie fressen konnten. Die erwachsenen Männchen hingegen begnügten sich damit, Galagos mit den bloßen Händen zu fangen und zu töten. Daraus folgerte man, dass die Weibchen und Jungtiere die Waffen einsetzten, um sich mit den Männchen auf eine Stufe zu stellen.

Die Leiterin der Untersuchung, Dr. Jill Pruetz von der Iowa State University in den USA sagte, dies habe wichtige Konsequenzen für die Entwicklung des Werkzeuggebrauchs beim Menschen; zumindest müssten die herkömmlichen Erklärungen überdacht werden. Archäologen haben darüber hinaus Anzeichen dafür zutage gefördert, dass es auch beim Schimpansen, unserem nächsten lebenden Verwandten, ein Steinzeitalter gegeben hat – geradeso wie beim Menschen. Bei Grabungen an der Elfenbeinküste

wurden Steine freigelegt, an denen sich noch die Überreste der Nüsse fanden, die mit ihnen zertrümmert worden waren. Die Proben wurden aus Sedimenten herausgeholt, deren Alter auf 4300 Jahre vor unserer Zeit datiert werden konnte – das entspricht etwa der Zeit, zu der die Sandsteinblöcke von Stonehenge aufgerichtet wurden. Allerdings stammten sie aus einer Gegend, die der moderne Mensch zu dieser Zeit wohl nicht bewohnt hat. Außerdem waren die Steine größer und anders geformt als solche, die man typischerweise mit Menschen in Verbindung bringt, während die Nüsse anscheinend zu solchen Arten gehörten, die heutzutage nicht von Menschen, sondern von Schimpansen verspeist werden. Diese Befunde werfen die Frage auf – beantworten sie allerdings noch nicht, ob Mensch und Schimpanse die Fähigkeit zum Werkzeuggebrauch von einem gemeinsamen Vorfahren geerbt oder erst später unabhängig voneinander entwickelt haben.

Hobbit oder falsche Spur?

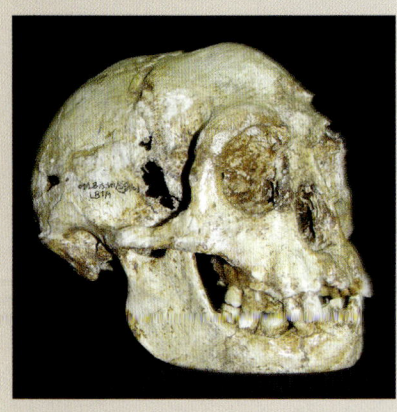

links: Schädel des *Homo floresiensis* im Halbprofil
(Foto mit freundlicher Genehmigung von Debbie
Argue, Australische Nationaluniversität)
unten: Der menschliche Vorfahr *Homo erectus.*
Manche Wissenschaftler glauben, dass *Homo
floresiensis* von *Homo erectus* abstammt.
(Zeichnung: Natural History Museum, London)

Die sensationelle Entdeckung eines
»hobbitähnlichen« Wesens im indonesischen Dschungel hat sich als einer
der umstrittensten Funde der letzten
Jahrzehnte entpuppt. Die wissenschaftlichen Interpretationen dessen,
was die fossilen Knochen darstellen,
sind sehr widersprüchlich. Der Origi-
nalfund wurde von einem australisch-
indonesischen Team im Westteil der
Insel Flores östlich von Java gemacht.
Seit er 2004 veröffentlicht wurde, war

er Gegenstand von Behauptung und Gegenbehauptung, da sich die Wissenschaft nicht einig darüber ist, was das Fossil wirklich darstellt. Im September 2003 förderten Forscher in der im Kalkstein gelegenen Liang-Bua-Höhle den Schädel und Knochenfragmente eines kleinen menschenähnlichen Wesens zutage, das nach den populären Geschöpfen aus Tolkiens »Herr der Ringe« den Spitznamen »Hobbit« bekam. Offiziell erhielt es den Namen *Homo floresiensis* und gilt als Vetter des modernen Menschen. *H. floresiensis* stand aufrecht, war aber nur 1 m groß. Belege zeigen, dass er Werkzeuge verwendete, gelernt hatte, das Feuer zu nutzen und wahrscheinlich Stegodonten – ponygroße Elefantenverwandte – jagte.

Die Entdeckung erschütterte die wissenschaftliche Welt, weil für den »Hobbit« und andere Knochenfragmente von dem Fundort auf der Insel ein Alter zwischen 94 000 und 12 000 Jahren ermittelt wurde. Der Schädel selbst ist 18 000 Jahre alt. Das bedeutet, dass der moderne Mensch – von dem man annimmt, dass er die Region vor 35 000 bis 55 000 Jahren erreicht hat – neben den hobbitähnlichen Geschöpfen gelebt haben könnte, die die Größe eines dreijährigen Kindes hatten. Der früheste Beleg für *Homo sapiens* auf Flores selbst, der ebenfalls in Liang Bua gefunden wurde, datiert von vor 12 000 Jahren. Ehe die Teams unter Leitung von Professor Radien Soejono vom Indonesischen Forschungszentrum für Archäologie und Professor Mike Morwood von der Universität von Neuengland in Australien ihre Funde gemacht hatten, war angenommen worden, dass zugleich mit *Homo sapiens* nur *Homo neanderthalensis* vorkam, für den der jüngste Nachweis von vor 24 000 Jahren datiert.

Das Hirnvolumen – es entspricht etwa der Größe einer Grapefruit und damit nur einem Drittel eines modernen menschlichen Gehirns – sorgte für Überraschung, da man glaubte, es sei viel zu klein für eine Art, die eine solche Vielzahl an Werkzeugen hervorgebracht hat, wie man sie zusammen

mit den Fossilien gefunden hat. Peter Brown von der Universität von Neuengland, der die Funde mit auswertete, mutmaßte, *H. floresiensis* könnte von menschlichen Vorfahren abstammen, die vor 840 000 Jahren auf die Insel gelangt waren, wahrscheinlich vom *Homo erectus*. Dass er so klein war, schrieb man evolutionärer Verzwergung zu, dem Phänomen, dass Arten in einem begrenzten Lebensraum gezwungen sind, kleiner zu werden, um zu überleben.

Die Art, die für ein Mitglied des menschlichen Stammbaums gehalten wird, lebte, nachdem sie die Insel erreicht hatte, Seite an Seite mit Komodowaranen und einer ausgestorbenen hundegroßen Ratte. Zusammen mit den Knochen des »Hobbits« wurden gekochte Überreste von Stegodonten, Elefantenverwandten von etwa Ponygröße, gefunden, die vermuten lassen, dass die menschenähnlichen Wesen sie jagten und aßen. Für die kleinen Menschen muss die Jagd auf diese Tiere eine Herausforderung gewesen sein, und die meisten Funde legen nahe, dass sie die kleineren Jungtiere aufs Korn nahmen. Andere Überreste zeigen, dass sie auch Schildkröten, Vögel, Fledermäuse, Fische, Frösche, Nagetiere und Schlangen verzehrten.

Der Originalschädel war so klein, dass man erst glaubte, er stamme von einem Kind, ehe man erkannte, dass bereits die Backenzähne eines Erwachsenen entwickelt waren. Das Skelett gehörte einer etwa 25 kg schweren Frau, die im Alter von etwa 30 Jahren starb. Im Vergleich zum modernen Menschen hat *H. floresiensis* dickere Überaugenwülste, ein fliehendes Kinn sowie längere Arme, was nahelegt, dass er sich auf Bäumen aufhielt. Es gab Spekulationen, dass die geringe Größe im Zusammenhang mit dem relativ geringen Alter der Knochenfunde erklären könnte, weshalb sich auf der Insel bis heute so viele Geschichten über »kleine Menschen« gehalten haben, die in den Wäldern leben.

Kurz nach ihrer Veröffentlichung wurden die Funde jedoch durch die

Behauptung auf die Probe gestellt, dass die hobbitähnlichen Menschen weit davon entfernt seien, eine eigene Art darzustellen, sondern in Wirklichkeit moderne Menschen mit der Krankheit Mikrozephalie seien, bei der das Hirn- und Schädelwachstum eingeschränkt ist. Als jedoch auf Flores die Überreste mindestens neun anderer »Hobbit«-Individuen sowie weitere Knochen des Originalexemplars ausgegraben wurden, bestärkte dies die Auffassung, dass es sich um eine eigene Art handelt. Professor Morwood sagte, die neuen Funde, die 2005 veröffentlicht wurden, trügen dazu bei, sich ein klareres Bild von den Fähigkeiten des »Hobbit« beim Gebrauch von Feuer und bei der Jagd zu machen und lieferten überzeugendere Belege dafür, dass *Homo floresiensis* eine unabhängige Art darstelle. Nach seiner Aussage gibt es Belege für mindestens 13 Individuen, darunter ein fast vollständiges Skelett.

Doch 2006 kamen die Zweifler mit aller Macht zurück, als eine Untersuchung zu dem Schluss kam, das Gehirn des »Hobbit« sei zu klein, als dass es durch Inselverzwergung entstanden sein könnte. Gehirne könnten zwar schrumpfen, sagten sie, aber nur mäßig und nicht in dem Umfang, wie es anscheinend beim »Hobbit« der Fall war. Dr. Robert Martin vom Field-Museum in Chicago schätzte, dass der Körper auf eine Größe von 30 cm hätte schrumpfen müssen, damit das Gehirn so klein hätte werden können wie das des »Hobbits«. Er sagte auch, dass die Steinwerkzeuge, die beim »Hobbit« gefunden wurden, nie zuvor in Verbindung mit *Homo erectus* gestanden hätten, sondern Eigenschaften aufwiesen, die man stets nur bei Techniken des *Homo sapiens* gesehen hat. Außerdem argumentierte er, dass anatomische Eigenschaften des »Hobbit« mit solchen moderner Menschen übereinstimmten, die an Mikrozephalie litten. Wenn nicht bedeutende neue Funde gemacht werden wird die Auseinandersetzung über den Status des »Hobbits« als kranker Mensch oder als eine eigene, verwandte Art noch über Jahre weiterschwelen.

Auf dem Speiseplan

Der Speisezettel lässt vermuten, dass die Art nomadisch lebte und eine Vielzahl von Lebensraumtypen durchstreifte, darunter Savannen und Wälder, um die Pflanzen zu finden.

links: *Paranthropus robustus* in seinem Lebensraum (Zeichnung mit freundlicher Genehmigung von Matt Sponheimer)

Chemische Spuren aus 1,8 Millionen Jahre alten Zähnen geben Einblick, was bei den damaligen Hominiden auf dem Speiseplan stand. Die Vormenschenart *Paranthropus robustus*, die als Seitenzweig der zum modernen Menschen führenden Linie gilt, lebte demnach von einer vielfältigen Kost, die sich jeden Monat veränderte. Diese Australopithecinen aßen Früchte, Nüsse, Gräser, Laub, Samen, Kräuter, Knollen und Wurzeln. Das Nahrungsspektrum legt nahe, dass die Art nomadisch eine Vielzahl von Lebensraumtypen durchstreifte, um die Pflanzen zu finden.

Bisher glaubte man, diese Hominiden seien ausgestorben, weil sie sich nicht an Umweltveränderungen anpassen konnten, die die Verfügbarkeit der Vegetation einschränkte, auf die sie angewiesen waren. Doch die Untersuchung von vier *Paranthropus*-Zähnen aus Swartkrans in Südafrika brachte ans Licht, dass die Art weniger spezialisiert war als vermutet und wahrscheinlich nicht durch veränderte Umweltbedingungen, sondern durch die direkten Vorfahren unserer eigenen Art ausgerottet wurde.

Das Nahrungsspektrum konnte anhand von Kohlenstoffisotopen bestimmt werden, die die Hominiden im Laufe ihres Lebens mit dem Essen aufgenommen haben – die verzehrten Pflanzen unterschieden sich in der Zusammensetzung ihrer Isotope. Die Technik der Laserablation ist so genau, dass die Forscher die Isotope so entnehmen konnten, wie sie abgelagert worden waren. Der Laser überführt winzige Zahnstücke in die Dampfphase, sodass sie analysiert werden können. Diese Methode ermöglichte einen detaillierten Blick auf die oft dramatischen Wechsel in der Kost von Jahr zu Jahr, ja oft von Monat zu Monat.

Die Forscher glauben, dass die Koständerungen durch Niederschlagsschwankungen, Dürrezeiten und Überflutungen ausgelöst wurden. Laut Professor Matt Sponheimer von der Universität Colorado in den USA sind Kostumstellungen binnen solch kurzer Zeiträume vor 1,8 Millionen Jahren nie zuvor so detailliert erfasst worden. Man nimmt an, dass *Paranthropus* und eine zur selben Zeit lebende *Homo*-Art, aus der letztlich der *Homo sapiens* hervorging, von einem gemeinsamen Vorfahr abstammen, der vor etwa 2,5 Millionen Jahren gelebt hat. Dieser Australopithecine soll etwa 1,20 m groß gewesen sein, hatte Füße, die an eine zweibeinige Lebensweise angepasst waren, und wog 45 kg. Sein Gehirn war nur wenig größer als das eines Schimpansen.

Steinzeitliche Zahnheilkunde

Auf einem Friedhof in Pakistan wurden die ältesten Belege von Zahnbehandlungen gefunden – wahrscheinlich wurden sie von einem Perlenmacher ausgeführt. Forscher, die bis zu 9000 Jahre alte Gräber in Mehrgarh untersuchten, entdeckten elf Zähne, die Behandlungsspuren von Steinzeitbohrern aufwiesen. Gegenüber einem 5000 Jahre alten jungsteinzeitlichen Backenzahn aus Dänemark wird damit das Alter der frühesten bekannten Zahnbehandlung um mehrere tausend Jahre vorverlegt.

Die Bohrer, mit denen die Löcher gemacht wurden, hatten Spitzen aus Feuerstein und wurden so in eine Bogensehne eingehängt, dass sie schnell gedreht werden konnten – eine Technik, die damals verwendet wurde, um Perlen zu durchbohren. Neun verschiedene Personen zwischen 20 und über 40 Jahren wurden der Zahnbehandlung unterzogen, und einer der Patienten war sogar bereit gewesen, sie an drei verschiedenen Zähnen auf sich zu nehmen – vielleicht hatte er auch keine andere Wahl. Ein weiterer Patient war zweimal behandelt worden.

Wissenschaftler der Universität Poitiers und des Pariser Guimet-Museums stellten fest, dass die gebohrten Löcher bis zu 3,5 mm tief waren und einen Durchmesser von nur 1 mm hatten, was auf eine beachtliche Präzision hindeutet. Vier der Zähne – durchweg Backenzähne – zeigten Anzeichen von Zahnfäule, deshalb sind die Forscher überzeugt davon, dass die Prozedur wegen ihres therapeutischen Nutzens durchgeführt wurde, auch wenn sie das nicht beweisen können.

Obwohl der Bohrer primitiv war und der Patient die Schmerzen ohne Betäubung ertragen musste, war die Technik erstaunlich wirksam, um die Karies zu entfernen. Es wurden keine Anzeichen für Füllungen in den Löchern gefunden, doch Professor Roberto Macchiarelli, Paläoanthropologe an der Universität Poitiers in Frankreich, der die Forschungen leitete, vermutete, dass eine teerartige oder pflanzliche Substanz verwendet wurde. Er war sich sicher, dass die Bohrungen zu Lebzeiten der Personen – darunter mindestens vier Männer und zwei Frauen – stattfanden, weil es Anzeichen von späterer Zahnabnutzung durch Kauen gibt. Die Zähne der damaligen Menschen nutzten sich stark ab, weil Weizen und Gerste neu in die Ernährung eingeführt worden waren: Wenn das Korn zwischen Steinen zermahlen wurde, landete abgeriebener Mineralgrus mit im Essen.

Nahe dem Friedhof fanden sich nicht nur viele Bohrerspitzen aus Feuerstein, sondern auch Knochen, Muschelschalen und Türkisperlen. Die Zahnbehandlungen fanden in der Gegend von Mehrgarh 1500 Jahre lang statt, ehe sie mit Beginn des Metallzeitalters aus rätselhaften Gründen abbrachen.

Trotz der primitiven Bohrer war die Technik erstaunlich wirksam, um Karies zu entfernen.

unten: Fallbeispiele aus Mehrgarh (Fotos mit freundlicher Genehmigung von L. Bondioli und R. Macchiarelli)

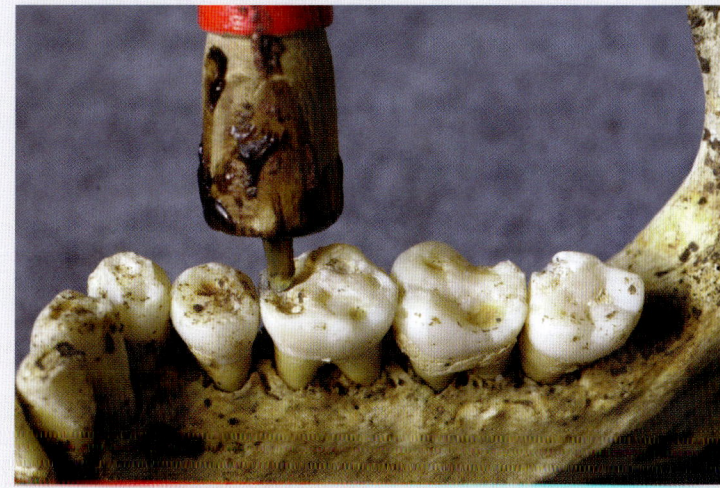

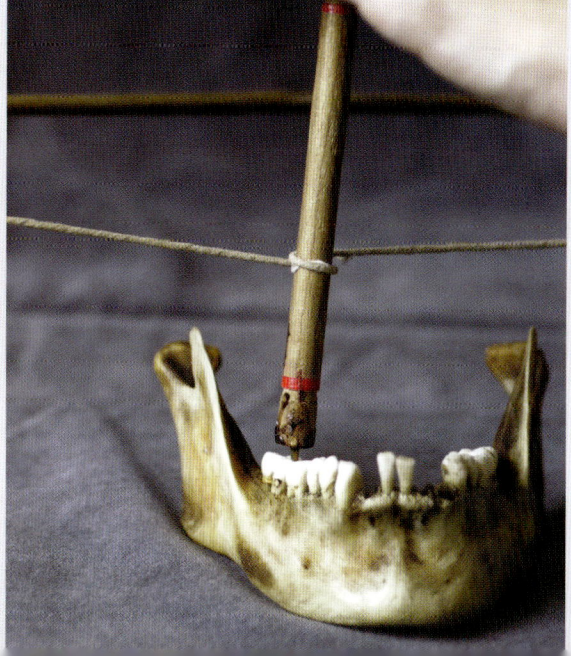

Durch Beobachtung wurden 31 verschiedene Gesten der Hände ermittelt, was fast doppelt so viel ist wie die 18 Lautäußerungen und Gesichtsausdrücke, mit denen sich Schimpansen und Bonobos untereinander verständigen.

oben: Ein gestikulierender Bonobo
rechts: Gestikulierende Schimpansen

Zeichensprache

Einer Untersuchung an anderen Primaten zufolge bestand die früheste menschliche Sprache wahrscheinlich aus Gesten, die mit Händen und Füßen ausgeführt wurden. Schimpansen und Bonobos (Zwergschimpansen), die Tierarten, die am nächsten mit dem modernen Menschen verwandt sind, gebrauchen Gesten und zeigen eine beachtliche Kontrolle über deren vorgesehene Bedeutung. Durch Beobachtungen der Tiere wurden 31 einzelne Handbewegungen festgestellt, wohingegen nur 18 Lautäußerungen und Gesichtsausdrücke dokumentiert sind, die sie zur Verständigung benutzen. Einige der Gesten werden sogar von Menschen eindeutig verstanden, so etwa eine ausgestreckte Hand, mit der die Bitte oder Forderung ausgedrückt wird, einen Gegenstand auszuhändigen.

Laut Dr. Amy Pollick und Dr. Frans de Waal vom Nationalen Yerkes-Primatenforschungszentrum der Emory-Universität in Atlanta, USA, die die Untersuchungen durchführten, haben Gebärden den Vorteil, dass sie von den Primaten bewusster kontrolliert werden können. Mimik und Laute wie Schreien sind enger mit Gefühlsreaktionen verbunden und daher unwillkürlicher. Es sei bekannt, erläuterten die Forscher, dass Gestik eine spätere evolutionäre Entwicklung ist als Gesichtsausdrücke und Lautäußerungen, weil sie bei Menschenaffen auftritt, aber nicht bei den übrigen Affen, von denen sie sich vor 23 bis 24 Millionen Jahren abgespalten haben. Sie fügten hinzu, dass eine Geste, die gleichermaßen von Schimpanse, Bonobo und vom Menschen verwendet werde, wahrscheinlich bereits von deren gemeinsamem Ahnen benutzt worden sei.

rechts: Gestikulierender Schimpanse (Fotos mit freundlicher Genehmigung von Frans de Waal/ Living Links Center)

Aufrechter Gang

Um Früchte in den Bäumen zu erreichen, legen Orang-Utans den vierbeinigen Gang ab und gehen auf zwei Beinen auf dünnen Ästen entlang, wobei sie sich an Zweigen festhalten, um nicht die Balance zu verlieren.

Eine Untersuchung lässt vermuten, dass die Vorfahren des Menschen, bereits Millionen Jahre bevor sie von den Bäumen herunterstiegen, den charakteristischen aufrechten Gang auf zwei Beinen und mit geradem Rücken beherrschten. Dieser Befund weckt Zweifel daran, dass der Mensch, als er sich erstmals am Boden bewegte, mit einem schlenkernden, gebeugten Knöchelgang anfing und sich erst im Laufe von Jahrmillionen in eine aufrechte Haltung erhob.

Wissenschaftler der englischen Universitäten Liverpool und Birmingham schätzen, dass sich der aufrechte Gang vor etwa 17 bis 24 Millionen Jahren entwickelt hat. Ihre Forschung ist eine Kampfansage an die bisherige Vorstellung, dass die Vorfahren des Menschen den aufrechten Gang erst erlernt hätten, nachdem sie vor vier bis acht Millionen Jahren begonnen hatten, die Bäume zugunsten des Waldbodens zu verlassen. Die Forscher kamen zu ihrer Schlussfolgerung, nachdem sie beobachtet hatten, wie sich Orang-Utans durch den Wald bewegen, und Fossilienfunde neu bewertet hatten. Sie vertreten die Meinung, dass die Vorfahren des Menschen ebenso wie der Orang-Utan Nutzen daraus gezogen hätten, sich auf der Suche nach Futter aufrecht durch die Bäume zu bewegen.

Als große Menschenaffen sind Orang-Utans zu schwer, um sich auf allen Vieren entlang von dünnen Ästen in den Außenbereichen der Baumkronen zu bewegen, wo sich die meisten Früchte finden. Hingegen können sie viele der Früchte erreichen, wenn sie den vierbeinigen Gang aufgeben und stattdessen auf zwei Beinen auf den Ästen entlangbalancieren, während sie sich mit den Händen an Zweigen oder Lianen festhalten, um das Gleichgewicht zu halten. Dieselbe Technik nutzen sie, um von einem Baum auf den nächsten zu gelangen, um Räubern wie etwa Tigern zu entgehen, die auf dem Boden lauern könnten. Die Wissenschaftler sagten, die Vorfah-

ren des Menschen hätten sich in genau derselben Weise durch die Bäume bewegt, mit der Folge, dass sie bereits in aufrechter Haltung stehen konnten, als sie auf den Boden herabkamen. So hätten die menschlichen Vorfahren es nicht nötig gehabt, überhaupt den gebeugten Knöchelgang zu entwickeln, und dieser sei bei Schimpanse und Gorilla unabhängig von den anderen Primaten entstanden.

Laut Professor Robin Crompton von der Universität Liverpool and Dr. Susannah Thorpe von der Universität Birmingham, die die Untersuchung leiteten, ist die von Schimpanse und Gorilla zu ebener Erde benutzte Gangart eine Anpassung, die es ihnen erlaube, am Waldboden herumzustreifen, ohne ihre Geschicklichkeit beim Klettern aufzugeben. Die Fähigkeit zur aufrechten Haltung trotz eines Lebens in den Bäumen hätte sich in der Evolution der Menschenaffen erst entwickelt, nachdem sie sich von den übrigen Affen getrennt hatten, weil sie dadurch auch Früchte nutzen konnten, anstatt nur auf Laub angewiesen zu sein, wie es die Affen damals waren.

Die Forscher fanden heraus, dass ihre Schlussfolgerung von Fossilbelegen gestützt wird. Sie führen den Primaten *Morotopithecus* an, der die Fähigkeit, auf zwei Beinen zu gehen, ihren Angaben zufolge vor 16 bis 21 Millionen Jahren entwickelt hatte. Sie sagen, die Vorfahren des Menschen hätten wohl damit begonnen, regelmäßig auf den Boden herunterzukommen, als klimatische Veränderungen vor etwa 12 Millionen Jahren eine Auflichtung der Wälder bewirkten. Die Erkenntnis, dass Zweibeinigkeit nicht notwendigerweise ein Hinweis darauf ist, dass ein ausgestorbener Primat die Bäume verlassen hatte und ein Bodenbewohner war, bedeutet, dass es schwieriger werden könnte zu entscheiden, ob ein Fossil einen Vorfahren des Menschen oder einer anderen Menschenaffenart darstellt.

linke Seite: Junges Orang-Utan-Männchen im Dschungel Nordborneos in sehr menschlicher Pose (Foto: Co Rentmeester/Time & Life Pictures/Getty)

Die erste Feige

Als die Menschen erkannten, welches Potenzial es barg, Stecklinge zu pflanzen, begannen sie, Feigen bewusst anzubauen.

Archäologen haben herausgefunden, dass der Mensch, als er sich vom Jäger und Sammlerdasein verabschiedete und sich als Bauer niederließ, wohl nicht zuerst Getreide, sondern Feigen anbaute. In einem prähistorischen Dorf, das im unteren Jordantal nahe Jericho in dem zwischen Israel und Jordanien umstrittenen Westjordanland liegt, wurden inkohlte Feigen gefunden, die 1000 Jahre älter sind als die frühesten Weizen- und Gerstepflanzungen.

Das Alter des Dorfs Gilgal I und damit auch das der Feigen wurde auf 11 400 Jahre datiert – die Früchte wurden also 5000 Jahre vor dem bisher angenommenen Zeitpunkt für die Domestikation der Feige gepflückt. Jäger und Sammler aber, die die Landschaft durchstreiften, hätten Früchte gepflückt und direkt gegessen, während man von den Feigen aus Gilgal I glaubt, dass sie gezielt angebaut worden sind.

Archäobotaniker entdeckten, dass die neun kleinen Feigen und 313 Fruchtfragmente aus dem Dorf von einer besonderen Sorte stammten, die eine Mutation aufwies: Sie waren parthenokarp, das heißt, sie produzierten reife Früchte ohne Insektenbestäubung und waren nicht in der Lage, Samen auszubilden – sodass sie mit dem Absterben des Baumes ausgestorben wären. Wenn jedoch Stecklinge von der Pflanze genommen und in den Boden gesteckt wurden – wie es in Gilgal nach Meinung der Wissenschaftler geschehen ist –, bewurzelte sich der Spross und trieb zu einem neuen fruchttragenden Baum aus. Laut Professor Ofer Bar-Yosef von der Harvard-Universität, der die Untersuchung zusammen mit Wissenschaftlern der israelischen Bar-Ilan-Universität durchführte, hatten die Bewohner erkannt, welches Potenzial es barg, Stecklinge zu pflanzen, und deshalb angefangen, die Feigen bewusst anzubauen.

Die Feigen wurden zusammen mit andern Lebensmitteln aufbewahrt, darunter wilde Gerste, wilder Hafer und Eicheln. Trotz der Inkohlung war noch zu erkennen, dass die Feigen wohl getrocknet worden sind, ehe man sie in Gilgal einlagerte, das von etwa 11 400 bis 11 200 Jahren vor der heutigen Zeit bewohnt war.

unten: Kleine Feigen aus dem Iran, ganz unten: Feige aus Gilgal (Fotos mit freundlicher Genehmigung von M. Kislev)

Lucys Kind

Ein dreijähriges Kind, das vor über drei Millionen Jahren starb – möglicherweise, als es bei einem Hochwasser von seinen Eltern weggespült wurde – liefert beispiellose Einblicke in die Evolution des Menschen. Die Überreste des weiblichen Australopithecus afarensis-Kindes wurden in Äthiopien nur 3 km von der Stelle entfernt ausgegraben, wo 1974 der berühmteste der frühen Hominiden, Lucy, gefunden worden war. Die Kleine, die unter anderem den Spitznamen »Lucys Kind« erhielt, starb etwa 150 000 Jahre vor der erwachsenen Lucy, ihrer Artgenossin, deren nahezu vollständiges Skelett einen Wendepunkt in der Erforschung der Vormenschen darstellte.

»Lucys Kind« ist 3,3 Millionen Jahre alt, und ihre Entdeckung stellt den ältesten und vollständigsten Fund eines Kindes aus der Menschenfamilie dar. Zuvor hatte man solch gut erhaltene Überreste junger Menschen nur vom Neandertaler und vom modernen Menschen gefunden. Das Skelett des Mädchens wurde aus Gesteinsschichten freigelegt, die sich aus den Sedimenten einer vorzeitlichen Flutwelle gebildet hatten. Diese muss das Kind entweder getötet oder kurz nach seinem Tod weggespült haben. Der Körper wurde zur Kugelform zusammengerollt und von Sand bedeckt, ehe Aasfresser ihn fanden.

Eine Analyse des Skeletts – von dem viel in dem Sandstein eingeschlossen blieb, der Korn für Korn abgetragen werden musste – zeigte, dass das Mädchen zum aufrechten Gang fähig war, während die Zähne ihr Alter und Geschlecht enthüllten. Oberschenkel-, Schienbein- und Fußknochen wiesen auf ihren aufrechten Gang hin, aber ihre Schulterblätter ähnelten denen eines Gorillas, und sie hatte lange, gekrümmte Finger zum Greifen, was nahelegt, dass die Art die Fähigkeit zum Klettern auf Bäumen behalten hatte. Die Kombination aus aufrechtem Gang am Boden und der Kletterfähigkeit zeigt, dass sich die Art auf dem Weg befand, der zum modernen Menschen führte. Die Forscher nehmen an, dass Australopithecus afarensis während der Nahrungssuche am Tag aufrecht ging und zur Nacht Bäume aufsuchte, um dort zu schlafen und vor Räubern sicher zu sein.

Während das Gesicht des Mädchens wohl eher dem eines Schimpansen als dem eines heutigen Menschen ähnelte, glaubt man, dass ihr Gehirn einen Schritt in Richtung moderner Mensch darstellt: Mittels Computertomographie stellte man fest, dass es etwa so groß war wie das eines dreijährigen modernen Schimpansen. Schätzungen für Gehirne erwachsener A. afarensis zeigen jedoch, dass das Gehirn des Kindes, wenn es das Erwachsenenalter erreicht hätte, noch stärker gewachsen wäre als bei einem gleichaltrigen Schimpansen.

Dieser erste vollständige Schädel eines jungen A. afarensis versetzte die Forscher in die Lage, zu bestimmen, wie sich das Gehirn von der Kindheit bis zum Erwachsenenalter veränderte. Das Gehirnvolumen wurde mit 330 cm² bestimmt, was 63 bis 88 Prozent der endgültigen Größe entspricht, wohingegen beim Schimpansen das Gehirn im Alter von drei Jahren zu mehr als 90 Prozent entwickelt ist. Die Wissenschaftler fanden, dass die Wachstumsrate des Gehirns von »Lucys Kind« eher derjenigen eines Menschen nahekommt als der eines Schimpansen; dies deutet auf mögliche Verhaltensänderungen bei der Art hin, die vor über drei Millionen Jahren in einem Lebensraum mit Savanne und Wald bestehen musste.

Zu den aufregendsten Funden des Teams, das von Dr. Zeresenay Alemseged vom Max-Planck-Institut für Kognitions- und Neurowissenschaften in Leipzig geleitet wurde, gehört das Zungenbein: ein zerbrechlicher Knochen, der die Zungenwurzel stützt und uns bei menschenähnlichen Fossilien bisher einzig vom Neandertaler vorliegt. Nachdem sie die Form des Zungenbeins untersucht hatten, kamen die Forscher zu dem Schluss, dass – obgleich der Schädel auf einen evolutionären Wandel in Richtung auf das Gehirn des modernen Menschen hindeutete – der Kehlkopf und die zugehörige Anatomie noch zu ursprünglich waren, als dass »Lucys Kind« hätte sprechen können.

Obgleich der Schädel auf einen evolutionären Wandel in Richtung auf das Gehirn des modernen Menschen hindeutet, waren der Kehlkopf und die zugehörige Anatomie noch zu ursprünglich, als dass »Lucys Kind« hätte sprechen können.

Das erste Stück von »Lucys Kind« wurde 2000 im Ostafrikanischen Graben bei Dikika südlich des Awash-Flusses gefunden, als ein Mitglied des Forschungsteams einen Teil des freiliegenden Schädels entdeckte. »Lucys Kind« ist nur einer der Namen, den man ihr gegeben hat; sie wurde auch »Selam« genannt, was in mehreren äthiopischen Sprachen »Friede« bedeutet, außerdem »Dikika-Kind« oder »Mädchen von Dikika« oder einfach »Little Lucy«. Die Endeckung der zuerst geborgenen Funde wurde 2006 veröffentlicht. Es dauerte vier Jahre, bis alle fossilen Knochen geborgen waren, und man erwartet, dass noch viele weitere Jahre vergehen werden, bis man alle Geheimnisse von »Lucys Kind« entschlüsselt und verstanden haben wird.

Ein Kalender auf den Hügeln

Lange bevor das Volk der Inkas die Sonne anbetete, bauten Bewohner des antiken Peru die 13 Türme von Chanquillo.

13 Türme, die auf dem Kamm eines Hügels aufgereiht sind, wurden als 2300 Jahre alter Sonnenkalender identifiziert. Man nimmt an, dass sie von Anhängern eines Sonnenkults errichtet wurden und so platziert sind, dass sie Beobachtern die Sommer- und Wintersonnwende und die Frühlings- und Herbst-Tagundnachtgleiche anzeigen. Bewohner des antiken Peru erbauten die 13 Türme von Chanquillo, lange bevor die Inkas ihren Kult um die Sonne begannen.

Der Zweck der Türme, deren Höhe von 2 bis 6 m variiert und die sich entlang eines Hügelrückens 300 m weit erstrecken, blieb rätselhaft, bis Dr. Ivan Ghezzi, Archäologischer Direktor des Nationalinstituts für Kultur in Peru, und Professor Clive Ruggles, ein Archäoastronom an der Universität Leicester in England, ihre Messungen durchführten. Das Sonnenobservatorium ist das älteste in Südamerika und deutet auf eine Zivilisation aus der Vor-Inka-Zeit, in der diejenigen, die für sich beanspruchen konnten, die Sonne zu verstehen, die herrschende Elite bildeten.

links: Die 13 Türme von Chanquillo
(Foto: © GeoEye/SIME/NASA)
rechts oben: Sonnenaufgang zwischen dem 1. Turm und dem Cerro Mucho Malo zur Sommersonnwende 2003. Die Sonnenaufgangsposition am Tag der Sommersonnwende hat sich seit dem Jahr 300 v. Chr. um etwa 0,3 Grad nach rechts verschoben.
rechts Mitte: Vereinfachte Darstellung der Funktionsweise des Sonnenobservatoriums (Bilder mit freundlicher Genehmigung von und © Ivan Ghezzi)
rechts unten: Der befestigte steinerne Tempel von Chanquillo (Foto mit freundlicher Genehmigung des Servicio Aerofotográfico Nacional, Peru)

vorige Doppelseite, im Uhrzeigersinn von oben links:
Fünf Bilder des Bruches am Larsen-B-Schelfeis im Januar,
Februar und März 2002 (mit freundlicher Genehmigung
von NASA/ MODIS), Rosa, glockenförmige Stielqualle
(Foto mit freundlicher Genehmigung von Emily Klein,
Duke-Universität), Forscher der Beringia Expedition 2005,
die sich auf die ökologischen Probleme der Arktis konzen-
trierte und vom Schwedischen Sekretariat für Polarfor-
schung gesponsert wurde (Foto mit freundlicher Geneh-
migung von Martin Jakobsson, Universität Stockholm),
Abholzung im Kongobecken (Foto: NHPA/Martin Harvey),
Luftaufnahmen von Rissen und Verwerfungen in der
Afar-Wüste (Foto mit freundlicher Genehmigung von
Julie Rowland, Universität Auckland)

Die Erde in Aufruhr

Katastrophale Hurrikans und Überschwemmungen in Nordamerika, mörderische Hitzewellen in Europa sowie Zerstörung und unzählige Tote durch den Tsunami am zweiten Weihnachtsfeiertag 2004 im Indischen Ozean – all dies sind ernüchternde Erinnerungen an die Kräfte der Natur. Mag sein, dass wir den Planeten Erde mehr als jede andere Spezies in dessen Geschichte beeinflusst haben, doch die unermesslichen Kräfte, die die Erde einst geformt haben, zeigen sich immer wieder, und wir sind ihnen schutzlos ausgeliefert. In den letzten 4,5 Milliarden Jahren seit der Entstehung der Erde aus Ursuppe durchlief der Planet eisige Kälte und große Hitze, Asteroiden und andere Weltraumtrümmer setzten ihm zu, und über Jahrtausende wühlten ihn Erdbeben und Vulkane an Land und unter Wasser auf. Kontinente verschoben sich, Berge verschwanden, neue Ozeane entstanden und sogar die chemische Zusammensetzung der Luft wandelte sich.

Der Mensch hat ohne Zweifel Einfluss genommen in seiner kurzen Zeit auf der Erde. Er hat Großstädte erbaut, Wälder zerstört, Dämme errichtet und einen schier endlosen Fleckenteppich aus Feldern in die Landschaft eingelassen. Mit der globalen Erwärmung hat er begonnen, die Atmosphäre in einer Weise zu verändern, die man nie für möglich gehalten hätte. Doch auch wenn der Klimawandel die unmittelbarste Bedrohung darstellt – und wohl auch jene, gegen die wir am meisten tun können –, gibt es andere, die die Welt viel dramatischer und verheerender verändern könnten. Die Erde würde sie überleben, wir vielleicht nicht. Riesige Meteoren, Supervulkane und der natürliche klimatische und atmosphärische Wandel, sie alle trugen in der Vergangenheit dazu bei, die Erde zu verändern, und werden das zweifelsohne auch erneut tun.

Der Schmetterlingseffekt

Der Eisberg wurde durch die Dünung in sechs Teile zerschmettert, nachdem sie 13 300 km zurückgelegt hatte.

Forscher haben herausgefunden, dass ein riesiger Eisberg in der Antarktis durch einen Sturm aus Alaska, am anderen Ende der Welt, zerstört wurde. Eine vor der Küste Alaskas entstandene Dünung rollte sechs Tage lang südwärts durch den Pazifischen Ozean zur Antarktis und zerschlug einen 97 km langen Eisberg. Der Eisberg B15a wurde durch die Dünung, die 13 300 km weit gewandert war, in sechs Teile zerschmettert. Bis dahin hatte B15a die Hälfte des Eisberges B15 gebildet, des größten je verzeichneten Eisberges, der im März 2000 vom Ross-Schelfeis in der Antarktis abbrach.

Seit den 1960er Jahren weiß man, dass Dünungen um die halbe Welt wandern können, doch die zerstörerische Auswirkung einer Dünung auf einen Eisberg war unbekannt. Als Eisberg B15 am 27. Oktober 2005 zerbrach, war es heiter und windstill, sodass ein Sturm in unmittelbarer Umgebung nicht die Ursache sein konnte. US-amerikanische Forscher versuchten, die Route der Dünung, von der sie wussten, dass sie B15a zerstört hatte, zu verfolgen. Sie waren erstaunt, als sie herausfanden, dass sie von so weit her kam. Mit Hilfe von Satellitenbildern konnten sie den Abbruch beobachten. Sie flogen

dann in die Antarktis, um einen Seismografen hinzuziehen, der auf dem Eis zurückgelassen worden war, und die Frequenzen der Wellen sowie die Bewegungen, die diese im Eis auslösten, aufgezeichnet hatte.

Durch die Daten des Seismografen gelang es den Forschern, unter Leitung von Professor Douglas MacAyeal von der Universität Chicago und Professor Emile Okal von der Northwestern University, die Herkunft der Wellen zu bestimmen. Die vom Sturm produzierte Dünung war stark genug, um den 97 km langen und 29 km breiten Eisberg 1,3 cm im Wasser anzuheben und ihn 10 cm von einer Seite zur anderen zu rütteln. Die Daten des Seismografen zeigten, dass der Eisberg zwölf Stunden durchgerüttelt wurde, bevor er zerbrach. Dann neigte er sich weitere drei Tage lang hin und her.

Das ungeheure Ausmaß der Bewegung ließ auf einen starken Sturm schließen, den die Forscher durch die Berechnung der Abstände der Wellenlängen und der Frequenz der Dünung ermitteln wollten. Aufzeichnungen von Wellenbojen in Alaska und Hawaii verfolgten die Wellen auf ihrem Weg in die Antarktis. Weitere Messwerte

stammen vom Seismografen auf Pitcairn-Insel im Südpazifik. In Alaska waren die Wellen 10,6 m hoch und hatten sich auf 4,6 m verkleinert, als sie zwei Tage später Hawaii erreichten.

B15a war in der Nähe von Kap Adare und den Possessions-Inseln auf Grund gelaufen, als er von der Dünung getroffen wurde. Er hatte somit die perfekte Position für die Zerstörung durch das Wasser. Professor MacAyeal beschreibt den Moment, an dem der Eisberg der Dünung nicht mehr standhalten konnte, als ein »zerbrechliches Weinglas, das von einer starken Sopranstimme besungen wird".

Nachdem die Forscher festgestellt hatten, dass Sturmwellen die Antarktis aus solch einer Distanz erreichen können, begannen sie nach anderen Hinweisen auf das Phänomen zu suchen. Zu ihnen gehörte ein Taifun im Pazifik. Sie fanden auch heraus, dass alle 38 Ereignisse, die bedeutend genug waren, um von den Seismografen zwischen Dezember 2004 und März 2005 aufgezeichnet zu werden, mit weit entfernten Stürmen sowohl in der südlichen als auch in der nördlichen Hemisphäre in Verbindung standen.

linke Seite: Diese Luftaufnahme von Eisberg B15a entstand am 24. November 2005, kurz nach dem Eintreffen der Meeresdünung, die durch einen starken Sturm im Nordpazifik sechs Tage zuvor ausgelöst wurde. Die Fragmente, die auf dem Foto gezeigt werden, stellen etwa ein Drittel der Fläche des Eisberges vor dem Abbruch dar. (Bild mit freundlicher Genehmigung von Kathleen Lawson, Geophysical Institute, Universität Alaska)
rechts: Ein Infrarotbild des Eisbergs B15 vom 13. April 2000, einen Monat nachdem er vom Ross-Schelfeis abbrach (Bild mit freundlicher Genehmigung der Universität Wisconsin – Madison, Space Science and Engineering Center, Antarctic Meteorological Research Center)

Abholzung

oben: Abholzungen im Kongobecken halten an, seit 1990 werden jährlich mehr als 640 km neuer Straßen gebaut (Foto: Martin Harvey/NHPA)
rechte Seite: Abholzung, Straßen, Wald im Kongobecken (Grafik mit freundlicher Genehmigung von N. Laporte, Woods Hole Research Center)

Die Auswirkungen der Abholzung im zweitgrößten Regenwald der Welt wurden per Satellit beobachtet. Was sich zeigt, sind weite Gebiete, in denen katastrophaler Baumverlust droht. Der tropische Wald rings um das Kongobecken in Afrika und der des Kongobeckens selbst ist zweimal so groß wie Frankreich. Doch Satellitenbilder zeigen, dass sich die Abholzung seit 1990 vervierfacht hat. Durch die Auswertung einer Reihe von Satellitenfotos, die zwischen 1976 und 2003 aufgenommen wurden, gelang es Forschern zum ersten Mal, genaue Messwerte zur Ausdehnung der Abholzung zu erhalten. Sie verzeichneten Straßen zum Abtransport des Holzes mit einer Gesamtlänge von 51 920 km, die sich über mehrere zentralafrikanische Staaten, unter anderem Kamerun, die Zentralafrikanische Republik, Äquatorialguinea, Gabun, die Republik Kongo und die Demokratische Republik Kongo erstreckten.

Ein Team unter Dr. Nadine Laporte vom Woods Hole Research Centre in den USA errechnete, dass die Länge der von Holzfällern in den Wäldern gebauten Straßen von durchschnittlich 156 km pro Jahr zwischen 1976 und 1990 auf mehr als 640 km pro Jahr seit 1990 angestiegen ist. Auf beiden Seiten der Straßen wird eine Schneise von bis zu 800 m in den Wald geschlagen und Hunderte von kleineren Wegen führen ins Innere des Dschungels. Beobachtungen zufolge ist die Anzahl der aus Abholzung resultierenden Lichtungen im Wald sechsmal so hoch wie die natürlicher Lichtungen.

Die Umweltveränderungen durch das Abholzen, das meist selektiv durchgeführt wird und nicht durch wildes Niederhacken, sind eine Sache. Jedoch verursachen die Holzfäller mit dem Bau der Straßen und dem damit verbesserten Zugang in die jeweilige Gegend noch größere Veränderungen. Dr. Laportes Team fand heraus, dass die Waldschäden sich relativ in Grenzen hielten, da ein Großteil des Abholzens in dünn besiedelten Gegenden erfolgte. Nun jedoch nähern sich die Straßen dicht bevölkerten Teilen der Demokratischen Republik Kongo. Dies könnte katastrophale Auswirkungen auf den Wald haben, da immer mehr Menschen so Zugang dazu erhalten. Die Tierwelt wird die Folgen zuerst spüren, da Buschfleischjäger nun viel tiefer in den Dschungel eindringen können. Die Forscher rechneten aus, dass die Waldfläche, die nun für Jäger zugänglich ist, bei 570 000 km^2 oder 29 Prozent liegt. Es wird befürchtet, dass die Landwirtschaft als Nächstes folgen und die Landschaft durch großflächiges Abholzen grundlegend verändern wird, um Platz für Felder zu schaffen.

Anlass zu großer Sorge sind die Auswirkungen auf das Weltklima, die der Verlust solcher Waldflächen nach sich zieht. Kohlendioxid, das Treibhausgas, das ein Großteil der wissenschaftlichen Gemeinschaft als treibende Kraft im Klimawandel ansieht, wird von Bäumen und anderen Pflanzen absorbiert. Durch die Aufnahme von Kohlendioxid helfen Bäume, den Anteil des Gases in der Atmosphäre zu verringern – geht es ihnen hingegen an den Kragen, geben sie es wieder ab. Es wird vermutet, dass Abholzung für 18 Prozent des Kohlendioxidausstoßes verantwortlich ist.

Straßen zum Abtransport des Holzes erstrecken sich mit einer Länge von 51 920 km über mehrere zentralafrikanische Staaten.

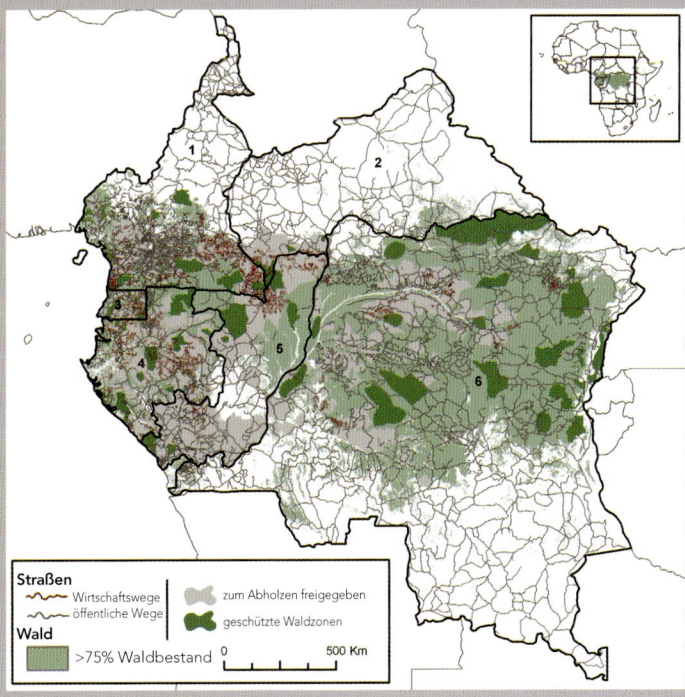

Tödlicher Meteor

Das größte Massenaussterben auf der Erde wurde Forschungen zufolge von einem größeren und verhängnisvolleren Meteor verursacht als dem, der den Tod der Dinosaurier herbeiführte. Aufzeichnungen per Luftradar und Schwerkraftmessungen mit Satelliten halfen den Forschern, einen 480 km großen Krater unter der antarktischen Eisdecke zu lokalisieren. Berechnungen zeigen, dass nur ein Meteor mit einem Durchmesser von 48 km für solch einen Krater verantwortlich sein kann. Zum Vergleich: Der Meteor, der den Chicxulub-Krater in Mexiko hinterließ und für das Aussterben der Dinosaurier vor 65 Millionen Jahren verantwortlich gemacht wird, soll nur einen Durchmesser von 10 km besessen haben.

Der antarktische Krater liegt im östlichen Teil des Kontinents bei Wilkesland und wurde durch einen Einschlag vor ungefähr 250 Millionen Jahren erzeugt. Etwa zur gleichen Zeit starben am Ende des Perm schätzungsweise 95 Prozent aller marinen Arten und 70 Prozent aller terrestrischen Arten aus, was schließlich zur Evolution primitiver Dinosaurier führte. Professor Ralph von Frese von der Ohio State University in den USA erklärt, dass der Aufprall des Meteors, der den Wilkesland-Krater schuf, so gewaltig war, dass er großen Einfluss auf das Auseinanderbrechen des Superkontinents Gondwana besaß. Der Aufprall ereignete sich an einer Stelle, an der eine Grabensenke in den Indischen Ozean hineinragt. Von Frese deutete an, dass mit dem Aufprall des Meteors eine Reaktionskette ausgelöst wurde, die schließlich zur Abtrennung Australiens von der Antarktis führte.

Nur ein Meteor mit einem Durchmesser von 48 km kann für solch einen Krater verantwortlich sein.

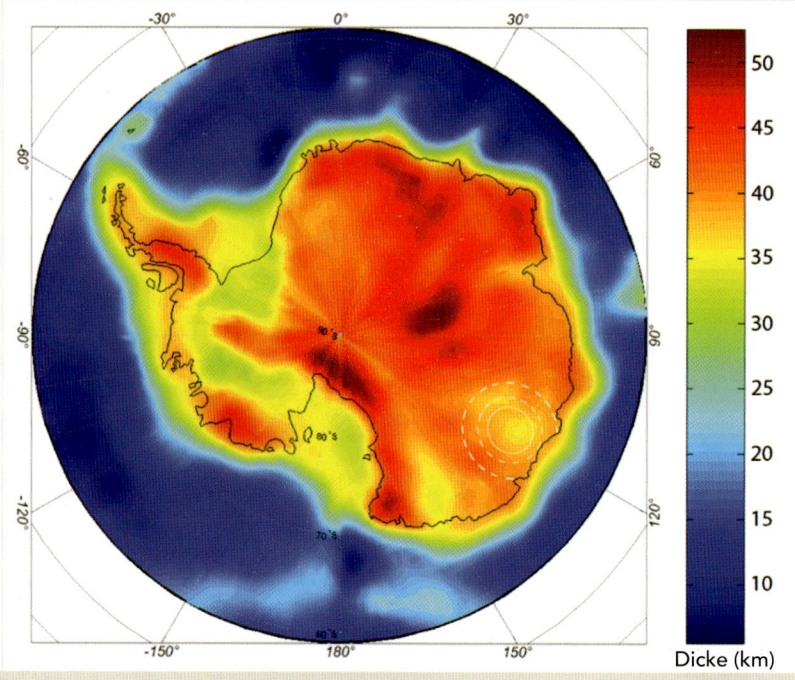

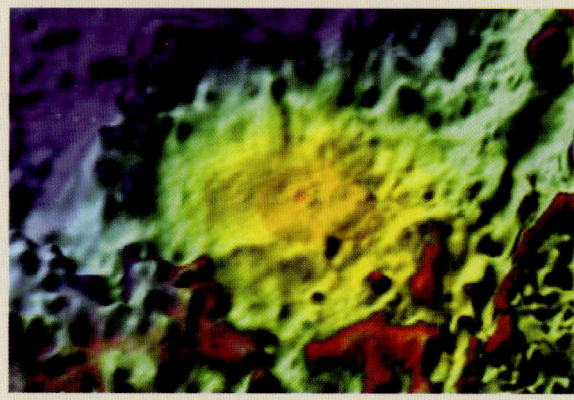

links: Die Dicke der Erdkruste in der Antarktis, dickere Kruste ist rot dargestellt. Die Lage des Wilkesland-Kraters wurde eingekreist. (unten rechts)
unten: Kombinationsbild des Wilkeslands im Osten der Antarktis. Die Ränder des Kraters sind rot und blau gekennzeichnet; eine Konzentration von Erdmantelmaterial in der Mitte ist orange hervorgehoben. (Bilder mit freundlicher Genehmigung der Ohio State University)

Dicke (km)

Blick in die Erde

Eine mysteriöse Spalte, am Grunde des Atlantischen Ozeans klaffend, könnte den Blick auf die Geheimnisse unseres Planeten freigeben. Gesteinsproben vom Meeresboden werden untersucht, um das Geheimnis zu lösen, warum Hunderte von Quadratkilometern der Erdkruste in Teilen des Atlantiks fehlen.

Im Rahmen eines Projektes, das enthüllen soll, warum ein so großer Teil des Erdmantels offen liegt, hat ein Team von Wissenschaftlern an Bord des hochmodernen britischen Forschungsschiffs RRS Cook Gestein vom Meeresboden gebaggert und aufgebohrt. Die Wissenschaftler hoffen, dass die Gesteinsproben und eine Reihe von Beobachtungen eines tauchfähigen Roboters erklären werden, warum die Kruste, die eigentlich ein 6 km langes Siegel über dem Mantel formen sollte, hier fehlt.

Das Fehlen der Ozeankruste über dem Mantel nahe der Stelle, an der die Afrikanische, die Südamerikanische und die Nordamerikanische Platte aufeinanderstoßen, widerspricht den konventionellen Theorien der Plattentektonik. Da sich die Platten im Mittelatlantik pro Jahr weniger als 2 cm voneinander entfernen, wird die

entstehende Spalte in der Regel mit flüssigem Magma gefüllt, das sich auf den Meeresboden legt und zu Kruste erstarrt. In der Nähe des Grabenbruches bei 15° 20' N, der sogenannten Fifteen-Twenty Fracture Zone, liegt der Erdmantel jedoch frei.

Dr. Chris MacLeod von der Universität Cardiff war einer der leitenden Wissenschaftler der Forschungsreise. Er beschreibt den freiliegenden Erdmantel als »Fenster zum Inneren der Erde«. Er sagte: »Wir hoffen, dass wir einen direkten Einblick in die Vorgänge im Erdinneren bekommen. Das spielt eine wichtige Rolle für unser Grundverständnis der Prozesse, denen die Erde unterworfen ist.«

Durch die Analyse der Gesteine und anderer Daten aus der Region dieses Grabenbruchs, der sich zwischen den Kapverdischen Inseln und der Karibik befindet, erhoffen sich er und der Rest des Teams, einschließlich Professor Roger Searle von der Universität Durham und Dr. Bramley Murton vom National Oceanographic Centre Southampton in Großbritannien, Einblicke in die Mechanismen der Entstehung der unterhalb des Meeresspiegels liegenden Gebirgskette des Mittelatlantischen Rückens. Sie wollen insbeson-

dere herausfinden, wie die Zone mit der fehlenden Erdkruste entstanden ist. Die Hauptvermutungen sind, dass der Erdmantel entweder nicht geschmolzen ist und so keine Erdkruste bilden konnte, als die Platten sich trennten, oder dass die Erdkruste weggerissen wurde.

Neben den Gesteinsproben brachte das britische Forschungsschiff auch detaillierte akustische Bilder des Meeresbodens mit, an dem sich der Atlantische Rücken 4000 m hoch erhebt. Sie wurden von einem Tauchboot, dem Towed Ocean Bottom Instrument (TOBI), gemacht. Zu den verwendeten Sensoren zählte auch ein Side-Scan Sonar, das eine Karte des Meeresbodens erstellte, die zwischen Gesteins- und Sedimentgebieten unterschied. Darüber hinaus setzte man ein Magnetometer ein, welches das Gestein datieren und durch das Messen der verschiedenen magnetischen Stärken die Geschwindigkeit der Erdplattenbewegung ermitteln konnte. Mit Hilfe eines Sub-Bottom-Profilers konnten die Wissenschaftler durch das Sediment auf das Gestein darunter sehen.

Die RRS James Cook, finanziert vom britischen Natural Environment Research Council und der britischen Regierung, ist wohl das modernste Forschungsschiff der Welt und befand sich auf seiner wissenschaftlichen Jungfernfahrt.

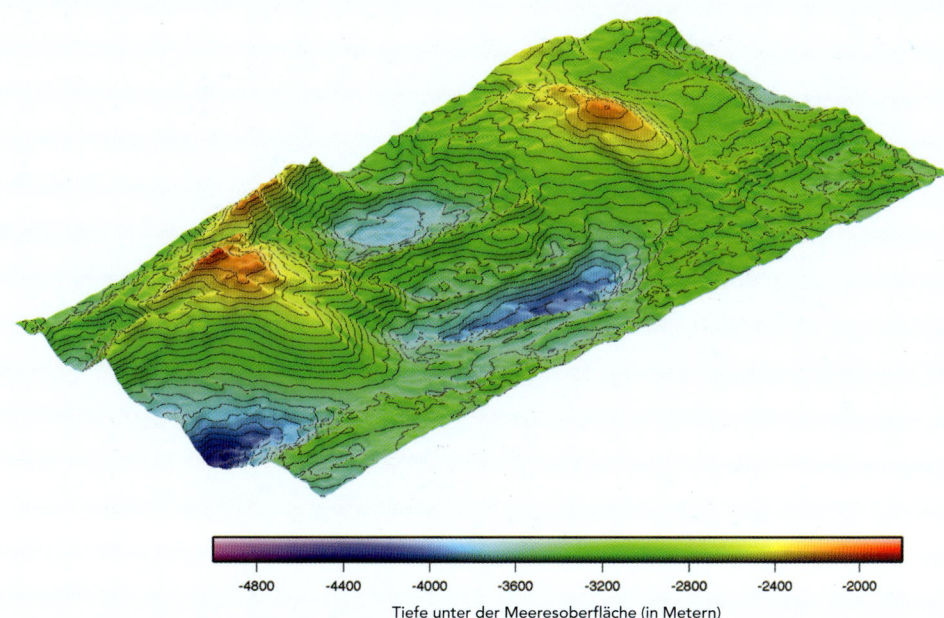

Tiefe unter der Meeresoberfläche (in Metern)

links: 3-D-Perspektive der Erhebungen am Meeresgrund in einem Teil der Gegend, in der die Erdkruste des Atlantischen Ozeans fehlt. Dr. MacLeod und Kollegen fanden Erdmantelgestein in den flacheren aufgewölbten Bereichen (rot bis gelb/grün) und glauben, dass es vermutlich von riesigen geologischen Bruchlinien von weit unterhalb des Meeresbodens nach oben transportiert wurde.
(mit freundlicher Genehmigung und © Roger Searle, Chris MacLeod & Bramley Murton)

Vulkanische Erwärmung

linke Seite: Zwei Eisbrecher und ein Bohrschiff in der Nähe des Nordpols im Spätsommer 2004 (Foto mit freundlicher Genehmigung von Martin Jakobsson, Universität Stockholm)

Europa und Nordamerika wurden durch die lang anhaltenden Ausbrüche entlang des heutigen Grönlands auseinandergerissen, der Nordatlantik entstand.

Die extremste Erderwärmung, das sogenannte Paläozän/Eozän-Temperaturmaximum (PETM), wurde vor 55 Millionen Jahren durch Vulkanausbrüche hervorgerufen, die 10 000 Jahre andauerten. Dies war auch die Geburtsstunde des Nordatlantischen Ozeans. Die globale Erwärmung war so dramatisch, dass die Arktis zur semi-tropischen Gegend wurde, in der Farne gediehen. Die Ursache für die Zunahme des Treibhausgasausstoßes, der die Erwärmung hervorrief, waren einer Studie zufolge die großen Mengen organischen Materials in den Vulkanschloten. Europa und Nordamerika wurden durch die lang anhaltenden Ausbrüche entlang der heutigen Ostseite Grönlands auseinandergerissen, und es entstand der Nordatlantik.

Während die Kontinente voneinander weg drifteten, verbrannte das vulkanische Magma, laut einer Studie unter Leitung von Dr. Michael Storey von der Universität Roskilde in Dänemark, riesige natürliche Bestände von toten Tier- und Pflanzenablagerungen. Als diese gewaltigen Komposthaufen – von denen viele wahrscheinlich schon zu fossilen Brennstoffen wie Kohle, Gas und Öl geworden waren – verbrannt wurden, gaben sie den eingeschlossenen Kohlenstoff ab. Dr. Storey berechnete, dass bis zu 4500 Gigatonnen Kohlenstoff in die Atmosphäre abgegeben wurden. Die Schätzungen schwanken zwischen 1500 bis 4500 Gigatonnen, da man nicht genau weiß, welche Form der Kohlenstoff hatte. Wenn es, wie in früheren Theorien vermutet, aus Methanhydrat stammte (Wasser in Ozeansedimenten und Dauerfrostboden schließen Methan ein), das instabil wurde und plötzlich große

Mengen von Methangas (CH_4) abgab, wären nur 1500 bis 2000 Gigatonnen vonnöten gewesen. Einer größeren Menge hätte es bedurft, wenn es in der Form von Kohlenstoffdioxid aufgetreten wäre, welches durch das Verbrennen der Sedimente freigesetzt worden wäre, wovon Dr. Storeys Theorie ausgeht.

Der zusätzliche Kohlenstoff in der Atmosphäre erwärmte die Ozeane um 5 bis 6 °C und in der Arktis um 8 °C, wo die Meerestemperaturen etwa 24 °C erreichten. Die Datierung einer Schicht vulkanischer Asche in Ostgrönland und auf den Färöern, die auf basaltischer Lava in Sequenzen bis zu 6 km dick lagert, ermittelten die Wissenschaftler, dass das Verbrennen organischer Substanz durch vulkanische Aktivität der wahrscheinlichste Grund für das PETM war. Die Wissenschaftler konnten die Asche und Lava datieren, indem sie die Stärke des eingeschlossenen Argongases maßen, welches sich durch die Zersetzung von Kalium gebildet hatte. Das Forschungsteam der Universitäten Oregon State und Rutgers in den USA stellte fest, dass die Geschwindigkeit, mit der die Treibhausgase während des PETM in die Atmosphäre gepumpt wurden, im Vergleich zu heute gering war. Vor 55 Millionen Jahren dauerte es 10 000 Jahre, bis 4500 Gigatonnen ausgestoßen wurden. Heutzutage sind es acht Gigatonnen jährlich mit steigender Tendenz. Es herrscht Konsens darüber, dass der Einsatz fossiler Brennstoffe einer der Hauptgründe für die heutigen Emissionen ist. Bei der aktuellen Geschwindigkeit wird es nur 600 Jahre dauern, bis wir unseren Planeten mit ebenso viel Treibhausgasen belastet

haben wie die Natur in ihrer übelsten Laune es vermochte.

Sedimentkerne zeigen, dass die Meere während des PETM sich so sehr erwärmten, dass die tropische Alge *Apectodinium* die Gewässer um den Nordpol besiedeln konnte. Dr. Appy Sluijs von der Universität Utrecht in den Niederlanden untersuchte mächtige Sedimentkerne mit einer Länge von 430 m, die vom Lomonosow-Rücken in der Arktis zwischen Sibirien und Grönland extrahiert wurden. Sluijs zufolge zeigen die Kerne, dass die Temperaturen in den arktischen Gewässern auf mindestens 23 °C stiegen. Das sind über 10 °C mehr als früher für diese Region im wohl 200 000 Jahre anhaltenden PETM angenommen wurde.

Die Analyse der Kerne enthüllte auch das Vorkommen des Algenfarns Azolla vor 49 Millionen Jahren, als das Wasser auf etwa 12 °C abgekühlt war. Das deutet darauf hin, dass das Arktische Becken zu dieser Zeit größtenteils von Land umgeben und somit vom Atlantik abgeschnitten war. Professor Henk Brinkhuis von der Universität in Utrecht vermutet, dass die Azolla, zumindest im Sommer, das Wasser mit dichten Matten bedeckt gehalten hat, und dass die Arktis ein riesiger See gewesen ist. Die Auswertung der Kerne führte auch zur Entdeckung von Gestein, das durch tropfendes Eis schon vor 45 Millionen Jahren geformt wurde. Zuvor glaubte man, dass die Arktis zu dieser Zeit und bis vor 15 Millionen Jahren eisfrei gewesen sei. Doch die Dropstones, die von schmelzenden Eisbergen ins Wasser gelangten, deuten auf anderes hin.

Ein Ozean entsteht

Afrika wird durch die Kräfte der Natur zerrissen und offenbart damit die Geburt eines Ozeans. In der Afar-Wüste in Äthiopien zeigt sich durch das Auseinanderdriften der Afrikanischen und der Arabischen Kontinentalplatte eine riesige Kluft. Geologen glauben, dass diese Kluft eines Tages durch das hereinströmende Rote Meer überflutet wird. Normalerweise gehen solche Abläufe langsamer als das Wachsen von Fingernägeln vonstatten, da die Platten sich jährlich nur um wenige Millimeter verschieben – doch im September 2005 kam es zu einer spektakulären Veränderung.

Innerhalb weniger Wochen tauchten Hunderte tiefer Risse auf, als die Erdkruste auf beiden Seiten auseinandergedrückt wurde und der Boden fast über Nacht teilweise 8 m auseinandersprang. Ein Forschungsteam der Universität Oxford, des Royal Holloway College in London und der Universität Addis Abeba in Äthiopien hat berechnet, dass mehr als zwei Milliarden Kubikmeter Magma in den Riss geflossen waren und die Platten auseinandergetrieben hatten. Eine Reihe schwerer Erdbeben begleitete das Auseinanderdriften der Kontinentalplatten – innerhalb von zwei Wochen wurden 162 Beben der Stärke vier auf der Richterskala oder darüber verzeichnet.

Die Platten driften nach dem gleichen Prinzip auseinander wie am Mittelatlantischen Rücken, doch das plötzliche Geschehen in der Afar-Wüste gibt den Geologen die einmalige Chance, die sich währenddessen ereignenden Abläufe zu beobachten. Dies war das erste Mal seit den 1970er Jahren, dass ein größerer Erdspaltungsvorfall über dem Meeresspiegel stattfand, und es war das erste Mal, dass Vorher-nachher-Satellitenbilder ausgewertet werden konnten, die das volle Ausmaß der Veränderungen enthüllten.

Dr. Tim Wright, nun an der Universität Leeds in Großbritannien, und seine Kollegen, die die Folgen der vulkanischen und erderschütternden Aktivitäten in der Region erforschen, schlussfolgerten, dass hier die Geburt eines Ozeans zu sehen ist. Durch die Ausweitung der Spalte und das Eindringens von Magma in die Lücken, entsteht der zukünftige Meeresboden. Es wird jedoch sicher noch eine Million Jahre dauern, bis er Teil eines neuen Ozeans wird, der das Rote Meer einbeziehen würde. Laut Dr. Wright werden Teile von Eritrea, Äthiopien und Dschibuti höchstwahrscheinlich sinken, und das Meerwasser wird dort einlaufen. Somit würden Teile Nordostäthiopiens und Eritreas eine abgeschnittene Insel bilden.

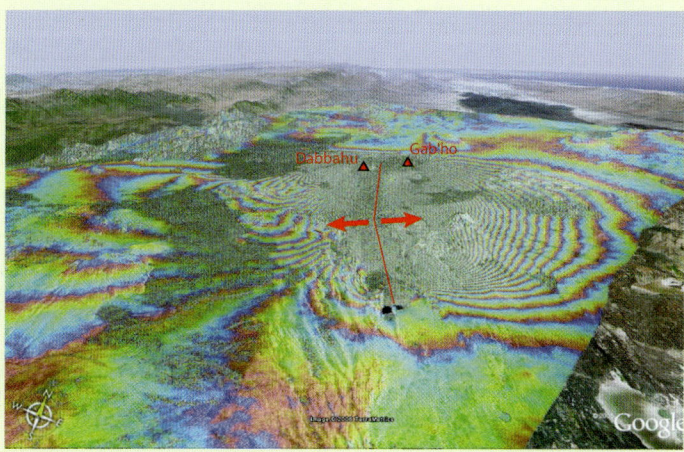

Zukünftiger Meeresboden entsteht, doch es wird sicher noch eine Million Jahre dauern, bis er Teil eines neuen Ozeans sein wird, der das Rote Meer einbezieht.

oben: 3-D-Perspektive von Satelliten-Radar-Messergebnissen, die zeigen, wie sich die Erde im September 2005 bewegte (Bild mit freundlicher Genehmigung von Tim Wright, Universität Leeds, mit Hilfe von Google Earth)
linke Seite: Aufnahme eines Ausschnitts des Dabbahu-Grabens vor den Ereignissen im September 2005, nachbearbeitet, um die feinen Unterschiede der Felsarten zu zeigen, die mit bloßem Auge nicht erkennbar wären (Bild mit freundlicher Genehmigung von Ellen Wolfenden, Royal Holloway College in London)

Die östliche Flanke des Dabbahu-Grabens
(Foto mit freundlicher Genehmigung von
Cindy Ebinger, Royal Holloway College in
London)

Kalt und heiß am Meeresboden

Kalte Quellen und hydrothermale Quellen gehören zu den erstaunlichsten Entdeckungen der letzten 35 Jahre. Sie waren nicht nur extreme und überraschende Besonderheiten auf dem Ozeanboden, sondern zeigten sich als Wirt für eine Reihe von Meerestieren und Meerespflanzen. Die gesamte Tier- und Pflanzenpalette, die sich ihrer bedient, ist noch lange nicht klar identifiziert, und bei vielen handelt es sich um vollkommen neue Arten. Da der Mensch erst so wenig über den Tiefseeboden weiß, ist es gut möglich, dass noch weitere kalte und hydrothermale Quellen und ganz andere unbekannte Dinge entdeckt werden.

In der Zwischenzeit haben Wissenschaftler, die auf Tiefseetauchbooten nach Quellen suchen oder Roboter einsetzen, eine Reihe von Entdeckungen gemacht. Einer der außergewöhnlichsten Funde war eine nicht ermittelbare Garnelenart, ähnlich der *Rimicaris exoculata*-Garnele, die heißes Wasser bis zu 80 °C überlebte. Sie lebt bevorzugt in einem schmalen Wasserstreifen, der durch eine Thermalquelle auf 60 °C erhitzt wird – doch die Garnele konnte auch überleben, als noch heißeres Wasser ihre Bahn berührte, indem sie Bakterien zu sich nahm, die sich von der Thermalquelle ernährten. Mit verzeichneten Temperaturen von bis zu 407 °C ist diese Quelle bis heute die heißeste, die je gemessen wurde – heiß genug, um Blei zu schmelzen. Sie befindet sich am Boden der äquatorialen Region des Atlantischen Ozeans. Die Quelle wurde 2006 von einem Forschungsteam unter der Leitung von Dr. Andrea Koschinsky-Fritsche von der Universität Bremen gemessen.

Thermalquellen, zuerst entdeckt im Jahre 1977, sind Besonderheiten des Meeresbodens, die Meereswasser nach oben pumpen. Nachdem das Wasser vom Magma erhitzt wurde und Chemikalien aufgenommen hat, wird es als heißer Wasserlauf hinausgestoßen. Die Fähigkeit der Garnelen und anderer Lebewesen, so nahe an den Thermalquellen zu leben, interessiert die Wissenschaftler sehr, da sie herausfinden möchten, warum die Eiweiße in der Hitze nicht gespalten werden. Es wurden schon früher Temperaturen von nur etwas unter 407 °C verzeichnet, doch dieser hohe Messwert war eine Überraschung. Laut Paul Tyler, Professor für Tiefseebiologie am Nationalen Zentrum für Ozeanographie in Southhampton, Großbritannien, stellen die Messwerte der Quelle die Grenzen der Physik und Chemie in Frage.

Genauso faszinierend sind kalte Quellen, die im Jahre 1984 entdeckt wurden. Sie stoßen Methan und Schwefelwasserstoff aus und mischen sich nicht mit dem Meereswasser, sondern bilden Becken am Meeresboden. Einer Antarktisexpedition unter Leitung von Julian Gutt vom Alfred Wegener Institut für Polar- und Meeresforschung im Rahmen des Projektes »Census of Marine Life« gelang es, die ersten Proben einer 830 m tiefen kalten Quelle zu nehmen. Diese wurde 2005 von einem US-amerikanischen Erkundungsteam entdeckt. Hunderte von Schalen toter Muscheln übersäen die Quelle, von der man vermutet, dass sie inaktiv wurde. Unklar ist jedoch, vor wie langer Zeit dies geschah.

Mit Temperaturen von bis zu 407 °C ist diese Quelle heiß genug, um Blei zu schmelzen.

unten: Unterwasserroboter Jason II untersucht die rauchende Quelle Medusa.
rechte Seite, oben: Unterwasserfotos, aufgenommen an der 407 °C heißen Thermalquelle (Fotos mit freundlicher Genehmigung von Andrea Koschinsky/MARUM/ Universität Bremen)
rechte Seite, unten: Ungewöhnliche rosa, glockenförmige Stielqualle gedeiht in der Nähe der Quelle. (Foto mit freundlicher Genehmigung von Emily Klein, Duke-Universität in Durham)

Eine Welt zum Atmen

Das 300 000 Jahre lange mysteriöse Fehlen von Sauerstoff nach der Evolution von Pflanzenleben auf der Erde wurde jetzt aufgeklärt. Die Photosynthese, der Vorgang, bei dem Pflanzen Sonnenlicht in Nahrung umwandeln, befördert Sauerstoff als Abfallprodukt in die Atmosphäre. Obwohl die Photosynthese von Pflanzen vor 2,7 Milliarden Jahren begann, zeigen geologische Belege, dass die Erde weitere 300 Millionen Jahre lang nur geringe Mengen an Sauerstoff besaß. Die »Sauerstofflücke« zwischen dem Beginn der Photosynthese und der sogenannten »Sauerstoffkatastrophe« verwirrte Wissenschaftler lange, da die fossilen Pflanzenfunde und die chemischen Spuren der damaligen Atmosphäre sich scheinbar widersprachen.

Forscher der East-Anglia-Universität in Großbritannien fanden nun heraus, dass möglicherweise wenig Sauerstoff in der Atmosphäre vorhanden war, auch wenn die Pflanzen auf der Erde schon Photosynthese betrieben. Sie stellten fest, dass die Produktion von Sauerstoff durch Photosynthese allein keine Garantie für ein hohes Sauerstoffaufkommen ist, sondern dass ein weiterer Faktor, wie die plötzliche Freigabe von Sauerstoff durch organische Sedimente, diesen Vorgang verstärkt. Wenn die Werte einen bestimmten Punkt erreicht hätten, hätte sich Ozon gebildet und die Ansammlung von Sauerstoff in der Atmosphäre beschleunigt. So hätten sich auch komplexere Lebensformen entwickeln können.

Diese Erkenntnis hat Auswirkungen auf die Suche nach Leben in anderen Sonnensystemen und Galaxien. Astronomen könnten also Atmosphären mit niedrigem Sauerstoffgehalt untersuchen und trotzdem die Chance haben, Lebensformen zu entdecken, die fähig sind, Photosynthese zu betreiben, statt nur Planeten mit hohen Sauerstoff- und Ozonwerten dafür in Betracht zu ziehen.

Die »Sauerstofflücke« verwirrte Wissenschaftler lange, da die fossilen Pflanzenfunde und die chemischen Spuren der damaligen Atmosphäre sich scheinbar widersprachen.

linke Seite: Ein Lichtmikroskopfoto zeigt ein 250fach vergrößertes Stück eines Blattes
(Bild: John Durham/Science Photo Library)

Riesige Insekten

Forscher fanden heraus, dass der Anteil von Sauerstoff in der Luft die Größe der Insekten begrenzt.

Vor 300 Millionen Jahren ermöglichte die sauerstoffreiche Atmosphäre auf der Erde es riesigen Insekten, durch die Landschaft zu krabbeln, zu huschen und zu jagen. Laut moderner Käferforschung gab es eine, nun ausgestorbene, Libellenart, die eine Flügelspannweite von 76 cm hatte. Heutzutage könnten solche Lebewesen wegen des zu geringen Sauerstoffgehalts der Luft nicht existieren.

Heute macht Sauerstoff 21 Prozent der Luft aus, die wir atmen; vor 300 Millionen Jahren waren es 35 Prozent. Durch die Untersuchung verschiedener Käferarten fanden Forscher heraus, dass der Sauerstoff-Anteil in der Luft der Größe der Insekten Grenzen setzt. Sie ermittelten, dass der Teil des Körpers, den Insekten zum Atmen verwenden müssen, unproportional mit der Größe zunimmt. Im Gegensatz zu Säugetieren verfügen Insekten über ein ganzes Luftröhrensystem. Sie nehmen den Sauerstoff nicht über die Luftröhre in die Lungen auf, um ihn von dort im Blut durch den Körper zu transportieren. Vielmehr wird die Luft durch Löcher im Körper, auch Stigmen genannt, zu einem Netzwerk aus untereinander verbundenen Röhren transportiert, die sie in alle Teile des Körpers weiterleiten.

Mit Hilfe von Röntgenstrahlen zur Untersuchung des Innenlebens von Insekten, fanden Forscher heraus, dass das Luftröhrensystem des 3,5 cm großen *Eleodes obscura*-Käfers, einer Schwarzkäferart, 20 Prozent mehr des Körpers einnimmt, als das des 2,5 mm großen *Tribolium castaneum*, der kleineren Spezies. Das Luftröhrennetzwerk musste länger werden, um die Gliedmaßen zu erreichen, und der Durchmesser der Röhren wurde größer, um größere Mengen Luft aufnehmen zu können. Der Bedarf an Sauerstoff wuchs mit der Größe des Käfers.

Das Forschungsteam unter Leitung von Professor Jon Harrison von der Arizona State University in den USA fand heraus, dass es einen kritischen Punkt gibt, an dem der Körper nicht mehr wachsen kann, da das Luftröhrensystem zu groß werden würde, um durch die Öffnungen zwischen Körper und Beinen zu passen. Die Berechnungen der Forscher legten diesen kritischen Punkt auf 15 cm als maximale Größe eines Käfers fest. Dies entspricht ziemlich genau dem Ausmaß des größten bekannten, heute lebenden Käfers, dem Riesenbockkäfer, *Titanus giganteus*, der zwischen 15 und 17 cm groß ist.

Laut Dr. Alexander Kaiser von der Midwestern-Universität, einem der leitenden Forscher, hatten Insekten vor 300 Millionen Jahren die gleiche Körperstruktur, obwohl es Käfer selbst damals nicht gab. Sie wären jedoch in der Lage gewesen, eine viel schmalere Luftröhre zu entwickeln als heute, da sie mit jedem Atemzug mehr Sauerstoff hätten aufnehmen können.

linke Seite: *Titanus giganteus,* der größte bekannte Käfer
(Foto: © Natural History Museum, London)
unten: Röntgenkontrastbild des Schwarzkäfers *Tenebrio Molitor* (Mehlkäfer)
(Bild mit freundlicher Genehmigung von Alex Kaiser, Jaco Klok, Wah-Keat Lee)

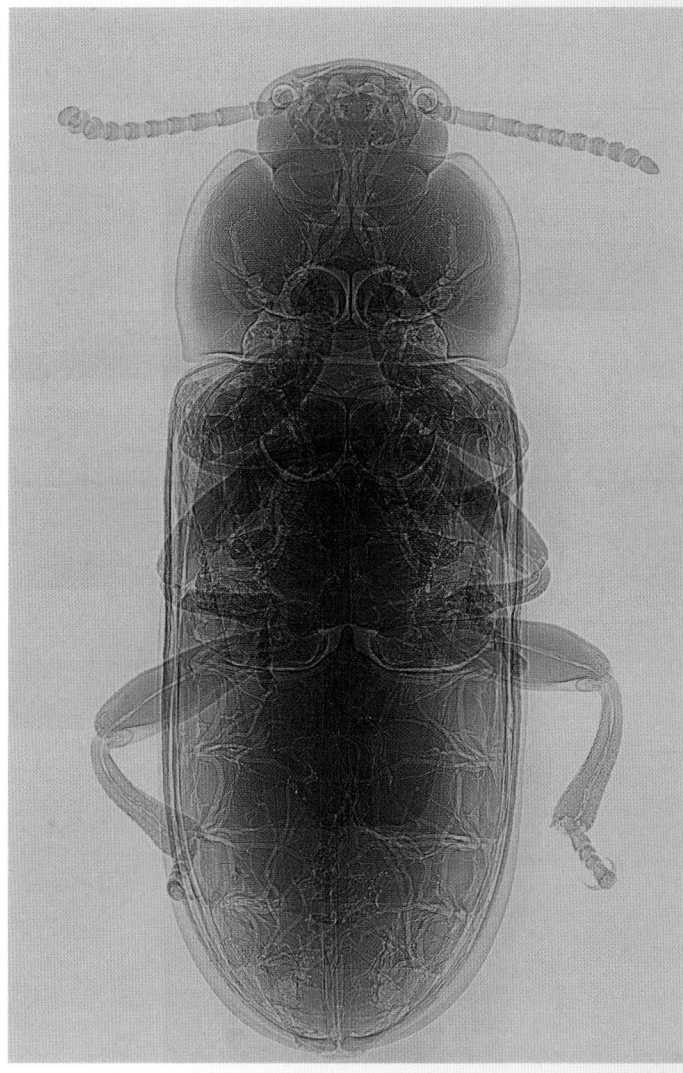

Die Auferstehung eines sterbenden Sees

Ein See, der durch Ingenieure der Sowjetunion einst fast verlandete, wird jetzt wieder zum Leben erweckt. Der Aralsee, das viertgrößte Binnengewässer der Welt, wurde von sowjetischen Ingenieuren, die die Flüsse zum Aralsee umleiten wollten, um Baumwollfarmen aufrechtzuerhalten, als Laune der Natur abgetan. Durch die Umleitung der Flüsse Syrdarja und Amudarja konnten sie wertvolle Baumwollbestände in den Wüstengegenden von Kasachstan, Usbekistan und Turkmenistan bewässern – doch der Preis dafür war der Verlust des Aralsees.

Von den 1960er Jahren bis 2005 fiel der Wasserpegel des Aralsees. Einst blühende Häfen waren nun meilenweit vom Wasser entfernt und Schiffe lagen gestrandet in der Wüste. Der Aralsee wurde auf weniger als ein Viertel seiner einstigen Größe von 66 000 km^2 geschmälert. Das Wasser war nun zu salzig für die Süßwasserfische, die die Lebensgrundlage für die anliegenden Städte und Dörfer bildeten. Der Staub vom Grund des Sees, überladen mit Giften aus Pestiziden, wirbelte über die Siedlungen und wird für den verheerenden Anstieg an Bronchial-, arthritischen und anderen Krankheiten verantwortlich gemacht, die die Lebenserwartung in dieser Region von 64 auf 51 Jahre senkten.

Nun steigt das Wasser im nördlichen Teil des Aralsees wieder an, und Fische kehren zurück, nachdem ein Damm gebaut wurde, der es dem Fluss Syrdarja erlaubt, den See wieder zu speisen. Während der südliche Große Aralsee immer noch austrocknet, hat sich der nördliche Kleine Aralsee in Kasachstan bis zur Mitte des Jahres 2007 um 1000 km^2 auf 3250 km^2 vergrößert. Die Wassertiefe wuchs von 3 m auf 42,5 m.

Um den See wieder zum Leben zu erwecken, wurde ein 13 km langer Damm zwischen dem kleinen und dem großen Aralsee errichtet und die Wassermenge, die den See durch den Fluss Syrdarja erreicht, durch gezielte Maßnahmen an den Ufern des Sees erhöht. Die kasachische Regierung führte die Dammbauarbeiten durch, unterstützt durch Mittel der Weltbank. Seit der Unabhängigkeit des Landes von der Sowjetunion 1992 hatte es bereits zwei Versuche gegeben, einen Damm zu bauen, die jedoch fehlschlugen. Es besteht nun Hoffnung, dass das Wasser in den nächsten Jahren in weite Teile des nördlichen Aralsees zurückkehrt. Ein zweiter Damm, der für das Gebiet etwa 100 km nördlich des ersten geplant ist, wird durch einen Kanal, der vom Fluss Syrdarja abgeleitet wird, beim Auffüllen des Aralsees unterstützt.

Der Aralsee wurde von sowjetischen Ingenieuren, die die Flüsse zum Aralsee umleiten wollten, um Baumwollfelder zu bewässern, als Laune der Natur abgetan.

linke Seite: Der Aralsee, aufgenommen vom NASA-Satelliten Terra im Oktober 2003 (Bild mit freundlicher Genehmigung von Jacques Descloitres, MODIS Rapid Response Team, NASA/GSFC)
unten: Diese Satellitenfotos zeigen die Veränderung im nördlichen Teil des Aralsees am 9. April 2006 (oben) und 8. April 2005 (unten). (Bilder mit freundlicher Genehmigung von Jesse Allen, Earth Observatory, Goddard Earth Sciences DAAC)

Die Arktis schmilzt

Mit der globalen Erwärmung steigen die Temperaturen weltweit, doch am stärksten betroffen sind die Pole. Gemessen am Rest des Planeten sind sie zwar sehr kalt, doch erwärmen sie sich schneller als jede andere Region. In einem Szenario, in dem sich nichts ändern würde, es also keinen Versuch gäbe, den Ausstoß von Treibhausgasen zu reduzieren, würden sich die globalen Temperaturen zum Anfang des nächsten Jahrhunderts höchstwahrscheinlich um durchschnittlich 6,4 °C erhöhen, so der Zwischenstaatliche Ausschuss für Klimawandel der UNO (IPCC). An den Polen wäre diese Steigerung noch ausgeprägter und ein Temperaturanstieg von mehr als 8 °C sehr wahrscheinlich.

Seit 1978 ist die Ausdehnung des Eises in der Arktis im Sommer alle zehn Jahre um bis zu 9,8 Prozent gesunken. Die Durchschnittstemperaturen in der Arktis sind schon im letzten Jahrhundert doppelt so schnell gestiegen wie der globale Durchschnitt. Die Temperaturen in der oberen Schicht des Dauerfrostbodens stiegen seit den 1980er Jahren um bis zu 3 °C. Der IPCC unterstrich Bedenken, dass am Ende des Jahrhunderts das Meereis der Arktis am Ende jeden Sommers praktisch geschmolzen sein wird.

Eine weitere Studie, finanziert von der NASA und der National Science Foundation in den USA und zu spät beendet, um vom IPCC einbezogen zu werden, hat ergeben, dass das Eis am Nordpol schon im Jahre 2040 am Ende der letzten Sommerwochen geschmolzen sein könnte. An den Küsten wie z. B. Grönland und der Ellesmere-Insel würde noch Eis verbleiben, doch ansonsten wäre der Arktische Ozean offen für den Schiffsverkehr, schlussfolgerte das Forschungsteam unter Leitung von Dr. Marika Holland vom National Centre for Atmospheric Research in den USA. Eine Klimasimulation zeigte, dass die Geschwindigkeit des Eisrückgangs wahrscheinlich bis 2024 konstant bleiben wird, worauf ein rascher Anstieg folgen wird. Im Jahre 2060 oder früher wird das Eis im Spätsommer im Wesentlichen verschwunden sein. Laut Professor Chris Rapley, Leiter des British Antarctic Survey, könnte die US-amerikanische Studie vielleicht sogar beim Problem des Eisrückgangs untertrieben haben, da der Ausstoß von Kohlenstoffdioxid, dem wichtigsten Treibhausgas im Zusammenhang mit dem Klimawandel, weltweit immer noch ansteigt.

Während der Verlust des Meereises den Arktischen Ozean für den Schiffsverkehr öffnen würde und somit die Möglichkeit der Ölförderung bestünde, hätten die steigenden Temperaturen Konsequenzen für die Einwohner der Region sowie für Flora und Fauna. Umweltschützer haben betont, dass Eisbären wahrscheinlich die größten Verlierer des Klimawandels wären, doch die gesamte Flora und Fauna der arktischen Gegend betroffen wäre.

Die erste Studie, die den Klimawandel anhand des Zeitpunkts des Frühlingsanfangs in der Arktis maß, ergab, dass er jetzt mehr als zwei Wochen früher beginnt als noch vor zehn Jahren. Forscher orientierten sich am Blühen von Pflanzen, am Eierlegen von Vögeln und am Auftreten von Insekten in Zackenberg in Grönland, um zu begründen, dass der Frühling früher einsetzt. Ähnliche Studien in Nordeuropa haben ergeben, dass der Frühling hier alle zehn Jahre 2,5 Tage früher beginnt, während der weltweite Durchschnitt bei 5,1 Tagen liegt. Dr. Toke Høye von der Universität Aarhus in Dänemark findet den Trend für die Arktis überraschend stark, doch er bestätigte den Verdacht über die Veränderung der Jahreszeiten.

rechte Seite: Anzeichen für den Frühling in Grönland, die mit jedem Jahr früher auftreten (Foto mit freundlicher Genehmigung von Dr. Toke Høye)
unten: Niedrigster Stand des arktischen Meereises im Jahre 2000, links, und im Jahre 2040, rechts, laut Schätzung des Community Climate System Mode (Bilder mit freundlicher Genehmigung von UCAR)

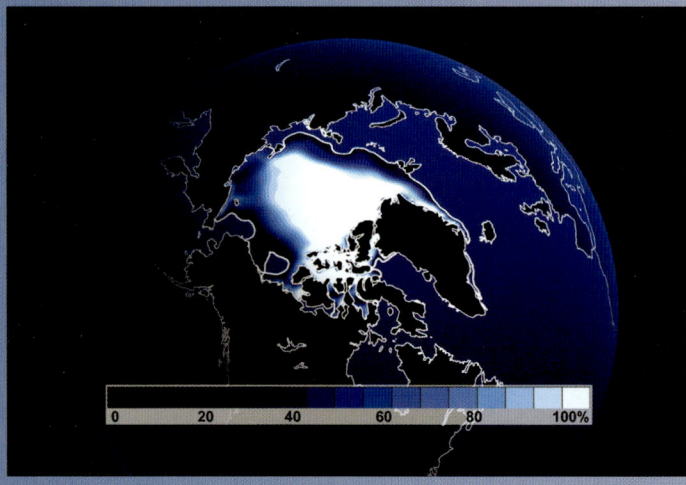
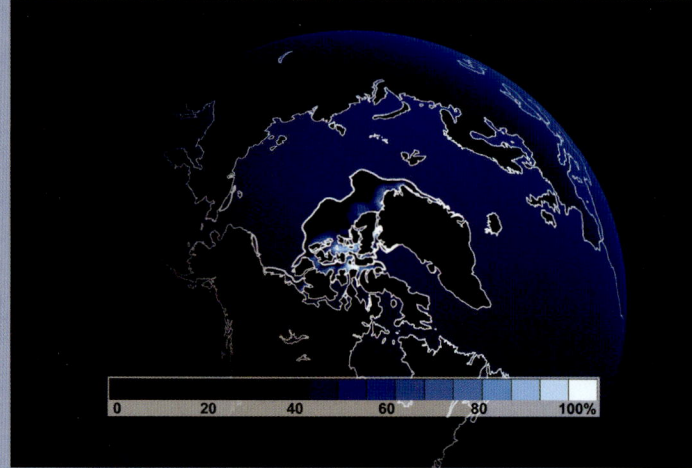

Der Frühling in der Arktis beginnt jetzt mehr als
zwei Wochen früher als noch vor zehn Jahren.

Grünes Grönland

Rund 1 km lange Eisbohrkerne zeigen, dass Grönland noch vor 450 000 Jahren von üppigem Wald bedeckt war.

oben: Forscher untersuchen eine Eisprobe aus Grönland. (Foto mit freundlicher Genehmigung von Eske Willerslev)
linke Seite: Die Aufnahme zeigt die Öffnung der Davisstraße zwischen Westgrönland und der kanadischen Baffin-Insel während der Sommermonate. Die Schneedecke an der Westküste Grönlands zieht sich kurz in die Sommerpause zurück (rechts) und enthüllt die Felsenlandschaft. (Foto mit freundlicher Genehmigung von Jacques Descloitres, MODIS Rapid Response Team, NASA/GSFC)

Die älteste DNA, die je verzeichnet und analysiert wurde, hat gezeigt, dass Grönland noch vor 450 000 Jahren von üppigem Wald bedeckt war. Die Proben wurden am Fuße von Bohrkernen gefunden, die rund 2 km durch das Eis, das heute Grönland bedeckt, gebohrt wurden. Sie ergaben, dass viele verschiedene Baumarten, unter anderem Kiefer, Eibe, Erle und Fichte, auf Grönland wuchsen. Die Proben enthielten genetisches Material von mehreren wirbellosen Tieren wie Schmetterlingen, Motten, Fliegen, Käfern und Spinnen. Professor Eske Willerslev von der Universität Kopenhagen in Dänemark leitete die Forschungsarbeiten und erklärte, dass die DNA vermutlich 450 000 bis 800 000 Jahre zurückdatiert werden könne.

Zu der Zeit, als Grönland noch mit nördlichen Nadelwäldern bedeckt war, erreichten die Temperaturen vermutlich etwa 10 °C im Sommer und -17 °C im Winter. Durch die reduzierte Eisdecke war der Meeresspiegel zwischen 1 und 2 m höher als heute. Bevor man diese Proben nahm, war der jüngste Beweis für nördliche Nadelwälder in Grönland auf die Zeit vor 2,4 Millionen Jahre datiert. Die Bäume, die durch die DNA-Tests identifiziert wurden, wuchsen in einer Zwischeneiszeit, nach deren Ende die Region wieder von Eis bedeckt wurde.

Die Eisbohrkerne zeigten auch, dass Grönland während der letzten Zwischeneiszeit vor 116 000 bis 130 000 Jahren trotz Durchschnittstemperaturen, die 5 °C über den heutigen lagen, von Eis bedeckt war. Laut Professor Willerslev war Grönlands Eisdecke in der Vergangenheit viel beständiger und weniger klimawandelanfällig als man früher angenommen hatte, vorausgesetzt, die Bohrkerndaten sind korrekt.

Wenn der Mensch von heute auf morgen verschwinden würde, wäre sein Erbe geologisch gesehen nur ein kurzes Aufflimmern. Mit wenigen Ausnahmen würden alle Anzeichen seiner Existenz innerhalb von 50 000 Jahren verschwinden.

Der Niedergang des Menschen

Seit der Mensch sesshaft geworden ist, Felder kultiviert, in dauerhaften Gemeinden lebt und nicht mehr als Jäger und Sammler durch die Welt zieht, nimmt er einen ungeheuren Einfluss auf die Landschaft. Ausgedehnte Gebiete des Planeten Erde hat er zu seinen Zwecken verändert, sei es durch die Errichtung riesiger Großstädte oder durch die Umwandlung von Wäldern und Wiesen in Felder. Wenn der Mensch jedoch von heute auf morgen verschwinden würde, wäre sein Erbe geologisch gesehen nur ein kurzes Aufflimmern. Es wird angenommen, dass alle Anzeichen seiner Existenz mit wenigen Ausnahmen innerhalb von 50 000 Jahren verschwinden würden. Radioaktiver Abfall würde noch länger gefährlich bleiben, vermutlich für weitere zwei Millionen Jahre, und einige Spuren künstlicher Chemikalien würden für 200 000 Jahre währen. Im Großen und Ganzen jedoch würde außer ein paar fossilen Überresten und einigen archäologischen Ruinen aus Steinen und Ziegeln, die unter der Oberfläche vergraben wären, nichts überdauern.

Als Erstes würde der Lärm aufhören, da Straßen und Fabriken sofort in Stille verfallen würden. Kurz danach, etwas nach 48 Stunden, hätte die Lichtverschmutzung ein Ende, wenn Kraftwerke, mangels Kraftstoff, aufhören würden, automatische Systeme mit Elektrizität zu versorgen. Nach drei Monaten gäbe es einen deutlichen Rückgang der Luftverschmutzung durch Stickstoff und Schwefeloxide. Und nach zehn Jahren würde das Methan, das durch menschliches Tun entstanden ist, aus der Atmosphäre verschwinden.

Das Verschwinden des Menschen würde ein sofortiges Aufatmen für fast alle der 16 118 Pflanzen und Tiere bedeuten, die auf der roten Liste der Internationalen Naturschutzunion (IUCN) als vom Aussterben bedroht stehen. Nach 50 Jahren würden, bis auf die hartnäckigsten, alle Schadstoffe aus den Süßwasserökosystemen verschwunden sein, und auch der Fischbestand hätte sich bis dahin erholt. Die Natur würde sofort beginnen, die vom Menschen erschaffenen Strukturen zu übernehmen, und innerhalb von 20 Jahren würden kleinere Straßen und Siedlungen unter der Vegetation verschwinden. In größeren Städten und Großstädten würde es zwischen 50 und 100 Jahre dauern.

Gebäude würden schnell zerfallen, wenn niemand sie instand hielte. Holzstrukturen würden innerhalb eines Jahrhunderts zerfallen, Metall- und Glasgebäude innerhalb von 200 Jahren. Bis dahin hätte sich sogar der riesige Korngürtel in den USA wieder zur Prärie zurückentwickelt. Wenige Brücken würden länger als 200 Jahre halten, und die Mehrheit der Dämme in der Welt würde innerhalb von 250 Jahren einbrechen.

Der durch den Ausstoß von Treibhausgasen verursachte Klimawandel würde noch für weitere 100 Jahre andauern, doch nach 1000 Jahren wären die Kohlenstoffdioxidwerte wieder auf dem gleichen Stand wie vor der Industrialisierung. Alle Spuren von menschlich verursachtem Kohlenstoffdioxid wären nach 20 000 Jahren verschwunden. Organisches Material aus Mülldeponien wäre nach 1000 Jahren nahezu komplett verrottet und nach 50 000 Jahren hätten sich auch Glas und Plastik zersetzt.

linke Seite: Die Tschernobyl-Katastrophe führte zu verlassenen Gegenden wie dieser, der Geisterstadt Prypjat. So könnten Großstädte weltweit aussehen, wenn die Menschheit von heute auf morgen verschwinden würde. (Foto: Oleksiy Shybanov/Ukrinform/Photoshot)